北京理工大学"双一流"建设精品出版工程

Dielectric Materials

电介质材料

曹茂盛　房晓勇 ◎ 编著

北京理工大学出版社
BEIJING INSTITUTE OF TECHNOLOGY PRESS

内 容 简 介

本书着眼于电介质材料的基础理论和先进电介质材料前沿问题，深入浅出地介绍了电介质材料的基础知识，并对一些新型电介质材料进行了系统介绍，主要内容包括电介质材料的极化、电导、弛豫以及损耗等基本理论，结合科研实际着重介绍了几种先进电介质材料的结构和介电性能以及电磁响应特性。本书适合高等院校的高年级本科生、硕博研究生和相关专业教师用作教学参考书，也可供物理、化学、材料、生物、能源、电子和信息等领域的研究人员和工程技术人员参考使用。

图书在版编目（C I P）数据

电介质材料 / 曹茂盛，房晓勇编著. —— 北京：北京理工大学出版社，2022.7（2024.1重印）
　ISBN 978 - 7 - 5763 - 1531 - 8

Ⅰ. ①电… Ⅱ. ①曹… ②房… Ⅲ. ①电介质 - 材料
Ⅳ. ①O48

中国版本图书馆 CIP 数据核字（2022）第 130948 号

出版发行 / 北京理工大学出版社有限责任公司
社　　址 / 北京市海淀区中关村南大街 5 号
邮　　编 / 100081
电　　话 / （010）68914775（总编室）
　　　　　（010）82562903（教材售后服务热线）
　　　　　（010）68944723（其他图书服务热线）
网　　址 / http：//www.bitpress.com.cn
经　　销 / 全国各地新华书店
印　　刷 / 廊坊市印艺阁数字科技有限公司
开　　本 / 710 毫米 × 1000 毫米　1/16
印　　张 / 15
彩　　插 / 3
字　　数 / 292 千字
版　　次 / 2022 年 7 月第 1 版　2024 年 1 月第 3 次印刷
定　　价 / 78.00 元

责任编辑 / 王梦春
文案编辑 / 闫小惠
责任校对 / 周瑞红
责任印制 / 李志强

前言

电介质材料是材料科学的一门分支学科，它以电介质理论为基础，利用现代材料测试方法和手段，研究固体材料的介电性能及蕴含的物理本质。电介质材料的主要内容包括：理想电介质材料的极化、电导、弛豫及损耗，实际电介质材料介电性能及介电损耗，先进电介质材料的新物理效应和新机制等。电介质材料在航空、航天、舰船、兵器和高技术领域应用广泛，在消费电子、汽车电子等民用领域也具有重要的应用价值。

本书是北京理工大学"特立"系列教学专著立项图书。作者所在的团队长期从事"电介质物理与电介质材料"的研究生教学工作，在课程讲稿的基础上，经过多次修改并反复提炼，最后形成这部综合反映先进电介质材料新成果的探索性教学专著。

这本《电介质材料》是一部倾力体现作者团队教学特色的研究生教学专著，全书坚持新成果导向的教育教学理念和教育思想，深入浅出地介绍了电介质材料的基础理论，结合具体科研实际，系统地介绍了一些先进电介质材料的结构和介电性能。本书具有以下特色。

（1）突出了材料创新思想和科学方法，着重介绍了现代材料设计的新理念。

（2）生动地展示了先进电介质材料的微结构和介电性能，以及它们在航空、航天、舰船、兵器和现代高科技等诸多领域的应用。

（3）在传承经典电介质物理基础上，强化了"先进电介质材料"内容，围绕航空、航天、舰船、兵器和高科技等领域的特种电介质材料特点，精细地剖析了一些先进电介质材料的极化和弛豫、电荷输运理论，以及介电性能温度－频率特性和行为规律。

（4）强化了电介质材料微结构与电子结构及性能之间的关联分析，启发学生思考材料性能优化和具有新结构、新维度的先进电介质材料的设计思路。

（5）高温、超高温及超常规服役条件下电介质材料介电性能及演变机制等新知识的引入是本书的一大特色。

本书由北京理工大学教授曹茂盛和燕山大学教授房晓勇编著。全书共分为6章，曹茂盛教授撰写了第1章、第3章、第4章和第6章，房晓勇教授撰写了第2章和第5章。全书由曹茂盛教授统稿。

在本书编写过程中，北京理工大学王希晰博士参与了第6章的编写，疏金成博士参与了第3章的编写，张敏博士参与了第4章的编写。在此表示衷心的感谢！

由于本书内容涉及面广、作者水平有限，加之时间仓促，难免有疏漏和不妥之处，敬请广大读者予以批评指正。

作　者

目　录
CONTENTS

第1章　电介质材料概论 ………………………………………………………… 001

1.1　电介质材料及其分类 …………………………………………………… 001

　　1.1.1　电介质 ……………………………………………………………… 001

　　1.1.2　电介质材料的分类 ………………………………………………… 002

1.2　电介质材料的物理性质 ………………………………………………… 004

　　1.2.1　基本性质 …………………………………………………………… 004

　　1.2.2　特殊性质 …………………………………………………………… 005

1.3　电介质材料的理论概述 ………………………………………………… 010

　　1.3.1　现代极化理论 ……………………………………………………… 010

　　1.3.2　极化弛豫理论 ……………………………………………………… 012

　　1.3.3　电损耗理论 ………………………………………………………… 013

1.4　电介质材料的发展历程 ………………………………………………… 014

　　1.4.1　电介质理论的发展 ………………………………………………… 014

　　1.4.2　传统电介质材料的发展 …………………………………………… 016

　　1.4.3　近代电介质材料的发展 …………………………………………… 017

　　1.4.4　现代电介质材料的兴起 …………………………………………… 018

　　1.4.5　微波电介质材料的发展 …………………………………………… 020

参考文献 ……………………………………………………………………… 023

第2章　电介质材料的极化 …………………………………………………… 025

2.1　极化理论基础 …………………………………………………………… 025

2.1.1 极化的宏观描述 ·· 025

2.1.2 极化的微观描述 ·· 029

2.1.3 极化的基本理论 ·· 034

2.2 电介质材料的光学性能 ·· 037

2.2.1 电子位移极化模型 ··· 037

2.2.2 电子位移极化率的一般规律 ····································· 039

2.2.3 电介质材料的光学性能模拟 ····································· 042

2.3 电介质材料的离子位移极化 ·· 045

2.3.1 离子位移极化模型 ··· 045

2.3.2 离子晶体介电常数 ··· 046

2.3.3 离子性晶体介电性能模拟 ·· 048

2.4 极性电介质材料的极化 ·· 050

2.4.1 取向极化模型 ·· 050

2.4.2 翁萨格有效场 ·· 051

2.4.3 极性电介质材料的介电常数 ····································· 053

2.5 实际电介质材料的极化 ·· 054

2.5.1 复合材料的介电性能 ·· 054

2.5.2 异质结构的介电性能 ·· 056

2.5.3 非晶介质材料的介电性能 ·· 058

参考文献 ··· 062

第3章 电介质材料的电导 ··· 064

3.1 电导理论基础 ··· 064

3.1.1 电导率与电阻率 ··· 064

3.1.2 电介质材料的导电机理 ··· 065

3.2 晶态电介质材料 ·· 067

3.2.1 本征离子电导 ·· 067

3.2.2 杂质离子电导 ·· 071

3.3 非晶态电介质材料 ··· 073

3.3.1 非晶态聚合物 ·· 073

3.3.2 非晶态氧化物玻璃 ··· 075

3.3.3 陶瓷材料 ·· 077

3.4 电介质材料的电子电导 ·· 078

3.4.1 电子产生机制 ·· 078

3.4.2 电子输运机制 ·· 080

3.4.3 电子电导和离子电导 ·············· 083

3.5 电介质复合材料的电导 ·············· 085

3.5.1 逾渗理论简介 ·············· 085

3.5.2 等效介质理论 ·············· 088

3.5.3 导电网络模型 ·············· 089

参考文献 ·············· 091

第4章 电介质材料的弛豫 ·············· 093

4.1 电介质材料对交变电场的响应 ·············· 093

4.1.1 复介电常数 ·············· 093

4.1.2 弛豫过程 ·············· 096

4.2 德拜弛豫理论 ·············· 099

4.2.1 弛豫损耗 ·············· 099

4.2.2 德拜弛豫 ·············· 099

4.2.3 德拜弛豫的温度特性 ·············· 102

4.2.4 漏导对德拜弛豫的影响 ·············· 104

4.3 极性电介质材料的弛豫 ·············· 106

4.3.1 偶极弛豫模型 ·············· 106

4.3.2 $\alpha - SiC$ 介电弛豫模拟 ·············· 108

4.4 离子型电介质材料的弛豫 ·············· 109

4.4.1 缺陷弛豫模型 ·············· 109

4.4.2 氧空位的弛豫模拟 ·············· 109

4.5 离子掺杂型电介质材料的弛豫 ·············· 110

4.5.1 热离子弛豫模型 ·············· 110

4.5.2 铋掺杂钛酸锶的弛豫模拟 ·············· 113

4.6 非均匀电介质材料的弛豫 ·············· 114

4.6.1 空间电荷弛豫模型 ·············· 114

4.6.2 空间电荷的介电响应 ·············· 115

4.7 电介质复合材料的弛豫 ·············· 116

4.7.1 界面弛豫模型 ·············· 116

4.7.2 异质结构材料的介电响应 ·············· 117

参考文献 ·············· 120

第5章 电介质材料的损耗 ·············· 122

5.1 电介质材料的电损耗机制 ·············· 122

5.1.1　电损耗的宏观描述 ································· 122

5.1.2　电损耗的微观机理 ································· 124

5.2　电介质晶体的介电损耗 ····························· 126

5.2.1　分子晶体 ··· 126

5.2.2　原子晶体 ··· 129

5.2.3　离子晶体 ··· 132

5.3　电介质材料的弛豫损耗 ····························· 134

5.3.1　含缺陷的离子晶体 ································· 134

5.3.2　非均匀电介质材料 ································· 136

5.3.3　无定形玻璃 ······································· 139

5.3.4　高分子聚合物 ····································· 142

5.4　电介质材料的电导损耗 ····························· 145

5.4.1　离子晶体 ··· 145

5.4.2　多晶电介质材料 ··································· 149

5.4.3　电介质复合材料 ··································· 152

参考文献 ··· 156

第6章　微波段介电损耗及应用 ························· 158

6.1　电介质材料损耗涉及的科学问题 ··················· 158

6.1.1　小损耗电介质材料 ································· 158

6.1.2　大损耗电介质材料 ································· 161

6.1.3　损耗调控及新型功能材料 ························· 163

6.2　小损耗电介质材料的高温介电性能 ················· 165

6.2.1　二氧化硅 ··· 165

6.2.2　氮化硅 ··· 168

6.2.3　六方氮化硼 ······································· 170

6.2.4　氮氧化硅 ··· 172

6.2.5　焦硅酸钇 ··· 174

6.3　低维碳材料及电导损耗调控 ······················· 176

6.3.1　晶体结构与电子性能 ······························· 177

6.3.2　一维碳材料与电子输运机制 ······················· 179

6.3.3　石墨烯与"电子－偶极子"协同竞争作用 ··········· 181

6.3.4　电导损耗调控 ····································· 183

6.4　碳化硅及弛豫损耗 ································· 184

6.4.1　碳化硅 ··· 184

6.4.2 多重偶极子极化 ·· 185

6.4.3 碳化硅结构剪裁及弛豫损耗调控 ···················· 186

6.5 氧化锌及介电损耗 ·· 188

6.5.1 氧化锌 ·· 188

6.5.2 介电响应 ·· 188

6.5.3 介电性能及性能调控 ···················· 190

6.6 MXenes：原子层剪裁调控"电子－偶极子"协同作用 ··· 191

6.6.1 MXenes ·· 191

6.6.2 MXenes 原子剪裁与介电性能 ···················· 192

6.6.3 MXenes 衍生物 ·· 194

6.7 其他大损耗电介质材料 ·· 194

6.7.1 多铁性材料 ·· 194

6.7.2 导电聚合物 ·· 196

6.7.3 金属有机框架 ·· 199

6.7.4 过渡金属 ·· 200

6.7.5 过渡金属合金 ·· 202

6.7.6 过渡金属氧化物 ·· 202

6.7.7 过渡金属硫化物 ·· 203

6.8 微波介电性能和电磁器件 ·· 205

6.8.1 能量转换器件 ·· 205

6.8.2 微波衰减器件 ·· 207

6.8.3 空间能量输送 ·· 210

6.8.4 5G 频段新型微波功能器件 ···················· 212

参考文献 ·· 214

附录 ·· 227

附录 A：基本常数表 ·· 227

附录 B：常用物理量汇总表 ·· 227

6.4.2　多电位校正 ··· 185
6.4.3　强化电极制备成及率和寿命的保护涂层 ························· 186
6.5　器件等及应用简析 ··· 188
6.5.1　优化 ··· 188
6.5.2　净电负荷 ··· 188
6.5.3　净电负荷无损应用探讨 ··· 190
6.6　MXene 储存与调测控制用户·····临界下，功用控用分············ 191
6.6.1　MXene ·· 191
6.6.2　MXene 原子、厚本及净电结构 ·· 192
6.6.3　MXene 结构描 ·· 191
6　净储存原理由合原料料 ··· 193
6.7　净储存成分 ··· 194
6.7.2　失电参数 ··· ···
6.7.3　容量和应用参数 ·· 196
6.7.4　储额及参 ··· 200
6.7.5　性能本及水高 ··· 202
6.7.6　电化学应用构结构 ·· 202
6.7　导温净临界电性 ·· 193
6　微孔合电与比面和应用模糊引 ·· ···
6.8.1　电临界 1·2 调分 ··· ···
6.8.2　低成净及水管理 ··· 207
6.8.3　净区参考临界 ··· 210
6.8.4　SC 构成水分容量比线安装管理 ·· 212
参考文献 ·· 214
附录 ·· 227
附录 A：基本水与数据 ··· 237
附录 B：项目线电图工定系 ··· 237

第1章

电介质材料概论

电介质（dielectric）是指不导电的物质，即绝缘体（insulator）。电介质材料是指固态电介质，它具有极化能力，并且能够长期存储电场能量。电介质材料的这些基本属性使其在许多领域具有重要应用，如电工电子元器件、大电机或电力设备的高电压绝缘材料、（静电）储能材料与器件、电磁能量传输材料与器件、微波吸收材料和飞行器天线罩/窗等特殊功能材料。本章着重介绍电介质材料的基本概念、基本理论、主要研究内容以及电介质材料的发展历程和主要应用。

1.1　电介质材料及其分类

1.1.1　电介质

电介质是在电场作用下具有极化能力并能在其中长期存在电场的一种物质。具有极化能力并能够长期存在电场是电介质的基本属性，也是电介质具有多种实际应用的基础。

在静电场中，电介质内部能够存在电场，这一事实已经被高斯定理证明。电介质的这一特性与金属导体材料不同，金属导体在静电平衡状态下内部电场为0。

根据现代固体物理的能带理论，电介质可定义为这样一种物质：在能带图中基态被占满，基态（满带）与空带（导带）之间被比较宽的禁带隔开，电子从满带激发到导带需要很大的能量，因此在常温下不具有导电能力。电介质的能带结构可以用图1-1表示，为了便于将电介质的能带结构和半导体、导体的能带结构进行比较，图1-1中也分别画出了它们的能带结构示意图[1]。

从微观层面上看，电介质对电场的响应特性也不同于金属导体：金属的特点是体内有自由电子，这些电子以定向传导方式来传递电的作用和影响，这就决定了金属具有良好的导电性。然而，在电介质内部，一般情况下只有被束缚着的电荷。在电场的作用下，正、负束缚电荷（bound charge）沿相反方向偏

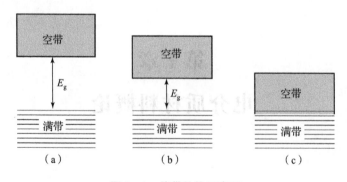

图 1-1　能带结构示意图

(a) 绝缘体；(b) 半导体；(c) 导体

移，使电介质端面处形成宏观电偶极矩，即电极化。尽管对于不同种类的电介质材料电极化的机制各不相同，但以电极化方式响应电场的作用却是相同的。通常，我们将能够产生电极化现象的物质称为电介质。

电介质的电阻率一般都很高，可以看作绝缘体。也有些介质的电阻率并不高，不能归于绝缘体。但由于它们在电场下也发生极化，所以通常被归入电介质体系。正因如此，电介质在电场作用下发生的极化现象、物理过程及其行为规律，就成为电介质理论的重要研究内容。

综上所述，电介质内部一般没有自由电荷，并且具有良好的绝缘性能。从这个意义上讲，电介质又可以称为绝缘体。

工程上实用的电介质与理想电介质不同，主要体现为：实际电介质在电场作用下存在漏电流和电能的耗散，在强电场下还可能出现电击穿。因此，除了研究电介质的极化现象外，还要研究其电导行为、损耗以及击穿等特性。

1.1.2　电介质材料的分类

电介质种类繁多，物质结构也千差万别。按照物质的聚集状态，电介质分为气体（如空气）、液体（如电容器油）和固体（如涤纶薄膜）三大类。通常将固态电介质称为电介质材料，从不同角度又可以对其进行分类[2]。

(1) 按物质组成特性，可将电介质材料分为无机材料和有机材料两大类。云母、玻璃、陶瓷等是常见的无机电介质材料，橡胶、有机高分子聚合物等则是有机电介质材料。

(2) 按组成原子排列的有序化程度，可将电介质材料分成晶体（如石英晶体）和非晶体（如玻璃、塑料）两类，前者表现为长程有序，而后者只表现为短程有序。

(3) 在工程应用上，还经常按照分子电荷的空间分布对电介质材料进行分类。

一般将电介质材料分为极性和非极性（中性）两类。极性电介质材料由正、负电荷中心不相重合的极性分子组成，如纤维素和聚氯乙烯薄膜等，纤维素的分子式和分子结构如图 1 - 2 所示。非极性电介质材料在没有外电场作用时，正、负电荷中心相重合，如聚四氟乙烯，其分子式和分子结构如图 1 - 3 所示。

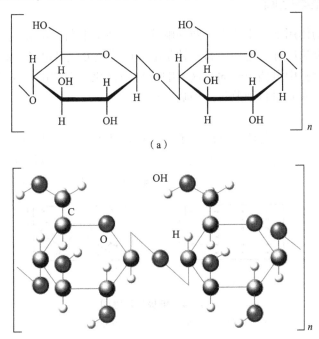

（a）

（b）

图 1 - 2　极性电介质材料纤维素

（a）分子式；（b）分子结构

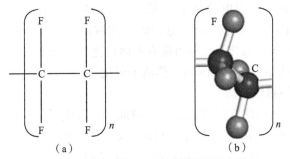

（a）　　　　　　　　（b）

图 1 - 3　非极性电介质材料聚四氟乙烯

（a）分子式；（b）分子结构

（4）按材料组成的均匀度，可将电介质材料分为均匀和非均匀两类。如聚苯乙烯是典型的均匀电介质材料，而聚苯乙烯复合薄膜则是非均匀电介质材料。

1.2 电介质材料的物理性质

1.2.1 基本性质

在外加电场作用下，主要发生两种响应：一种是电荷在电介质材料中长程迁移形成电流，这类响应称为电导；另一种是电荷以感应方式沿电场方向产生电偶极矩，或引起电介质材料中电偶矩转向，这类响应称为极化。理想电介质材料只存在极化现象，而实际电介质材料则兼具两种响应特性。

1. 电极化

由于电介质材料中各原子外层电子处于稳定状态，在外电场下价电子仅发生偏移，形成电偶极子（感应电偶极矩），如图 1－4（a）所示。对极性电介质材料，随机分布的固有电偶极子在外电场作用下发生转向，如图 1－4（b）所示。

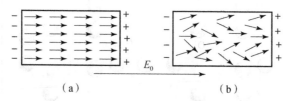

图 1－4　电极化示意图

（a）无极分子电介质极化；（b）有极分子电介质极化

由图 1－4 可知，在外电场下，均匀电介质材料内部各处仍呈现电中性，但在材料表面出现了正负电荷。这种电荷不能离开电介质材料传递到其他带电体上，也不能在电介质材料内部自由移动。我们将这种电荷称为束缚电荷，同时将上述性质称为电极化。从微观角度看，理想电介质材料的极化主要有电子位移极化（displacement polarization）、离子位移极化和固有电偶极子的取向极化（orientation polarization）。对于实际电介质材料，极化类型还可能有界面极化（interfacial polarization）、空间电荷极化（space－charge polarization）、热离子极化（thermionic polarization）等。

2. 交变电场下极化响应

电介质材料极化的建立过程需要一定时间，通常电子位移极化建立时间大约为 10^{-15} s，离子位移极化建立时间大约为 10^{-13} s，电偶极子取向极化建立时间大约为 10^{-9} s；其他如界面极化、空间电荷极化、热离子极化等建立时间为 $10^{-10} \sim 10^{-2}$ s。因此，在交变电场作用下它们会产生不同的响应，如图 1－5 所示[3]。

1）共振响应

电子位移极化和离子位移极化的建立时间大约为 10^{-15} s 和 10^{-13} s，远小于（射频与微波的）交变电场周期，因此电子和离子的位移极化步调同高频电场变化基本一

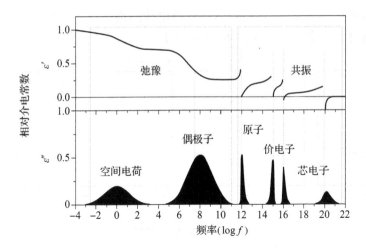

图 1-5　电介质在交变电场下的极化响应[3]

致。这类极化属于快极化，它们只在光频作用下产生共振响应。

2）弛豫响应

偶极子、界面、空间电荷、热离子等极化建立时间为 $10^{-10} \sim 10^{-2}$ s，属于慢极化。在交变电场作用下，这些极化的相位都滞后于外电场相位，从而产生滞后效应，或称其为弛豫响应。从宏观上看，共振响应和弛豫响应的区别仅在于极化建立时间的长短，但本质上源于极化过程中阻力性质的不同：共振响应来源于弹性力，而弛豫响应则来源于黏滞力。

3. 介质损耗

在交变电场作用下，电介质材料都会出现能量损失，其损耗功率主要来源于两个方面：电导损耗——载流子（电子）在电场下的定向移动，即传导电流，遵从欧姆定律；介电损耗——束缚电子在变化电场下的极化，即位移电流。从微观角度看，电介质材料中电荷在交变电场下的输运（形成传导电流）和极化（形成位移电流）行为，反映了电损耗的本质。

1.2.2　特殊性质

电介质材料除具有上述基本物理性质外，还表现出一些特殊性质，这些特殊性质是电介质材料应用的基础。

1. 压电效应

一些晶体受到外力作用而产生形变时，会出现极化现象，并在相对的两面上形成异号束缚电荷，这种现象称为压电效应，如图 1-6 所示。可以看出，当石英晶体受到水平（或垂直）方向的压、拉应力作用时，石英晶格结构产生形变，从而导致上下端面出现束缚电荷。其中，沿压、拉应力方向出现束缚电荷的现象称为纵向压电效应，如图1-6（a）、（b）所示；束缚电荷出现在同压、拉应力平行端面的现象，称为横向压电效应，如图1-6（c）、（d）所示。

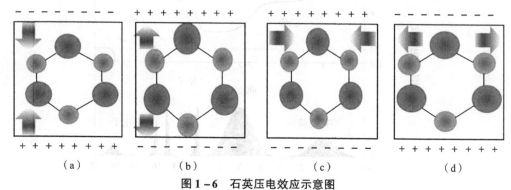

图1-6　石英压电效应示意图

（a）纵向压应力；（b）纵向拉应力；（c）横向压应力；（d）横向拉应力

压电晶体种类很多，常见的有石英［晶体几何结构如图1-7（a）所示］、钛酸钡［微晶陶瓷如图1-7（b）所示］、酒石酸钾钠（罗谢耳盐）、磷酸二氢钾（KDP）、磷酸二氢铵（ADP）以及砷化镓、硫化锌等半导体和压电陶瓷等。压电晶体的机械振动可转化为电振动，常用来制造晶体振荡器，其突出优点是振荡频率高度稳定，已广泛应用于石英钟等精密计时仪器。压电晶体还普遍应用于微小型高品质电声器件中。此外，利用压电效应还可以设计制造各类高性能的传感器，测量和探测各种情形下的压力、振动和加速度等物理量。

图1-7　典型压电材料的形貌

（a）石英晶体形貌；（b）钛酸钡微晶陶瓷

2. 电致伸缩效应

一些晶体在电场作用下会发生伸长或缩短形变，称电致伸缩效应，如图1-8所示。电致伸缩效应是压电效应的逆效应，又称为**逆压电效应**，它的机理是：电介质材料中的分子在电场下发生极化，其中一个分子的正极与另一个分子的负极沿着电场方向衔接。由于正负极相互吸引，整个电介质材料在这个方向上发生收缩，直到其内部的弹性力与电引力达到平衡为止。如在电介质材料两端面间加上交变电压，而且其频率与材料的固有频率相同，它将发生机械共振。电致伸缩材料在工程技术上有很多应用，如利用压电石英制成石英钟、超声波发生器等。利用电致伸缩效应可以将电振动转变为机械振动，常用于产生超声波的换能器以及耳机和高音喇叭等。压电敏感元件的受力变形有厚度变形、长度变形、体积变形、厚度切变和平面切变等基本类型，由于其各向异性，因此并非所有晶体都能在这些状态下产生压电效应，如石英晶体就没有体积变形压电效应，但具有良好的厚度变形和长度变形压电效应。

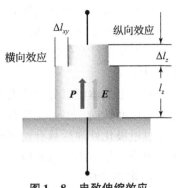

图 1 - 8　电致伸缩效应

在电场作用下，由伸缩形变效应而发生微小形状或尺寸变化的陶瓷主要有铌镁酸铅（PMN）、铌镁酸铅 - 钛酸铅（PMN - PT）、锆钛酸铅镧（PLZT）、锆钛酸铅钡（Ba - PZT）等。这些材料具有分辨率高、稳定性好、精度高以及响应速度快等优点。电致应变量与电极化强度的平方成正比，电致伸缩频率为外加交变电场频率的两倍，且不会因电畴退极化引起老化现象，常用于制作微位移驱动器和定位器，制造微动、定位的精密驱动和转换元件，在高技术领域用途广泛。

3. 热释电效应

具有自发极化造成的宏观电偶极矩并具有较大热胀系数的晶体称为热电晶体。处于自发极化状态的热电晶体，在电偶极矩正、负两端表面本来存在着由极化形成的束缚电荷，但由于吸附了空气中的异号离子而不表现出带电性质。如图 1 - 9 所示，当温度改变时，热电晶体的体积发生显著变化，从而导致极化强度的明显改变，破坏了表面的电中性，表面所吸附的多余电荷将被释放出来，此现象称为热释电效应。显然，热释电效应是指极化强度随温度改变而表现出的电荷释放现象，宏观上的表现是温度的改变使在材料两端出现电压或产生电流。人工极化的铁电体（ferroelectrics）和驻极体都具有热释电效应，它们已经广泛地应用于红外线探测和热成像技术。

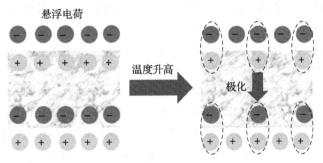

图 1 - 9　热释电效应的形成

热释电效应最早在电气石晶体中发现，该晶体属于三方晶系，具有唯一的三重旋转轴。与压电晶体一样，晶体存在热释电效应的前提是具有自发式极化，即在某个方向上存在着固有电矩。压电晶体不一定具有热释电效应，而热释电晶体则一定存在压电效应。

热释电晶体可以分为两大类。一类具有自发式极化，但自发式极化并不会受外电场作用而转向；另一类具有自发式极化，且在外电场作用下转向。由于这类晶体在经过电极化处理后具有宏观剩余极化，且其剩余极化随温度而变化，从而能释放表面电荷，呈现热释电效应。

4. 电热效应

在绝热条件下借助外电场改变电热体的永久极化强度时，它的温度会发生变化，称为电热效应。具有电热效应的电介质材料称为电热体，电热体在绝热条件下退极化可以降低温度，与绝热去磁法（磁热效应）一样，是获得超低温的一种实用手段。常用的电热材料有钛酸锶陶瓷和聚偏氟乙烯（PVDF）等。

5. 驻极体

撤除外电场或外加机械作用后，仍能长时间保持极化状态的电介质材料称为驻极体，驻极体同时具有压电效应和热电效应，技术上大多采用极性高分子聚合物作为驻极体材料。驻极体有两种类型：一种是在电介质材料表面或内部包含一个或两个极性的过量电荷的驻极体，另一种是包含定向（对齐）偶极的驻极体。驻极体材料在自然界中非常普遍。例如，石英和其他形式的二氧化硅是天然存在的驻极体。如今，大多数驻极体是由合成聚合物制成的，如含氟聚合物、聚丙烯、聚对苯二甲酸乙二醇酯（PET）等。

驻极体能产生 30 kV/cm 的强电场，其存储电荷的性能已被用于静电摄影术和吸附气体中微小颗粒的气体过滤器上。此外，驻极体还广泛应用于麦克风、复印机、电离辐射测量、振动能量收集以及生物医学等方面。

6. 铁电性

在一些电介质晶体中存在许多自发极化的小区域，每个自发极化的小区域称为铁电畴，其线度为微米数量级，如图 1 - 10（a）所示。同一铁电畴内各个电偶极矩取向相同，如图 1 - 10（b）所示的铁酸铋（$BiFeO_3$，BFO）长方形尾对尾铁电畴，不同铁电畴的自发极化方向一般不同，因而宏观上总的电偶极矩为 0。在外电场作用下各铁电畴的极化方向趋于一致，极化强度 P 与电场强度 E 有非线性关系。在交变电场反复作用下，P 与 E 的关系形成电滞回线，如图 1 - 11 所示。具有电滞回线的电介质材料称铁电体，它的上述性质称为铁电性。当温度升高到某一临界值 T_c 时，铁电畴互解、铁电性消失，铁电体转变为普通顺电性电介质材料，这个临界值 T_c 称为铁电居里温度。铁电体具有很高的电容率（permittivity），并同时具有压电性和热电性。

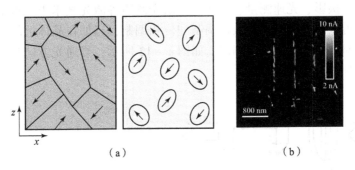

图 1-10　铁电体的电畴

（a）铁电体中电畴结构示意；（b）$BiFeO_3$ 中长方形尾对尾铁电畴

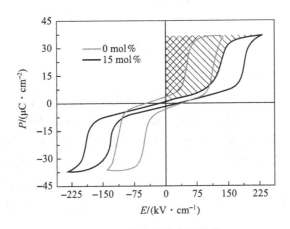

图 1-11　铁电体的电滞回线

7. 铁弹性

　　一些晶体在其内部能形成自发应变的小区域，称为铁弹畴，同一铁弹畴内的自发应变方向（畴态）相同，任意两个铁弹畴的畴态相同或呈镜面对称。在外加应力作用下，铁弹畴可以从一个畴态过渡到另一个畴态。当外应力改变时，应变滞后于应力变化，且应力与应变是非线性关系。因此，在周期性外应力作用下，应变与应力的关系曲线类似于电滞回线，称为力滞回线。具有力滞回线的电介质材料称为铁弹体，铁弹体的上述性质称为铁弹性。铁弹体的电容率、折射率、电导率、热胀系数、导热系数、弹性模量和电致伸缩率等因方向而异，且这种方向性会随应力而变，利用这些特点，铁弹体在制造力敏器件上有广泛的应用前景。

8. 电光效应

　　在电场中，电介质材料的光学性质发生变化的现象称为电光效应，主要包括泡克耳斯（Pockels）效应和克尔（Kerr）效应两类。利用电光效应可以制作电光调制器、电光开关和电光偏转器，可用于光闸（光开关）和激光器的 Q 开关与光波调制器，并在高速摄影、光速测量、光通信和激光测距等激光技术中获得重要应用。利用电光效应可以实现对光波的振幅调制和位相调制，当加在晶体上的电场方向与通光方向平行时，称为纵向电光调制，如图 1-12 所示；当通光方向与所加电场方向相垂直时，称为横向电光调制。

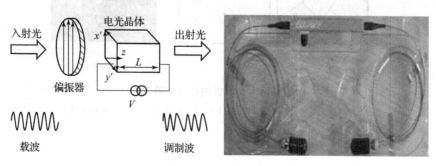

图 1-12　纵向电光调制器

9. 非线性光学效应

泡克耳斯效应和克尔效应是非线性光学效应，属于二阶非线性效应。实际上，在一些电介质材料，如磷酸二氢钾、磷酸二氘钾（KD*P）、磷酸二氢铵、碘酸锂、铌酸锂等晶体中，极化强度 P 与电场强度 E 之间呈现非线性关系，从而呈现二阶、三阶……n 阶光学效应。例如倍频、和频、混频、光参量放大和多光子吸收等。这些非线性光学效应广泛应用于激光频率转换、四波混频、光束转向、图像放大、光信息处理、光存储、光纤通信、水下通信、激光对抗以及核聚变等研究领域。

1.3　电介质材料的理论概述

电介质材料涉及的基本理论包括极化理论、输运理论、弛豫理论和损耗理论。以电介质材料的特殊性质为研究内容，又衍生出一些分支学说，如铁电学、非线性光学和压电学等。下面简要介绍电介质材料的基本理论。

1.3.1　现代极化理论

束缚电荷是电极化的宏观标志，它可以用极化强度 P 来定量描述，即极化强度等于束缚电荷面密度，方向同外电场一致。在电介质材料中，某点极化强度正比于电场强度，其比例系数称为极化率（susceptibility）。根据高斯定理可得，电介质材料中某点的电场强度正比于外加电场强度，其比例系数为介电常数。

1. 极化机理

从微观角度分析，极化是受束缚的带电粒子（电子和离子）在外电场作用下产生感应电偶极子的过程，主要有以下几个基本类型。

（1）当非极性电介质材料受到电场作用时，由于电子质量远小于原子核，电子云（负电荷中心）产生相对位移，形成感应偶极子。这种由电子平移产生的极化称为电子位移极化。

（2）在正、负离子组成的离子晶体中，当受到外电场作用时，正离子沿电场方向移动，负离子逆电场方向移动，从而使原先呈中性分布的正、负离子对形成感应电偶极子。这类由正、负离子相对位移产生极化的方式称为离子位移极化。

（3）极性电介质材料中存在大量的固有偶极子。在外电场中，每个偶极子都受到转动力矩作用而产生旋转，并具有沿电场方向排布的趋向。每个偶极子都取向外电场方向，从而导致垂直电场的端面出现束缚电荷。这种在外电场力矩作用下固有偶极子取向一致排列形成的极化现象，称为取向极化。

2. 有效分子电场理论

电介质材料的极化强度、极化率和介电常数都是与宏观电场相关的物理量，它们描述了材料的宏观极化性能。由极化的微观机理可知，在实际中不管发生哪种极化，其结果都可归结为偶极子的形成。考虑到感应偶极矩 p 与分子（原子）处电场强度 E_1（分子电场）成正比，其比例系数 α 称为分子极化率，介质极化率和介电常数可以看作单位体积内所有感应偶极矩之和。因此，只要了解外电场与分子（原子）处分子电场的关系，就能够从微观极化机理中获得宏观极化和介电性能。同宏观电场相比，由于分子电场中加入了分子之间的相互作用，因此有效分子场总是大于宏观电场。

有效场涉及成千上万分子（原子）的分子相互作用，计算十分复杂。历史上，洛伦兹（H. A. Lorentz）首先系统地计算了有效场，他假设：以所讨论的分子（原子）为中心，以适当长度为半径，在介质中作一球。当球足够大时，球外分子（原子）对中心的作用只具有长程性质，可作为连续介质处理；而球内其他分子（原子）对中心的作用，则具有短程性质，必须考虑介质的具体结构。对具有中心对称性的晶体而言，球内其他分子（原子）对中心的合力为 0，以此为基础构建的有效场模型称为洛伦兹有效场。

洛伦兹有效场模型在一些无极电介质材料中获得了成功，但在有极电介质中的表现却非常糟糕，其缘由是极性物质的固有电矩之间的相互作用一般很大，致使球内其他分子（原子）在中心处的合力不能相互抵消。因此，必须重新建立物理数学模型以计算极性介质中的分子有效电场。对于极性电介质的有效场研究，翁萨格（L. Onsager）做了比较成功的尝试。他把介质中某一分子看作是位于真实空腔中心的电偶极子，而空腔外其余部分被视为介电常数为 ε 的连续线性介质。这样，分子有效电场可以看作腔外连续介质和腔内固有电矩两部分电场的叠加，这个电场称为翁萨格有效场。这个模型实际上只考虑了分子间远程相互作用而忽视了分子近程作用，同时未考虑非偶极分子的相互作用。因此，对存在强烈的分子相互作用的许多介质来说，在实验结果与按翁萨格方程（Onsager equation）计算结果之间发现了较大偏差。要进一步发展极化理论，就必须考虑分子间相互作用，这只有应用统计方法才有可能实现。

1.3.2　极化弛豫理论

由图1-5可知，电介质材料中的束缚电荷在交变电场作用下产生的介电响应分为快极化和慢极化两大类，其中电子位移极化、离子位移极化等快极化建立的时间较短（小于10^{-12} s），因此在高频电路中几乎没有极化滞后效应。对固有偶极子、热离子和空间电荷等慢极化，由于极化建立时间较长，当电场变化频率超过一定限度时，这些极化来不及建立而产生极化滞后现象。这种极化强度滞后电场强度的现象，称为电介质极化的弛豫。

1. 弛豫的微观机理

共振和弛豫是电介质材料中介电响应的两个重要类型。从极化类型上区别，共振来源于快极化，通常出现在红外以上的光频段。弛豫来源于慢极化，通常出现在红外以下的微波、超声等频段。从极化的微观过程来看，共振和弛豫的区别源于极化过程阻力的性质，当阻力为恢复力时出现共振类型，当阻力具有黏滞性时出现弛豫。在电介质中，有极分子（polar molecule）、缺陷和空间电荷都可以等效成电偶极子，这些固有电矩在电场下发生转向同时受到周围黏滞阻力作用。当电场撤除后，由于偶极子所受力矩消失，它们只有通过多次碰撞才能使取向极化缓慢消除，描述这个过程的时间常数称为弛豫时间。总之，当施加一个电场后，取向极化的建立时间与弛豫时间相同。

2. 德拜弛豫

德拜（P. Debye）的弛豫研究表明，在交变电场中，朗之万（P. Langevin）理论中恒定波尔兹曼因子变成了一个依赖于时间的衰变函数$\exp(-t/\tau)$，其中弛豫时间τ同内摩擦的黏滞性相关。对稀释分散在低黏度溶剂中的小偶极子，室温下取向极化的弛豫时间约为10^{-10} s；对在黏稠介质中的大偶极子，室温下的弛豫时间长于10^{-4} s；在极性晶体和聚合物中也存在偶极子弛豫，弛豫时间约为10^{-9} s。德拜将衰变函数引入电介质的介电常数计算中，提出并建立了复介电常数（complex permittivity）与频率的关系式——德拜弛豫方程，虽然是针对极性液体获得的，但是德拜弛豫方程对固体介质以及其他情形也适用。

3. 柯尔-柯尔图

对理想的德拜弛豫，Cole-Cole（柯尔-柯尔）图是一个圆心在静态和高频介电常数的平均值处、直径等于静态和高频介电常数之差的半圆，如图1-13（a）所示[4]。

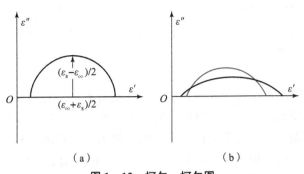

图 1 - 13 柯尔 - 柯尔图

(a) 德拜弛豫；(b) 偏离德拜弛豫情况

德拜弛豫有一个重要的假设，即认为电介质只具有一个弛豫时间值。因此，可以通过实验方法测出每一频率下的 ε' 和 ε'' 值，然后连成圆弧来校验德拜方程。如果实验得出半圆，就说明电介质的弛豫与德拜方程相吻合，弛豫时间就只有一个。但事实往往如图 1 - 13 (b) 所示，实验结果常常不是半圆而是一个圆弧，这说明德拜方程与实际电介质的弛豫有偏离，需要对德拜方程进行修正。

1.3.3 电损耗理论

在交变电场作用下，电介质中慢极化滞后于外电场变化，使其极化强度与电场强度存在相位差，从而导致交变电场的功率损耗。同时，实际电介质中存在的漏电流，也会导致电场的功率损耗。电介质的电损耗主要来源于电导损耗和介电损耗。从宏观角度看，电导损耗源于载流子（电子）在电场下的定向移动，即传导电流，遵从欧姆定律。介电损耗源于束缚电子在变化电场下的极化，即位移电流。从微观角度看，电介质材料中电荷在交变电场下的输运（形成传导电流）和极化（形成位移电流）行为，反映了电损耗的本质。

1. 电导损耗

在电场下，电介质材料中的自由电子或自由离子做定向迁移产生传导电流，导致电场能量衰减的现象，称为电导损耗。电介质材料的电导主要来源于离子电导和电子电导，因此，电介质材料的电导损耗又分为离子电导损耗和电子电导损耗两种。一般而言，电子或离子浓度以及它们的迁移率都与频率无关。因此，电介质材料的电导损耗通常不会出现高频下发热严重的问题。

2. 介电损耗

由图 1 - 5 可知，全波段下电介质材料的介电响应分为两个类型，分别是出现在 10^{12} Hz 以上频段的共振和出现在 10^{12} Hz 以下频段的弛豫。

1）共振损耗

在交变电场作用下，电介质材料中的原子、束缚离子或电子将偏离平衡位置，同时也会受到周围物质的恢复力作用，从而形成共振，主要包括芯电子共振、价电子共振、原子（离子）共振。电介质材料的共振在红外至紫外的广泛光频范围内产生能量损耗，称为共振损耗。

2）弛豫损耗

当交变电场频率低于原子振动频率时，恢复力不再具有弹性，而具有黏滞性的特点。此时，交变电场与电介质材料之间出现一种新型的相互作用关系，对应的介电损耗称为弛豫损耗。在电介质材料中，由于偶极子、热离子和空间电荷受到周围较大的黏滞阻力作用，极化建立时间较长（$10^{-9} \sim 10^{-2}$ s），因此产生极化滞后现象，即介质的极化强度的变化滞后于电场强度的变化，从而会消耗一部分能量，形成弛豫损耗。电介质材料中主要的弛豫损耗有偶极弛豫损耗、界面弛豫损耗、空间电荷弛豫损耗和热离子弛豫损耗。

共振和弛豫是电介质材料中介电损耗的两个重要类型。其中共振损耗来源于快极化，通常出现在红外以上的光频段；弛豫损耗来源于慢极化，通常出现在红外以下的微波、超声等频段。

1.4　电介质材料的发展历程

1.4.1　电介质理论的发展

电介质材料是一类多功能材料。传统电介质材料经历了不同的发展阶段，逐步形成了电介质材料知识体系。科学技术的发展，特别是纳米材料科学与技术的发展，催生了一大批新型电介质材料，极大地促进了电介质材料的发展，形成了先进电介质材料体系。纵观电介质材料的发展历程，支撑其发展的理论基础一直是电介质物理学。因此，电介质物理的发展代表着电介质材料的初期发展。而电介质物理是以电介质材料为研究对象的一门学科，它的研究内容主要是揭示电介质材料的基本特性及其物理本质；探讨电介质材料在电场作用下所发生的物理过程与材料的结构、组成之间关系的规律性，从而为生产和研究人员提供制造、选用、研究以及开发电介质材料的科学依据。此外，电介质物理还包括对电介质材料其他特性的研究，如压电性、铁弹性等。电介质物理作为学科分支有三个基本要素：研究对象、实验方法和基础理论。电介质物理从物理学中分离出来并成为一个独立分支只有约百年的历史，但其研究历史可以追溯到 300 年前[5-7]。

1720 年，格雷（S. Gray）研究了电传导现象，发现了导体和绝缘体的区别，随后又发现了导体的静电感应现象。1733 年，杜菲（Du Fay）经过实验区分出正负电荷，并总结出同性相斥、异性相吸的静电基本特性。1745 年，克莱斯特（E. G. Kleist）和穆申布洛克（P. Musschenbroek）各自独立制成了第一个电容器。1758 年，威尔克

（J. Wilcke）观察到了电极化现象。1759 年，坎顿（J. Canton）和埃皮努斯（F. Epinus）确定了电气石的热释电效应。1782 年，阿羽伊（R. Hany）发现了压电效应。1875 年，克尔（J. Kerr）发现置于均匀电场中的各向同性物质出现双折射现象。1894 年，泡克耳斯（F. Pockels）观察到了晶体中的线性电光效应。1916 年，朗之万提出了利用压电石英获得超声波的方法。1921 年，瓦拉塞克（J. Valasek）发现铁电性。

从最早的绝缘体，到具有热释电效应的电气石、具有压电效应的石英、具有电光效应的 KDP，再到现代的钛酸钡、铌酸锂等非线性光学材料，历经 200 余年明确了电介质物理的研究对象，即凡具有极化性能的材料都属于电介质，而不仅限于绝缘体。

1660 年，盖里克发明了摩擦起电机，从而促进了静电现象的研究。1706 年，豪克斯比（F. Hauksbee）制成了第一台玻璃起电机，并研究了气体放电现象。1746 年，埃利科特（G. Ellicott）根据秤的原理制成了静电计。1747 年，诺莱（J. Nollet）发明了验电器。1781 年，伏打（A. Volta）发明了一种灵敏验电器。1789 年，伏打制成了第一个直流电源，从而促进了导电和极化的研究。1820 年，施韦格（J. Schweiger）发明了电流计。1825 年，诺比利（L. Nobili）发明了无定向电流计。1832 年，皮克西（J. Pixii）利用电磁感应原理制成了第一台交流发电机，促进了交变电场中电极化的研究。1891 年，特斯拉（N. Tesla）发明了高频变压器。1893 年，布隆戴尔（A. E. Blondel）发明了电磁示波器。

19 世纪末，随着阻抗分析仪的出现，尤其是现代电子测试技术的发展，已经形成了完整的极化及其弛豫的实验研究方法和技术手段。1932 年，诺尔（M. Knoll）和鲁斯卡（E. Ruska）发明的透射电子显微镜，更是将电介质物理的实验研究推进到微观结构层面。

在电介质物理基础理论研究方面，1826 年，欧姆（G. S. Ohm）在实验上确立了欧姆定律，并在 1827 年从理论上导出了这个定律。1834 年，法拉第（M. Faraday）提出了离子存在假设。1853 年，希托夫（J. Hittorf）在实验上证明了离子的存在。1837 年，法拉第研究了电介质的极化，并在 1839 年预言了驻极体的存在。1845 年，汉克尔（W. Hanckel）发现液体电导率随温度升高而增大。1850 年，意大利物理学家莫索提（O. F. Mossotti）从宏观静电学出发，获得了微观极化率和宏观介电常数之间的关系，这个关系在 1879 年由克劳修斯（R. Clausius）独立出来，称为克劳修斯 – 莫索提方程（Clausius – Mosotti equation）。1861—1862 年，麦克斯韦（J. C. Maxwell）在其著名的《论物理力线》中提出了位移电流概念，为揭示介电损耗的微观机理奠定了基础。1880 年，H. 洛伦兹（H. A. Lorenz）和 L. 洛伦茨（L. Lorenz）各自独立给出了物质折射率与其密度之间关系的公式。1912 年，阿瓦尔（P. Ewald）发展了电介质晶体极化的理论。1916 年，约飞在实验上证明了晶体中存在离子导电性。1919 年，巴克豪森（H. G. Barkhausen）在磁性材料中发现了畴，促进了铁电畴概念的发展。1929 年，朗穆尔（I. Langnulr）和汤克斯（L. Tonks）引入了等离子体和等离子体振荡概念，将极化弛豫研究推进到了半导体材料中。

1929 年，贝特（H. A. Bethe）提出了晶体场理论。同年，德拜将朗之万取向极化模型推广到了交变电场情况，提出并建立了复介电常数与频率的关系式——德拜弛豫方程，从理论上描述了偶极子极化弛豫规律。1941 年，K. S. 柯尔和R. H. 柯尔提出了一种弛豫研究的图解法——柯尔－柯尔图。Cole－Cole 图反映了极化弛豫的复介电常数（电阻率）的实部与虚部之间随频率变化的关系，圆弧上的每一点对应某一频率下电介质的 ε' 值和 ε'' 值。利用这种图解法可以对实际电介质材料的弛豫过程进行研究。梅森（J. H. Mason）在 1949 年出版的重要著作中已经初步系统地叙述了电介质材料的唯象理论，这种热力学唯象理论可以指导实验研究和相关技术的应用。

近年来，电介质材料和理论在弛豫铁电体、弛豫现象、有限尺寸材料、非均匀介质和材料性质的第一性原理计算等领域的研究方面取得了重大的进展。电介质物理的发展经历了与科学技术一样的分化又综合的过程，虽然已经成为一门独立学科，但近年来明显地表现为与其他学科（如晶体学、高分子材料学等）及技术应用科学交叉发展的趋势。在这种趋势的驱动下，电介质物理的研究内容与范围正在日益增加和扩大。例如：

（1）电介质晶体应用于光电子学器件中的研究十分活跃，不少人在探索掺杂铌酸锂晶体的光电子特性，对功能电介质材料的研究也同样重视。

（2）探索陶瓷体内晶粒间的晶界效应，以实现敏感元件或发展高容量微小型陶瓷电容器为目的，深入研究钛酸锶陶瓷晶界层电容器。

（3）在将陶瓷应用于厘米波和毫米波微波通信、卫星直播电视方面，亦开展了令人瞩目的研究。这些研究逐步揭示了具有通式 $Ba(B_{\frac{1}{3}}B_{\frac{2}{3}})O_3$ 的钙钛矿结构复合氧化物陶瓷的微波介电性能。

此外，对高聚物及有机复合材料的介电特性研究及应用研究，如压电、热释电等多功能应用，也是电介质材料今后的研究方向之一。所有这些研究动向，都表明了电介质物理学科的发展，正沿着内容不断深入、研究范围不断扩大的方向取得新的成果，而且明显地表现为电介质材料的理论与应用交叉发展、一般电介质材料与功能电介质材料交叉发展的总趋势。

1.4.2　传统电介质材料的发展

19 世纪末，电工理论日臻完善，电机、变压器、电灯、电话和无线电设备等电气设备被陆续发明。20 世纪初，电气产业逐渐形成并迅速崛起；极大地改变了人类生产生活方式。随后，工程电介质材料快速发展，形成了传统电介质材料体系。国际上，电介质材料学科是在 20 世纪 20 年代开始形成。1920 年，成立了电气及电子工程师学会（IEEE），并于同年召开了电气绝缘与介电现象国际会议，之后又建立了相应的分专业委员会。这一时期，美国麻省理工学院（MIT）建立了以冯·希佩尔（Von Hippel）教授为首的绝缘研究室。随后，苏联莫斯科动力学院建立了电气绝缘与电缆专业[7]。

20 世纪 30 年代，电介质理论方面的一个杰出的奠基性工作由一位荷兰科学家德拜教授完成，他提出了偶极子概念并解决了偶极矩的理论计算问题，并因此被授予 1936 年诺贝尔化学奖[5]。德拜关于电偶极子和电偶极矩计算的工作为电介质物理学的建立与发展奠定了重要的理论基础，是电介质物理学的里程碑。基于德拜理论，电介质的极化和损耗特性及电介质与其分子结构关系的知识体系被逐渐建立和完善。随着电气和无线电工程的发展，形成了以研究电介质极化、电导、损耗、击穿为核心内容的电介质材料学科。

20 世纪初是传统电介质材料的发展时期，此时电介质材料仅仅作为分隔电流的绝缘材料使用，研究对象就是绝缘体，并以绝缘材料的介电常数、损耗、电导和击穿为其主要研究内容。这个时期的电气设备电压低、电流小，电机、变压器、电线电缆、电器开关等设备或器件的绝缘都采用天然材料，如云母、沥青、绝缘纸、天然橡胶、大理石板等，这些电介质材料的主要特征是绝缘电阻率和耐电强度都比较低。随着电气设备工作电压提高，尤其是大容量电机及高压输变电设备的发展，急需发展新型电介质材料。在这样强烈需求的牵引下，形成了近代电介质材料体系的基本格局。

1.4.3　近代电介质材料的发展

随着电子技术、激光、红外、声学、各种高新技术和新材料不断地出现与发展，特别是极性电介质材料的出现和广泛应用，传统电介质材料的含义和内容被彻底改变了，人类对电介质材料的认识及其范畴大大加深加宽，并使以四大参数为主要内容的电介质物理学逐步演变为研究物质内部电极化过程的学科。

至 20 世纪中叶，工业背景主要为电气绝缘技术。20 世纪中叶以后，合成化学技术迅速发展，多种合成高分子绝缘材料问世，这些高分子合成材料不仅绝缘强度高、加工性能好，而且经过改性能够提高耐热、阻燃、耐油等特性，促进了各种电力设备向高性能、大容量和高电压方向发展。目前，聚合物已成为各种新型绝缘电介质材料的主体。例如，耐热 200 ℃ 的聚酰亚胺、用于 1 000 MW 大型发电机组绝缘的环氧粉云母带、通过化学交联或辐照交联耐温 90 ℃ 的聚乙烯（polyethylene，PE）塑料电缆、耐压 500 kV 的交联聚乙烯（cross linked polyethylene，CLPE）绝缘的交流电缆、用于电力电容器的聚丙烯薄膜、广泛应用于电力系统中的乙丙橡胶等。

进入 20 世纪下半叶，高电压输电技术有力地推动了合成高分子电介质材料的发展，并迅速代替天然材料而成为研究与开发的热点。同时，以无线电技术为应用背景的功能电介质材料，如铁电材料、压电材料开始崭露头角。半导体与晶体管技术、微电子与电力电子技术的兴起，促进了计算机与电力电子工业的发展，现代社会从电气化时代步入了计算机电子信息时代。这个时期的压电体、铁电体和热电体等新型电介质材料制备技术逐渐走向成熟。尤其是 20 世纪 70—90 年代，电介质材料的理论及应用有了突飞猛进的发展，许多新材料和新效应相继被发现，如有机铁电体、压电晶体和热释电聚偏氟乙烯，以及有机和无机复合材料等，这些新材料大大地拓宽了电介质材料应用的领域。激光的问世使许多具有优良的非线性光学效应和电光效应的铁电晶体或压电晶体在激光混频、调制、全息储存、光通信和光信息处理等方面得到了重要应用。20 世纪 70 年代中期出现的液晶材料，在大屏幕平板显示、薄膜和超清晰显示方面具有广阔的应用前景。随后，一系列有机驻极体由于稳定性高、噪声低、弛豫时间长而占领了电声转换的诸多领域；20 世纪 90 年代新发现的氧化硅型无机驻极体，使换能器的薄膜化、集成化和微型化成为可能。对强电场击穿机制的进一步了解以及有机绝缘体材料工艺的改进，使 7×10^5 V 的变压和输电成为可能，许多生命物质如脱氧核糖核酸（DNA）、核糖核酸（RNA）、蛋白质氨基酸等都是极性电介质材料，导致电介质材料与生命科学和医学等也结下了不解之缘。同时，仿生物功能材料方面也找到了新的出路。多元多靶技术的出现使铁电薄膜研究有了划时代的进步，推动了大容量和纳秒级速度的铁电薄膜存储器的研发。

20 世纪末期，计算机及光电子信息技术的蓬勃发展又推动了电介质材料的研发进入微波与光频波段。预测在 21 世纪，纳米材料技术将大大促进功能电介质材料的发展，并将给传统电介质材料学科找到新的突破点；包括极低频至光频波段的电介质材料的理论和测试技术的发展成就将会在生物学科与技术领域起到举足轻重的作用。

1.4.4 现代电介质材料的兴起

21 世纪以来，电力能源、电子信息、轨道交通和航空航天等行业正处于高速发展时期。随着电器能源、光电子信息、纳米材料和生物医学等新兴技术的进步，现代电介质材料形成了。现代电介质材料体系中，最具有代表性的是纳米电介质材料和生物电介质材料[8,9]。

1. 发展中的纳米电介质材料

纳米电介质材料作为上述领域中具有广泛应用的一种新型材料，有关其结构、性能以及应用的研究是科技发展前沿及国家进步的重大需求。纳米电介质材料颠覆了人类对传统电介质材料的认知，使得现代电介质材料迅速崛起并快速发展起来。从这个意义上分析，电介质材料学是一门崭新的学科，有许多新的领域和课题正等待着人们去进一步深入研究、探讨、发现和开拓。纳米电介质材料研究的核心是研究尚未被深入系统研究过的、介于宏观和微观之间的介观领域的电介质材料行为，这必将开辟电介质材料学科认知的新层次，促进新概念、新理论的建立和新方法的采用，赋予传统电介质材料学科新的活力。

在技术应用方面，纳米电介质材料具有独特的时空多层次结构和优良的性质，在提高设备效能、缩小部件尺寸、节约能源和材料等方面效果显著。对于一些特定的领域，如特高压输电、高性能电机中的绝缘材料和超级电容器中的储能材料等，必须利用纳米电介质材料才能达到所需的性能指标。以高性能变频电机为例，其节电率为 30%，如果得到广泛应用，年节电量可达 2 000 万 kW。

21 世纪，无论在电力能源的产生、传输、储存和使用过程中，还是在轨道交通、航海舰船和航空航天技术中，抑或是在电子信息技术中，纳米电介质材料与技术都将成为最基础、最有挑战性和最有前途的知识创新点，在以电气电子工程为代表的经济发展和国防建设中具有重要的战略地位。

纳米电介质材料研究具有学科交叉的显著特征，涉及凝聚态物理学、材料科学、表面与界面科学、电气与电子科学与工程以及信息科学与工程等多学科交叉，涉及过去从未研究过的纳米电介质材料及相应结构这一介观领域。因此，在传统的电介质材料微观结构－宏观性能理论的基础上，应加强介观或纳米尺度结构与微观结构及宏观性能之间关联作用的研究，探索建立微观结构－介观结构－宏观性能三者之间的相互关系与理论模型，这将是一个跨多学科、极具前瞻性和挑战性的重大科学问题[8]。

2. 生物电介质材料的兴起

21 世纪伊始，由于生命科学的迅速发展以及其与物理学之间的相互渗透，一门处在生物学、医学与电介质物理学之间的边缘学科——生物电介质物理学开始形成。由于时域波谱学方法用于生物体系的测量研究，生物电介质材料有了很大的发展。由微型计算机控制的时域波谱仪能够迅速、无损伤和连续地对生物细胞、组织和器官进行测量，在很大程度上降低了测量的误差，提高了测量数据的精确度和可靠性，使人们对电磁波在生物组织中的传播规律、电磁波与生物组织的相互作用，以及生物组织的介电性能等方面有了进一步的了解。生物电介质材料的研究成果应用到医学方面，给疾病的诊断和治疗带来新的工具与手段。

在生物组织压电效应的研究中，以对骨组织的研究最为活跃，主要原因是科学家试图从这一研究中了解生物电的本质，以便为用电疗法治疗骨折和进行矫形手术提供理论依据。对离体或活体的小片骨、条骨和全骨施加弯曲力或压缩力，都表现出压电效应。当弯曲应力作用于条骨时，观测到的峰值电压一般有 0.5 ~ 5 mV。应力在骨组织上感生的压电信号，除了与应力的大小和持续时间有关以外，还依赖于样品的几何形状、取向、化学态以及电极的尺寸和位置等。

已经发现木材、毛发、骨、杜鹃花和一些昆虫都具有热释电效应。但生物中的热释电效应更微弱，实验研究也更困难，研究工作进展不大。科学家们预见到，随着对生物材料的热释电和压电效应的深入研究，将有可能对人体的生物电现象以及生物组织的生物电现象有更深刻的认识。

对人体电介质性质的研究可以分为细胞的介电性质、组织和器官的介电性质、整体的介电性质。大量的研究工作集中在前两个方面。通过对细胞、组织和器官的介电性质的研究，人们对生命的物质结构和活动规律增加了新的认识，从而推动了人体生理学和医学的发展。

由于把高频和微波频段的时域波谱仪用于测量生物体的介电性质，这方面的实验研究非常活跃，对从动物到人体，以及从离体到活体的血液、皮肤、肝、心脏、骨、肌肉、眼睛和脑等一系列组织与器官都进行了测量，在某些方面还积累了不少的临床试验数据。在高频和微波下对植物体介电性质的研究，又直接促进了电磁波在农业方面的应用。

国外已将电介质材料的基本理论用于生物电介质材料研究中，得到了一些令人满意的结果。如对骨组织的压电效应的解释，就是应用电极化理论的一个典型例子。此外，关于血红细胞的介电弥散，根据德拜极化模型，认为血红蛋白存在的固有电矩，在外电场作用下可以发生旋转或位移，产生附加的极化效应，从而对介电弥散做出贡献。用 Cole – Cole 方程可以表述生物体的复介电常数和介电弛豫。尽管如此，目前生物体中的一些介电现象还未能得到完满的解释。例如，生物体的低频介电常数普遍较高，有些竟可与铁电体的相比，其微观机制有待进一步研究。

鉴于生物电介质材料的介电性质对时间和环境十分敏感，活体与离体、人体与动物的测量数据又有很大的差异，因此要将电介质理论引用到生物电介质材料中进行系统研究，还存在不少困难。但是，从生物电介质材料的现有研究成果可以预言，它不仅将对生物学和医学产生深刻的影响，而且也有可能为探索人体的特殊功能等问题提供一些线索。

生物体在一定条件下也具有电介质特性，即具有极化、损耗等特性。这些特性可以应用于微波治癌、电磁育种、电磁脉冲消毒、生物体再生、低温保存和生化医疗领域等方面。但也要注意电磁场的负面作用，防止电磁污染。因此，生物电介质的电磁特性也成为现代电介质领域的一个新兴研究方向。

1.4.5 微波电介质材料的发展

工业化以来，来自电力工业和相应的电工器材制造业的需求，极大地促进了电绝缘体材料的迅速发展。例如，20 世纪 60 年代，我国一些科研院所围绕电介质的应用开展工作，分别对氯化钠（NaCl）晶体的击穿、绝缘材料老化、高介电陶瓷等组织人员进行技术攻关，解决了高压电缆、高压套管、高压电机、高介陶瓷电容器等设备中存在的基础问题。20 世纪后期，伴随着光电子通信和计算机工业的发展，用电频率从直流、中频提高到高频、超高频甚至光频，这对电介质材料的高频极化提出了迫切要求，从而促进了微波频段电介质材料及其相关理论的发展。微波电介质材料的研究主要体现在以下几个方面[9]。

1. 电子元器件

在电阻、电容、二极管、晶体管等电子元器件中广泛地使用电绝缘材料，对于这些在微波电路中使用的电介质材料，要求它们在微波频段仍然保持优良的电绝缘性。例如，在微波无源电路中广泛使用的表贴式电阻和电容等元件，其内部大量采用氧化铝陶瓷作为绝缘介质，如图 1 - 14 所示。在微带电路中，通常采用石英晶体、氧化硅陶瓷、氧化铝陶瓷和聚四氟乙烯等微波电介质材料制作基片的绝缘层。

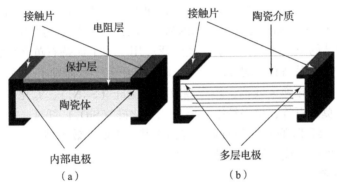

图 1 - 14　表贴式微波电阻和电容器

（a）表贴式微波电阻；（b）电容器

微波电介质材料在有源器件中也被广泛使用，如微波放大器和微波振荡器的核心器件——金属（M）绝缘体（I）半导体（S）场效应晶体管 ［图 1 - 15 （a）］、微波控制电路的 PIN 二极管 ［图 1 - 15 （b）］ 中广泛使用的二氧化硅、氮化硅等电介质材料。

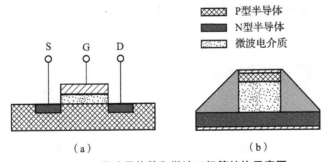

图 1 - 15　微波晶体管和微波二极管结构示意图

（a）微波晶体管；（b）微波二极管

2. 导弹天线罩

20 世纪 50 年代初期，美国波音公司采用玻璃纤维增强塑料研制出导弹天线罩。随后，美国康宁公司开发出了以二氧化钛（TiO_2）为晶核剂的 Mg – Al – Si 系，其中牌号为 9606 的微晶玻璃（PyrOceram 9606），因具有较好的介电性能，并且强度高和抗热冲击性能好，成为"小猎犬"、"百舌鸟"、Typhon、GarK 等导弹天线罩的选用材料；我国在 20 世纪 70 年代，由中国科学院硅酸盐研究所研制出的 3 – 3 微晶玻璃，除了介电损耗稍高于 PyrOceram 9606，其他性能与 PyrOceram 9606 非常相似，是国内第一种用于高温天线罩的微波电介质材料。

熔融石英陶瓷是美国麻省理工学院于 20 世纪 60 年代研制出的一种材料。石英陶瓷因具有优良的耐热冲击和介电性能以及介电性能随温度变化小等优点，成为第三代也是目前应用最广泛的陶瓷导弹天线罩材料。20 世纪 70 年代，国外已经大规模地将石英陶瓷应用于多种型号的导弹上，如美国的爱国者 D 型、潘兴 Ⅱ、俄罗斯的 S300、意大利的 A8paid 导弹上。国内从 20 世纪 80 年代中期开始开展石英陶瓷材料在天线罩领域的应用研究，目前已经广泛应用。为了保持石英陶瓷优良的介电性能和耐热性，需要提高石英陶瓷的强度，国内外研究学者研发了一系列纤维/颗粒增强石英陶瓷以用于导弹天线罩，增强颗粒有氮化硅（Si_3N_4）、氮化硼（BN）、氧化铝（Al_2O_3）、莫来石等，增强纤维主要是二氧化硅（SiO_2）纤维。与其他陶瓷材料成型工艺相比，纤维/颗粒增强石英陶瓷由于其成本低、效率高、易工程化，已被广泛应用于国内外第三代和第四代导弹天线罩上。

3. 隐身技术

在现代化军事装备中，开发具有高性能雷达吸收的电介质材料是各国优先竞争的领域之一。隐身战斗机就是利用微波电介质材料的高损耗来削减雷达信号的，使雷达的探测系统无法捕捉其飞行轨迹，如图 1 – 16 （a）所示的 B – 2 隐身轰炸机。图 1 – 16 （b）所示的 F – 117 隐身飞机，是由美国洛克希德公司研制的，1981 年首飞成功，次年服役，共生产 59 架。F – 117 可作为隐身攻击机使用，曾先后参加过多场战争，主要用于在高威胁环境下突击重要目标。其在 1999 年科索沃战争中首次被击落，隐身战机的无敌神话因此破灭，于 2008 年退役。

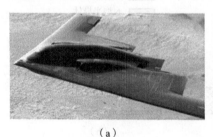

（a）   （b）

图 1 – 16 隐身飞机

（a）B – 2；（b）F – 117

4. 电磁波屏蔽

电子和电气设备的广泛应用，催生了屏蔽材料的兴起。最早的屏蔽材料多采用导电性能良好的金属，如铁、铝和铜网等，它们的作用是使电场终止在屏蔽体的金属表面，并把电荷转送入地。对于交流电，一般采用铜、铝等逆磁材料来遏止高频电磁场的影响。这些材料可以使干扰场在屏蔽体内形成涡流，并在屏蔽体与被保护空间的分界面上产生反射，从而大大削弱干扰场在被保护空间的场强值，达到屏蔽效果。有时为了增强屏蔽效果，还可以采用多层屏蔽体，其外层一般采用电导率高的材料，以增强反射作用，而其内层则采用磁导率高的材料，以加大涡流效应。

随着无线通信技术的飞速发展，高频甚至微波电子产品在各个领域得到了广泛的应用，结伴而来的电磁污染也日益严重。虽然上述金属材料可以阻断电磁波的传输，起到电磁屏蔽作用，但是被反射的电磁波重新进入周围空间，从而对环境形成二次电磁污染。因此，具有高表面反射的金属材料并不是环境友好的电磁屏蔽材料。微波吸收材料表面反射很低，并且能够有效地吸收入射电磁波。采用高性能微波吸收材料进行电磁波屏蔽，既可以有效地抑制电磁波的穿透，又可以减少电磁波对环境的污染，因而其成为一种新兴的电磁屏蔽材料，受到世界各国的推崇。例如，成立于 1988 年的美国 ARC 公司，一直专注于微波吸收材料的研发、生产及销售。该公司产品技术领先，覆盖频率为 50~100 GHz，广泛应用于电子行业及军工领域。

参考文献

[1] 陆栋，蒋平，徐至中. 固体物理学 [M]. 上海：上海科学技术出版社，2003.

[2] 李翰如. 电介质物理导论 [M]. 成都：电子科技大学出版社，1990.

[3] COELHO R. Physics of dielectrics for the engineer [M]. New York：Elsevier Scientific Publishing Company，1979.

[4] JONSCHER A K. Dielectric relaxation in solids [M]. London：Chelsea Dielectrics Press，1983.

[5] 郭奕玲，沈慧君. 物理学史 [M]. 北京：清华大学出版社，1993.

[6] 赫拉莫夫. 世界物理学家词典 [M]. 梁宝洪，译. 长沙：湖南教育出版社，1988.

[7] 钟力生，李盛涛，徐传骧，等. 工程电介质物理与介电现象 [M]. 西安：西安交通大学出版社，2013.

[8] 田永君, 曹茂盛, 曹传宝. 先进材料导论 [M]. 哈尔滨: 哈尔滨工业大学, 2014.

[9] CAO M S, WANG X X, ZHANG M, et al. Electromagnetic response and energy conversion for functions and devices in low – dimensional materials [J]. Advanced functional materials, 2019, 29 (25): 1807398.

第 2 章

电介质材料的极化

固体对外加电场的响应有两种方式：一种是电荷在材料中长程迁移形成电流，典型的材料是金属；另一种是电荷以感应方式沿电场方向产生电偶极矩或固有偶极距发生转向，这类固体称为电介质材料。绝缘体是典型的电介质材料，半导体则兼具两种响应特性。本章着重介绍电介质材料的极化及其微观机制，对一些典型电介质材料的介电性能进行数值模拟和理论分析。

2.1 极化理论基础

2.1.1 极化的宏观描述

1. 电极化

在静电场中，有两个紧密接触的金属 A 和金属 B，如图 2-1 (a) 所示。此时，自由电子沿逆电场方向移动并在金属 A 端积累负电荷、金属 B 端积累正电荷。当用导线连接正、负电荷端时，将会有电流流过导线。当移开金属 A 和金属 B 时，金属 A 呈现负电性而金属 B 呈现正电性。

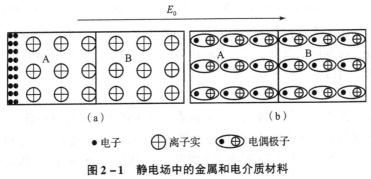

图 2-1 静电场中的金属和电介质材料

(a) 静电场中的金属；(b) 静电场中的电介质

若将两个电介质材料 A 和 B 紧密接触并置于静电场中，由于电介质材料中各原子外层电子处于稳定状态，在外电场下仅发生偏移，形成电偶极子（感应电偶极矩），如图 2-1（b）所示。此时，在电介质材料 A 端出现负电荷、B 端出现正电荷。当用导线连接正、负电荷端时，并没有电流流过导线，说明电介质材料两端的电荷不能长程迁移。这些被束缚在电介质材料端面的电荷，称为束缚电荷。与金属不同，移开两块电介质材料时，A 和 B 都呈现电中性。

如上所述，在静电场中电介质材料端面将出现正、负束缚电荷，这种现象称为极化（polarization）。电场作用下产生的是电极化，所有的电介质材料都能够产生电极化。当去除外电场后，大部分电介质材料的电极化现象会消失，但有一些电介质材料仍会长期保持极化状态，如固化的石蜡（paraffin）和松香混合物，这种电介质材料称为驻极体或永电体；此外，还有一些电介质材料在其他外场作用下也会产生极化现象。例如，在没有外场作用的石英晶体表面不存在束缚电荷 [图 2-2（a）]，但当石英晶体受到外力 F 作用时，在 y 方向的两个端面出现了束缚电荷，如图 2-2（b）所示。石英晶体在外力作用下产生的这种极化现象，称为压电效应。利用压电效应，石英晶体在超声探测、电子通信、传感与驱动领域获得了广泛应用。

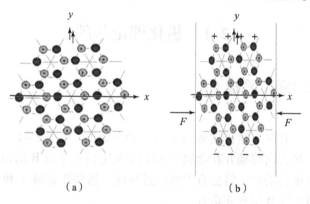

图 2-2 压电效应示意图

（a）未受到外场作用的固体微观结构；（b）压力作用下晶格结构畸变导致的表面束缚电荷

在外界温度变化时，电气石晶体表面会发生电荷的释放和吸收，从而导致束缚电荷的改变，这种极化现象通常称为热电效应。电气石晶体是一种热电性能优异的电介质材料，可以制造红外探测器。

2. 极化率

束缚电荷是电介质材料极化的宏观标志，极化强弱一般用电极化强度 P 来定量描述，其定义为：电介质材料每单位体积的分子（原子）偶极矩的矢量和。对于由彼此相距为 l 的两个异号电荷 $\pm q$ 组成的电偶极子，其偶极矩 $p_e = ql$，则极化强度 P 可表示为

$$P = \frac{\sum p_e}{V} \qquad (2-1)$$

极化强度单位是 C/m^2。对图 2-1（b）所示的电介质材料，若在静电场 E_0 作用下 A、B 两个端面（面积为 S）产生的束缚电荷为 $\pm q'$，则电介质材料的极化强度大小为 $P = \frac{q'}{S}$，方向由负束缚电荷指向正束缚电荷，即极化强度等于束缚电荷面密度，方向同外电场一致。

在图 2-1（b）所示的电介质材料中，当静电场增强时，感应偶极矩增大（在一定范围内），极化强度随之增强；当取消外电场后感应电偶极子消失，极化强度为 0。这说明极化强度同电场强度有关，对给定的电介质材料，某点的极化强度同该点处的电场强度满足如下关系：

$$P = \varepsilon_0 \chi_e E \qquad (2-2)$$

式中，无量纲的比例系数 χ_e 称为极化率，也称为极化系数，是电介质材料极化的特征量。

根据极化强度和外电场的关系，电介质材料可以大致分为以下几类：

（1）线性电介质，在这类电介质材料中，极化强度与外加电场强度呈线性关系。对于各向同性的线性电介质材料，极化率是一个标量，而各向异性线性电介质材料的极化率则用矢量来描述不同方向的极化特征，如图 2-2（b）所示的极化中，压电晶体除 y 方向表现有束缚电荷外，x 和 z 方向一般也存在束缚电荷，它们的极化率分别为 χ_y、χ_x 和 χ_z，并且数值不同。

（2）非线性电介质，如磷酸二氢钾、磷酸二氘钾、磷酸二氢铵、碘酸锂、铌酸锂等晶体。在这些电介质材料中，极化强度 P 与电场强度 E 之间呈现如下的非线性关系[1]：

$$P = \varepsilon_0 \chi_e E + \chi_e'' E^2 + \chi_e''' E^3 + \cdots \qquad (2-3)$$

式中，χ_e''、χ_e''' 分别描述二阶和三阶非线性极化效应。由于上述晶体具有较强的非线性光学效应，如倍频、和频、混频、光参量放大和多光子吸收等，因此它们又称为非线性光学材料。它们广泛应用于激光频率转换、四波混频、光束转向、图像放大、光信息处理、光存储、光纤通信、水下通信、激光对抗以及核聚变等研究领域。

（3）铁电体在酒石酸钾钠、钛酸钡等晶体中，极化率 χ_e 随外电场（场强和方向）变化，使 P 与 E 之间形成铁电电滞回线（ferroelectric hysteresis loop）。极化强度和电场强度之间的这种现象称为电滞效应，也称为铁电性，具有电滞效应的电介质材料称为铁电体。一般地，铁电体的电滞效应只存在于一定温度范围内，当温度超过临界的居里温度时，铁电性随之消失。

（4）驻极体是一类存在自发极化的电介质材料。石蜡、树脂、松香、某些陶瓷、有机玻璃以及聚丙烯、聚乙烯、聚酯、聚四氟乙烯等许多高分子聚合物都能够制成驻极体，近年来已经发现驻极体能用于抗血栓及促进骨骼和人工膜组织的生长，而一些重要的生物聚合物，如蛋白质、多糖和某些多核中也发现了驻极体效应。

3. 相对介电常数

如图 2-3 所示，两个分别带有自由电荷 $\pm q$ 的平行金属板，在其间产生静电场 E_0；在静电场的极化作用下，处于平行板间的电介质的两个端面出现了束缚电荷 $\pm q'$，它们也产生电场 E_d，其方向与外电场方向相反。这个由束缚电荷形成的电场称为退极化场（depolarization field）或迟极化场。在图 2-3 中选取底面积为 S 的闭合圆柱面，由高斯定理可得退极化场强：

$$E_d = \frac{-q'}{S\varepsilon_0} = -\frac{P}{\varepsilon_0} \tag{2-4}$$

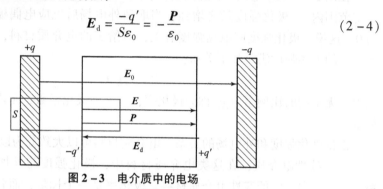

图 2-3　电介质中的电场

电介质材料中的电场是外电场和退极化场的叠加，可以表示为

$$E = E_0 + E_d \tag{2-5}$$

由于退极化场的数值总是小于外电场且与外电场方向相反，因此电介质材料中的电场通常与外电场方向相同，其值总小于外电场强度数值。

根据高斯定理可得 $E = \dfrac{(q-q')}{\varepsilon_0 S}$，又由极化强度和束缚电荷的关系，电介质材料中的高斯定理可以表示成

$$\oiint_{(S)} (\varepsilon_0 E + P) \cdot dS = \iiint_{(V)} \rho_e dV \tag{2-6}$$

式中，ρ_e 为自由电荷体密度；(V) 为表面积为 S 的高斯面所包围空间的体积。

在式（2-5）中，定义 $D = \varepsilon_0 E + P$ 为电位移矢量（electric displacement）。电位移是在讨论静电场中存在电介质的情况下，电荷分布和电场强度的关系时引入的辅助矢量，其单位是 C/m^2。电位移矢量又称为电感应强度，引入这个辅助量后，电介质材料中的高斯定理可以简化成

$$\oiint_{(S)} D \cdot dS = \iiint_{(V)} \rho_e dV \tag{2-7}$$

这说明，通过任一闭合曲面的电位移通量，等于该曲面内所包围的自由电荷的代数和。

由式（2-2）可得线性电介质材料中电位移和电场强度的关系，即

$$D = \varepsilon_0 (1 + \chi_e) E = \varepsilon_0 \varepsilon_r E \tag{2-8}$$

这里，$\varepsilon_r = 1 + \chi_e$ 是一个仅与电介质极化相关的常数，称为相对介电常数（relative permittivity）。由式（2-2）、式（2-4）和式（2-5）可得相对介电常数为 ε_r 的电介质材料内部电场强度

$$E = \frac{1}{\varepsilon_r} E_0 \tag{2-9}$$

以及退极化场强度

$$E_d = \frac{1 - \varepsilon_r}{\varepsilon_r} E_0 \tag{2-10}$$

对极板面积为 S、间距为 d 的平行板电容器来说，其电容值为 $C_0 = \frac{\varepsilon_0 S}{d}$；当平行板间充满相对介电常数为 ε_r 的电介质时，由式（2-4）可得其电容值为 $C = \frac{\varepsilon_0 \varepsilon_r S}{d} = \varepsilon_r C_0$，即在极板间填充电介质材料可以提高电容器的电容值。因此，介电常数又称为电容率。一些常见电介质材料的相对介电常数值如表 2-1 所示。

表 2-1　一些常见电介质材料的相对介电常数值

材料	结构	电导性	ε_r	材料	结构	电导性	ε_r
金刚石	立方	绝缘体	5.7	石蜡	非晶	绝缘体	2.0~2.3
石英	立方	绝缘体	3.8	玻璃	非晶	绝缘体	5.5~7
碳化硅	六角密排	半导体	10.3	碳化硅	立方密排	半导体	9.72
金红石	四方	绝缘体	114	硅	立方	半导体	11.9
石榴石	—	铁氧体	13~16	锗	立方	半导体	16.0
聚四氟乙烯	聚合物	绝缘体	2.0~2.8	砷化镓	立方	半导体	13.2
氧化铝陶瓷	非晶	绝缘体	8~10	蓝宝石	六方	半导体	9.3~11.7

2.1.2　极化的微观描述

1. 原子的电结构

电介质材料由大量的原子、分子组成，其中原子由带正电的原子核与带等量负电的核外电子构成，因此绝大部分宏观材料呈现电中性。从远离分子（原子）的 P 点观察，所有电子在 P 点的合电场强度等同于分子（原子）某点 A 处一个等量点电荷的电场强度，则 A 处点电荷称为负电（荷）中心，如图 2-4 所示。同理，从远离原子处 Q 点观察（在 B 点）也存在一个正电（荷）中心。

在如图 2-5 (a) 所示的 CO_2 和 CH_4 分子中，两个 O 原子与 C 原子呈 180°，4 个 H 原子与 C 原子依次呈 109°28′。在没有外电场作用的条件下，它们的正、负电荷中心重合，这样的分子称为无极分子（nonpolar molecule），或非极性分子。相反，由于 H_2O、NH_3 和 SO_2 等分子中的特定键角关系，其正、负电荷中心不重合。这样的分子称为有极分子，或极性分子，如图 2-5 (b) 所示。一般地，由两个相同原子构成的分子是无极分子，如 H_2、O_2、N_2 等；由两种不同原子构成的分子是有极分子，如 SO_2、CO 等。

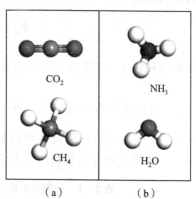

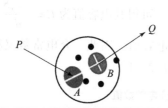

图 2-4　正、负电荷中心示意图　　图 2-5　几个典型的非极性分子和极性分子结构示意图

(a) 无极分子；(b) 有极分子

电介质材料通常分两类：一类是由无极分子组成的，称为非极性电介质材料。由于无极分子的正、负电荷中心重合，因此这类电介质材料呈现电中性。另一类是由有极分子组成的，称为极性电介质材料。有极分子的正、负电荷中心不重合，存在固有电偶极矩，分子对外呈现电性。但是，在没有外电场作用时，由于各分子偶极矩无序（无规则）排列，偶极矩的矢量和为 0，因此宏观极性电介质材料也呈现电中性。

2. 极化的微观机理

在外电场作用下，电介质材料发生电极化现象。从微观角度看，电极化主要有以下几个基本类型：

（1）电子位移极化。非极性电介质材料受到电场作用时，其中的每个分子或原子中的正、负电荷中心产生相对位移，形成感应偶极子，如图 2-6 (a) 所示。这种由正负电荷中心相对位移形成的极化，称为位移极化。由于电子质量远小于原子核，在电场作用下主要发生的是电子云偏移（负电荷中心位移），因此又称为电子位移极化。电子位移极化的建立时间大约为 10^{-15} s，属于快极化。

（2）离子位移极化。如图 2-6 (b) 所示，由正离子与负离子组成的离子晶体在没有外电场作用时，正、负离子都处于各自的晶格位置并对外保持电中性。当受到外电场作用时，正离子沿电场方向移动，负离子逆电场方向移动，从而使原先呈

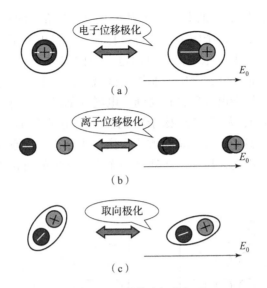

图 2-6　三种基本极化机理

(a) 电子位移极化；(b) 离子位移极化；(c) 偶极子取向极化

中性分布的正、负离子对形成感应电偶极子。这类由正、负离子相对位移产生极化的方式，称为离子位移极化。在离子位移极化过程中，每个离子同时还伴随着电子位移极化。离子位移极化建立时间大约为 10^{-13} s，也属于快极化。

（3）偶极子取向极化。极性电介质材料中存在大量固有偶极子。根据电磁场理论，在外电场中，每个偶极子都受到转动力矩作用而产生旋转，并具有沿电场方向排布的趋向，如图 2-6（c）所示。由于每个偶极子都向外电场方向转动，因此在垂直电场的端面出现了束缚电荷。这种在外电场力矩作用下使固有偶极子取向一致排列形成的极化现象，称为取向极化，也称为转向极化。同样，在取向极化过程中也伴随有电子位移极化。偶极子取向极化建立时间为 $10^{-10} \sim 10^{-2}$ s，属于松弛极化类型。

电子位移极化、离子位移极化和偶极子取向极化是电介质材料的基本极化机制，其中电子位移极化存在于所有的电介质材料中。除了这三个基本极化机制外，在一些电介质材料中还会出现其他的极化机制。

（4）界面极化。在多个不同材料界面处，由于两边组分具有不同的极性或电导率，因此在外电场作用下，界面处的束缚电荷存在差异。这种由凝聚在界面处的束缚电荷产生的电极化，称为界面极化。

（5）空间电荷极化。在实际工程中经常遇到微观结构分布不均匀的电介质材料，如密度不均匀的材料、掺杂半导体、含晶格缺陷的晶体等。在非均匀电介质材料中，基本的电子和离子位移极化机制仍然存在。对于由两个不同微观（晶格）结构形成的边界，除存在界面极化外，往往还伴有空间电荷极化。

掺杂电介质材料是常见的非均匀介质，图 2-7 给出两种典型的掺杂晶格结构。在图 2-7（a）中，每个施主杂质可以释放一个自由电子，电离后的杂质呈现正电性。这时掺杂区域电子浓度高，自由电子将向周围低浓度的非掺杂区域扩散，从而使掺杂区域呈现正电性，并吸引非掺杂区域的自由电子，导致掺杂区域重新恢复到电中性状态。当掺杂电介质材料受到外电场（如沿 x 方向）作用时，自由电子沿逆外电场方向移动，从而导致掺杂区内正、负电荷分离，形成等效电偶极子（层），方向沿 x 轴。这里，正电荷来源于电离施主杂质，其空间位置不随外电场变化，称为空间电荷。因此，掺杂区在外电场作用下产生的极化现象，称为空间电荷极化。

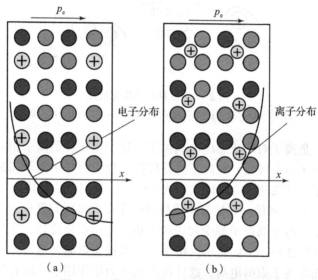

图 2-7 掺杂电介质中的空间电荷极化

(a) 替位掺杂；(b) 填隙掺杂

对如图 2-7（b）所示的填隙掺杂情况，在外电场的作用下，正（负）间隙离子分别沿（逆）电场方向移动，引起电介质材料内离子密度改变，形成如图 2-7（b）所示的电偶极矩，产生空间电荷极化。

空间电荷极化通常出现在晶界、相界、晶格畸变和杂质等缺陷处，在外电场作用下，电子运动到此处被捕获（束缚电荷）形成极化。空间电荷极化建立的过程一般在 10^{-2} s 以上。

（6）缺陷极化。在实际电介质材料中，经常存在一些晶格缺陷，常见的包括空位、替代杂质和填隙原子等。在如图 2-8（a）所示的晶体中，A 处出现了阳离子空位。由于电平衡被打破，A 处形成了一个负电势源，因此阳离子空位相当于一个负电荷。

如果温度足够高，晶格剧烈的热振动可以使离子相对移动，则处在阳离子空位

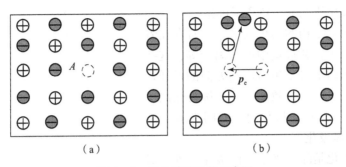

图 2-8　空位缺陷极化示意图

(a) 阳离子空位；(b) 等效偶极子

附近的某个阴离子，由于受到库仑势的作用被挤出原晶格位置，如图 2-8 (b) 所示。这样，阳离子空位和阴离子空位就形成了一个偶极子 p_e，它的方向通常是任意的。

当晶体中原子（或离子）被不同价态离子替位时，也会产生类似的电偶极子，如图 2-9 所示。

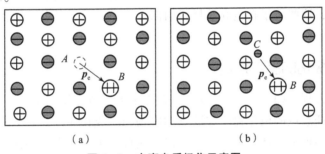

图 2-9　电离杂质极化示意图

(a) 二价原子；(b) 等效偶极子

在图 2-9 中，一个碱土金属原子（如 Ca）替换了碱金属原子（如 Na）。在这种情况下，它释放了两个电子，使原来一价碱金属的位置 B 成为过剩正电荷处。由于这个新的阳离子有一个过剩正电荷，因此它可以与一个阳离子空位形成电偶极子，如图 2-9 (a) 所示，也可以与一个填隙负离子形成电偶极子，如图 2-9 (b) 所示。

由于晶格缺陷形成固有的等效电偶极子，它们在外电场作用下产生取向极化。但是，由于晶格缺陷多出现在离子晶体中，构成等效电偶极子的正负电荷往往具有更大的惯性，因此极化建立的时间与极性电介质材料中的偶极极化存在差异。

（7）热离子极化。对于 SiO_2 这类以共价键结合的绝缘体，当处于非晶态时，价键虽能保留几乎与晶态相同的强度，但键长和键角却在平均值附近随机涨落，从而出现价键断开形成悬挂键的情况，整体上看原子处在一个无规网络的节点上，如图 2-10 所示。在这类非晶电介质材料中，除电子和离子位移极化外，还呈现了一种新型的慢极化机制——热离子极化。

在无规网络结构的弱束缚区，通常存在着连接较弱的离子，如玻璃中的钠离子等，这些离子在电场作用下将发生沿电场方向的跃迁运动。这种由离子跃迁导致的极化，称为热离子（松弛）极化。热离子极化建立时间为 $10^{-6} \sim 10^{-2}$ s，属于慢极化。

热离子极化是除偶极子转向极化以外的又一种与热运动有关的极化形式，两者有本质的区别。偶极子转向极化出现在存在极性分子或极性基团的电介质材料中，在有晶格缺陷的电

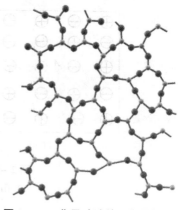

图 2-10　非晶玻璃的无规网络结构

介质材料中也产生偶极子转向极化；而热离子极化则是电介质材料中存在的某些联系较弱的离子，在电场的作用下发生沿电场方向的跃迁运动而引起的，因此热离子极化只能在由离子组成或含有离子杂质的电介质材料中出现。例如：工程上常用的玻璃，由于改性的需要或者为了满足工艺上的需要，加入含有碱金属离子或碱土金属离子的物质，这些离子在电介质材料内部处于束缚较弱的状态，因而就存在热离子极化。

2.1.3　极化的基本理论

克劳修斯方程（Clausius equation），由 2.1.1 小节介绍的极化的宏观描述可知，电介质材料中任意点的极化强度与该点的电场强度成正比。这里，对应点的电场强度是一个宏观物理量，从微观看这个点包含成百上千个原子，因此这个电场又称为平均宏观电场，其强度由式（2-5）描述。

由极化的微观机理可知，不管发生哪种极化，其结果都可以归结为电介质材料中偶极子的形成。既然是偶极子，就可用偶极矩 p 来表征其微观（分子或原子）的极化特性。考虑在分子（原子）所在处的电场 E_1 作用下，该分子（原子）产生的电偶极矩可以表示为

$$p = \alpha E_1 \qquad\qquad (2-11)$$

式中，α 称为分子极化率，这是描述分子极化特性的一个微观物理量，其物理含义是每单位电场强度的分子偶极矩。α 越大，分子（原子）的极化能力就越强。

对不同的极化机制，分子极化率可以表示为：电子位移极化率 α_e、离子位移极化率 α_i、取向极化率 α_r、界面极化率 α_f、热离子极化率 α_T、空间电荷极化率 α_s，因此总极化率是每一种极化机制所决定的极化率的总和，即

$$\alpha = \alpha_e + \alpha_i + \alpha_r + \alpha_f + \alpha_T + \alpha_s \cdots \qquad\qquad (2-12)$$

在式（2-11）中，分子（原子）所处位置的电场是所有带电体产生电场强度

的矢量和。实际作用在分子上的电场，并不仅仅是平均宏观电场 E，还要考虑该分子与周围的其他分子间的相互作用。通常，我们将分子（原子）受到的电场称为有效分子电场或局域电场（local electric field），用 E_l 表示。

与宏观电场相比，由于分子场中加入分子之间的相互作用，因此有效分子场总是大于宏观电场，它们之间满足如下关系：

$$E_l = E + \gamma P \qquad (2-13)$$

式中，γ 为分子相互作用因子。

由式（2-1）、式（2-2）和式（2-11）可得

$$\chi_e = \frac{N\alpha}{\varepsilon_0} \frac{E_l}{E} \qquad (2-14)$$

式中，N 为单位体积的分子（原子）数。描述电介质材料宏观极化的极化率 χ_e 是无量纲的物理量，而描述微观极化的分子极化率则是一个有量纲的物理量，其单位是 $F \cdot m^2$。根据式（2-14），宏观介质材料的极化率可以通过微观分子极化率获得。此外，由相对介电常数和极化率的关系，式（2-14）又可以写成

$$\varepsilon_r = 1 + \frac{N\alpha E_l}{\varepsilon_0 E} \qquad (2-15)$$

此式称为克劳修斯方程。由式（2-13）可知，克劳修斯方程右端第二项总为正值，因此电介质材料的介电常数总是正值且大于 1。

在实际应用中，要提高电介质材料的介电常数可以通过三种途径实现，即：

（1）提高 N 值，即提高电介质材料的密度或选用密度较大的电介质材料。

（2）选取由分子极化率 α 大的分子所组成的电介质材料。

（3）选取或研制内部具有大的有效电场的电介质材料。

克劳修斯 - 莫索提方程　克劳修斯方程架起了连接微观和宏观极化的桥梁，但是有效场中的分子相互作用因子 γ 涉及大量的分子或原子，因此有效电场的计算十分复杂。

对一个长方形晶体，在外电场 E_0 的作用下，晶体内产生极化强度 P 以及退极化场 E_d，如图 2-11 所示。晶体中某一点 O 处的局域电场，是外电场和所有分子（原子）偶极矩在 O 点产生电场的叠加。由有效场模型图可知，所有分子（原子）偶极矩又可以分为球外和球内两部分，即局域场可以写成

$$E_l = E_0 + E_d + E_1 + E_2 \qquad (2-16)$$

其中，球外电场分别来源于电介质材料外表面束缚电荷的退极化场 E_d，以及内表面（球面）束缚电荷的电场 E_1；球内电场来源于球内所有分子（原子）偶极矩在球心产生的电场 E_2。当电介质材料具有中心反演对称时，洛伦兹的计算指出，球内其他分子对中心分子的电极化作用互相抵消，即 $E_2 = 0$。

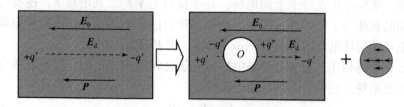

图 2-11　洛伦兹有效场模型

在图 2-11 中，球外分子（原子）偶极矩产生的电场包括两个部分，一个为退极化场 E_d，由式（2-5）可知，E_d 构成电介质材料的宏观电场；另一个来源于球表面的束缚电荷（$\pm q''$），其在 O 处产生的电场用 E_1 表示。

在图 2-12 中，由电介质材料的极化强度 P 可得球表面的束缚电荷面密度为 $P\cos\theta$。设小球半径为 a，则图中环带电荷为

$$\mathrm{d}q'' = -2\pi a^2 P\cos\theta\sin\theta\mathrm{d}\theta \qquad (2-17)$$

利用带电圆环在轴线处产生电场的公式，即可得出球表面的束缚电荷（$\pm q''$）在 O 处产生的电场 E_1：

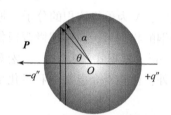

图 2-12　空腔表面束缚电荷产生的电场示意图

$$E_1 = \int_0^\pi \frac{1}{2\varepsilon_0}P\cos^2\theta\sin\theta\mathrm{d}\theta = \frac{P}{3\varepsilon_0} \qquad (2-18)$$

计算球内分子（原子）偶极矩在 O 点处产生的电场，是一个非常复杂的问题。但是，对于在 O 点具有立方对称性的晶体，球内原子偶极矩在 O 点处的电场强度必须为零。因此，式（2-16）可以写成

$$E_1 = E + \frac{1}{3\varepsilon_0}P = \left(1 + \frac{\chi_e}{3}\right)E \qquad (2-19)$$

式（2-19）称为洛伦兹关系式，它给出了局域电场与宏观电场的关系。这个局域电场又称为洛伦兹有效场。这里，分子相互作用因子 $\gamma = \frac{1}{3}$，与球腔表面束缚电荷分布有关[2]。

将洛伦兹有效场式（2-19）代入克劳修斯方程式（2-15），并利用 $\varepsilon_r = 1 + \chi_e$ 关系式，即可得到电介质材料的宏观极化率和微观分子极化率的关系式：

$$\chi_e = \frac{3N\alpha}{3\varepsilon_0 - n\alpha} \qquad (2-20)$$

进而得到相对介电常数同分子极化率的关系式：

$$\frac{\varepsilon_r - 1}{\varepsilon_r + 2} = \frac{1}{3\varepsilon_0}\sum_{j=e,i,r,\cdots} N_j\alpha_j \qquad (2-21)$$

式（2-21）称为克劳修斯-莫索提方程。克劳修斯-莫索提方程是研究电介质材料极化的基本关系式，它将表征极化特性的宏观参数——介电常数 ε 与微观参数——分子极化率 α 联系起来，同时提供了计算介电性能参数的方法。此外，利用克劳修斯-莫索提方程还可以通过实验测量获得分子极化率。

2.2　电介质材料的光学性能

电子位移极化建立的时间大约为 10^{-15} s，对应的介电响应处于可见光频段。因此，电子位移极化对电介质材料的光学性能有重要的作用。

2.2.1　电子位移极化模型

1. 负电球体模型

中性原子可以看作由一个电荷为 $+Q$ 的原子核和周围具有均匀电荷密度的、半径为 r 的带负电的球状电子云组成，如图 2-13 所示。

在没有外加电场的情况下，电子负电荷中心 O' 同原子核的正电荷中心 O 重合，如图 2-13（a）所示。假设外加电场 E 不改变电子云的形状，则在外电场作用下，球壳中心沿逆电场方向移动，当电场驱动力与原子体系内弹性恢复力相等时达到平衡位置。此时原子核处于离球中心为 x 处。由于恢复力实质上就是正、负电荷间的库仑引力，根据高斯定理可得

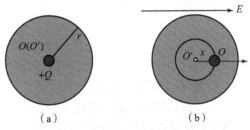

图 2-13　电子位移极化的负电球体模型
(a) 无外加电场；(b) 外加电场 E

$$QE_1 = \frac{Q}{4\pi x^2}\left(\frac{x}{r}\right)^3 Q \tag{2-22}$$

则正负电荷中心位移为

$$x = \frac{4\pi\varepsilon_0 r^3}{Q}E_1 \tag{2-23}$$

电子位移极化的感应电矩为

$$p = Qx = 4\pi\varepsilon_0 r^3 E_1 \tag{2-24}$$

所以得到分子极化率为

$$\alpha_e = 4\pi\varepsilon_0 r^3 \tag{2-25}$$

2. 圆周运动模型

一个点电荷 $-Q$ 沿着围绕带 $+Q$ 核的圆周轨道运行，如图 2-14（a）所示。

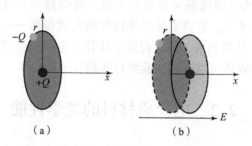

图2-14 电子位移极化的圆周运动模型

(a) 无外加电场; (b) 外加电场 E

在电场 E 的作用下,轨道所在平面沿电场反方向移动 x,如图 2-14 (b) 所示。此时,正电荷对其产生恢复力作用,当电场力与恢复力相等时达到平衡。根据电磁学理论,负电荷在垂直平面轴线 x 处产生的电场强度为

$$E_1 = \frac{Qx}{4\pi\varepsilon_0 (r^2 + x^2)^{3/2}} \approx \frac{p}{4\pi\varepsilon_0 r^3} \qquad (2-26)$$

由式 (2-11) 和式 (2-26) 可以得到与式 (2-25) 相同的分子极化率。

3. 量子(能带)模型

考虑到晶体中大部分芯电子的状态与孤立原子中电子状态差别不大,因此可以近似地将晶体中的原子看成是孤立原子。采用量子力学的微扰理论,对多电子原子采用哈特利-福克(Hartree-Fock)近似,则处在 i 态的电子对原子极化率的贡献可以写成

$$\alpha_i = 2 \sum_j \frac{|M_{ji}|^2}{(E_j - E_i)} \qquad (2-27)$$

式中,i 态与 j 态之间的偶极跃迁矩阵元可以写成

$$M_{ji} = \langle \psi_j(r) | -ex | \psi_i(r) \rangle \qquad (2-28)$$

原子的电子位移极化率应是原子中所有电子的极化率之和,即

$$\alpha_e = 2 \sum_i \sum_j \frac{|M_{ji}|^2}{(E_j - E_i)} \qquad (2-29)$$

其中,i 代表原子中所有占据态,j 代表原子中所有激发态。

按照能带理论,i 态是晶体中的价带状态,而 j 态则是晶体中的所有空带状态,如图 2-15 所示。由于在对所有空带 j 态进行求和时,离价带最近的空带(半导体的导带)贡献最大,因此,对价电子,式 (2-29) 可以近似写成[2]

$$\alpha_e \approx \frac{2Z|M_{cv}|^2}{E_g} \qquad (2-30)$$

式中,E_g 为禁带宽度,Z 表示原子中价电子数,M_{cv} 是导带与价带之间的偶极跃迁矩阵元。与价电子相比,芯电子的能级低得多,因此芯电子的能级与空态能级之差

比价电子大得多。由式（2-30）可知，价
电子产生的位移极化率远大于芯电子产生
的位移极化率。这说明原子晶体中的电子
位移极化，主要来自价电子的贡献。一般
地，半导体的禁带宽度比绝缘体小得多，因
而半导体的分子（原子）极化率比绝缘体的
分子（原子）极化率大。同理，如果近似采
用克劳修斯-莫索提公式，则半导体的静态
介电常数也比绝缘体大，这与实验结果相
吻合。

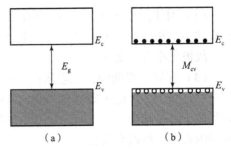

图 2-15　电子位移极化的能带模型
（a）未受外电场作用时的能带；
（b）外电场作用下的电子位移

　　无论是经典模型还是量子模型都说明电子位移极化率与原子半径和价电子数有
关。利用较为严格的量子力学计算所给出的结果，可写为[3]

$$\alpha_e = 4\eta\pi\varepsilon_0 r^3 \tag{2-31}$$

η 是与原子价电子数有关的系数，可取为 $\dfrac{Z}{2}$。

2.2.2　电子位移极化率的一般规律

1. 原子的电子位移极化率

　　因为原子半径和价电子数在门捷列夫周期表中按一定规律变化，所以电子位移
极化率 α_e 值也存在相应变化的规律性，表 2-2 给出了几个同周期、同族元素的计
算结果。

表 2-2　同周期、同族元素原子的电子位移极化率比较（极化率单位 10^{-40} F·m²）

元素类别	元素的族（第二周期）				元素的周期（ⅧA 族）				
	ⅣA	ⅤA	ⅥA	ⅦA	1	2	3	4	5
原子	C	N	O	F	He	Ne	Ar	Kr	Xe
半径/nm	0.091	0.092	0.073	0.072	0.050	0.070	0.098	0.112	0.131
经典模型	0.84	0.87	0.43	0.42	0.14	0.38	1.08	1.56	2.50
量子模型	1.68	2.17	1.29	1.47	0.56	1.52	4.32	6.24	10.0
α_e（实验）	1.07	1.07	0.71	0.44	0.22	0.43	1.80	2.74	4.44

　　从表 2-2 可以看出电子位移极化具有以下规律：
　　（1）经典模型的计算值总小于实验值，而量子模型计算值总大于实验值。但
是，元素周期表中原子的 α_e 变化规律相同。

（2）对于同族元素，其 α_e 值有规律地自上而下地增大。这是因为轨道上电子总数增多，相应外轨道半径增大，电子与核联系变弱，在电场作用下，电子云易变形，故极化率逐一变大。

（3）在同一周期中，元素从左至右，电子极化率可能增大亦可能减小。因为从左至右，原子所含电子数增多，使 α_e 具有增大的趋势。但同时库仑引力增大又可能导致原子半径减小，使 α_e 有减小的趋势，故 α_e 究竟是增大还是减小，取决于以上两种因素哪一种占有优势。

2. 离子的电子位移极化率

在离子晶体中，元素周期表中各原子的电负性和电离能不同，导致不同离子态的半径存在较大差异。因此，对于同种元素的原子及其不同价态的离子，它们的电子位移极化率也存在较大的差异，表 2-3 和表 2-4 分别给出了同族不同周期和同周期不同族的一些离子的电子位移极化率。

表 2-3　同族不同周期离子的电子位移极化率比较（极化率单位 10^{-40} F·m²）

元素类别	元素的周期（ⅠA 族）				元素的周期（ⅦA 族）			
	2	3	4	5	2	3	4	5
原子	Li^+	Na^+	K^+	Rb^+	F^-	Cl^-	Br^-	I^-
半径/nm	0.078	0.098	0.133	0.140	0.133	0.181	0.196	0.220
经典模型	0.527	1.046	2.615	3.050	2.615	6.591	8.369	11.83
α_e（实验）	0.088	0.22	0.972	2.01	1.09	3.83	5.83	10.32
$\Delta\alpha_e/\alpha_e$	4.95	3.75	1.69	0.52	1.40	0.72	0.44	0.15

表 2-4　同周期不同族离子的电子位移极化率比较（极化率单位 10^{-40} F·m²）

元素类别	元素的族（第三周期）				元素的族（第四周期）			
	ⅠA	ⅡA	ⅢA	ⅣA	ⅠA	ⅡA	ⅢA	ⅣA
原子	Na^+	Mg^{2+}	Al^{3+}	Si^{4+}	K^+	Ca^{2+}	Sc^{3+}	Ti^{4+}
半径/nm	0.098	0.078	0.057	0.039	0.133	0.106	0.08	0.064
经典模型	1.046	0.527	0.206	0.066	2.615	1.323	0.569	0.291
α_e（实验）	0.22	0.127	0.074	0.043	0.972	0.56	0.43	0.30
$\Delta\alpha_e/\alpha_e$	3.75	3.15	1.78	0.533	1.69	1.36	0.32	-0.03

从表 2-3 和表 2-4 可以看出：

（1）在离子晶体中，电子位移极化率的计算值大部分偏高。其中，对于同族元素，随着周期数的增大，计算误差减小，并且负离子的计算误差比正离子误差小。这是因为正离子丢失电子后，最外层电子受到原子更强的束缚，电子云不易变形。

（2）对于同周期元素，随着族数增加，计算误差减小，并且周期越大，计算误差越小。这是由于周期数大的离子最外层电子受到的束缚小，在外电场作用下，电子云更易于保持整体位移。

（3）对于同族元素，其 α_e 值有规律地自上而下地增大。这是因为轨道上电子总数增多，相应外轨道半径增大，电子与核联系变弱，在电场作用下，电子云易于变形，故极化率一一变大。其中，正离子的涨幅远小于同价负离子的涨幅。这是因为正离子丢失电子后相当于减少了最外层电子轨道，半径减小。

（4）在同一周期中，元素从左至右，电子极化率呈现减小的趋势。因为从左至右，原子所丢失的电子数增多，库仑引力增大可导致原子半径减小，使 α_e 有减小的趋势。

3. 双原子分子的电子位移极化率

在 2.2.1 小节中，经典的电子位移极化模型都以（正、负）电荷球对称分布为基础。对于单原子分子而言，这个假设大多是合理的。但是，由多个原子构成的分子，如氢气、氧气、葡萄糖、聚四氟乙烯等，分子内各原子之间的相互作用对有效场将会产生较大影响，从而导致经典计算出现较大偏差。下面以氧气为例，介绍双原子分子中电子位移极化的修正模型[4]。

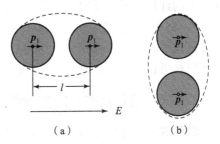

图 2-16 氧气分子的电子位移极化模型
(a) 与外电场平行；(b) 与外电场垂直

如图 2-16 所示，当受到外电场 E 作用时，氧分子中每个氧原子都产生感应电偶极矩 p_1，设每个原子的极化率为 α，则在如图 2-16 (a) 的情况下，每个原子同时受到外电场和另一个原子偶极矩 p_1 的共同作用。根据电偶极子产生的电场强度公式，可得

$$p_1 = \alpha \left(E + \frac{p_1}{2\pi\varepsilon_0 l^3} \right) \tag{2-32}$$

整理式（2-32）得每个原子的感应电偶极矩 p_1 与外电场 E 的关系：

$$p_1 = \frac{\alpha}{1 - \dfrac{\alpha}{2\pi\varepsilon_0 l^3}} E \tag{2-33}$$

由分子极化率定义，即得氧分子的电子位移极化率：

$$\alpha_1 = \frac{2\alpha}{1 - \dfrac{\alpha}{2\pi\varepsilon_0 l^3}} \tag{2-34}$$

假设每个原子仍遵循 2.2.1 小节的极化率模型，则式（2-34）可简化为

$$\alpha_1 = \frac{8\pi\eta\varepsilon_0 R^3}{1 - 2\eta\left(\dfrac{R}{l}\right)^3} \tag{2-35}$$

同理，可以得到图 2-16（b）情况下的分子极化率：

$$\alpha_2 = \frac{8\pi\eta\varepsilon_0 R^3}{1 + 2\eta\left(\dfrac{R}{l}\right)^3} \tag{2-36}$$

已知氧气中双原子间距为 120.9 pm，采用经典模型计算得到氧原子极化率（表 2-2）为 0.43×10^{-40} F·m^2，实验值为 0.71×10^{-40} F·m^2；采用双原子分子极化模型，计算得到氧气分子沿长轴方向的极化率为 1.532×10^{-40} F·m^2，沿短轴方向的极化率为 0.598×10^{-40} F·m^2。若采用氧原子极化率的实验值，则氧气分子沿长、短轴的极化率分别为 2.532×10^{-40} F·m^2 和 0.987×10^{-40} F·m^2。

4. 经典模型修正

当原子的电子云呈现非球形（近椭球形）分布时，电子位移极化的经典模型存在较大的计算误差。此时，可以采用近椭球形的修正模型计算电子位移极化率。由式（2-35）和式（2-36）可知，对于具有非球形对称的电子云分布的原子，电子位移极化率不是一个标量。对于可以近似为椭球形电子云分布的原子（分子），其电子位移极化率是一个具有 3 个主轴的张量。

2.2.3 电介质材料的光学性能模拟

洛伦兹-洛伦茨方程（Lorentz-Lorenz equation） 大部分电介质材料都是原子晶体，如金刚石、单晶硅、碳化硅和氧化锌等。其中，金刚石、单晶硅、β-SiC 等非极性电介质材料中仅有电子位移极化。由于电子位移极化所需时间为 $10^{-15} \sim 10^{-14}$ s，即使电场以光频变化，电子极化亦能及时跟上。因此，可以利用光折射率 n 求取介电常数 ε。由于 $n^2 = \mu_r \varepsilon_r$，对非铁磁材料 $\mu_r = 1$。此时，克劳修斯-莫索提方程可以写成

$$\frac{n^2 - 1}{n^2 + 2} = \frac{N\alpha_e}{3\varepsilon_0} \tag{2-37}$$

式（2-37）又称为洛伦兹-洛伦茨方程。

1. 金刚石的光学折射率

金刚石的晶格结构如图 2-17（a）所示，它是由两个面心立方沿对角线平移 $\frac{1}{4}$ 组成的复式结构（称为金刚石结构）。金刚石的最小周期结构（物理学原胞）为正四面体，1 个 C 原子处于四面体中心，另有 4 个 C 原子处于四面体顶角，如图 2-17（b）所示。金刚石的正四面体中包含 2 个 C 原子，其理论密度为 3.515 g/cm^3，C 的原子

量为 12.001。

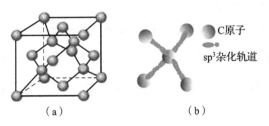

图 2-17　金刚石

（a）晶格结构；（b）物理学原胞

由表 2-2 可知经典模型下碳原子极化率为 0.84×10^{-40} F·m^2 和实验结果下为 1.07×10^{-40} F·m^2。根据金刚石密度、碳原子量和原子质量，可得金刚石中碳原子浓度为

$$N = \frac{\rho}{m} = \frac{3.515 \times 10^3}{12.001 \times 1.6605 \times 10^{-27}} = 0.176 \times 10^{30} \text{ m}^{-3}$$

将经典模型的电子极化率和 C 原子浓度代入洛伦兹 - 洛伦茨方程式（2-37），可得金刚石折射率为 2.18，低于金刚石折射率实验值 2.42，计算误差约为 -9.9%；若采用 C 原子极化率的实验数据，由洛伦兹 - 洛伦茨方程计算得到的金刚石折射率为 2.88，计算误差约为 19%。

在上述模拟中，采用极化率实验数据计算的折射率值误差高达 19%，由于金刚石属于非极性原子晶体，因此这个误差一定来源于洛伦兹有效场中被忽略的因素。在图 2-18 所示的洛伦兹有效场模型中[5]，被忽略的是近邻原子作用。

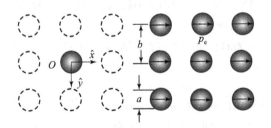

图 2-18　有效场修正——近场作用模型[5]

若考虑如图 2-18 中所示的近邻感应电偶极子作用，根据文献 [5] 可将洛伦兹有效场式（2-19）修改成

$$E'_1 = E_1 - \gamma \frac{p_e}{\pi \varepsilon_0 b^3} \tag{2-38}$$

这里假设：所有原子的感应电矩 p_e（或极化率 α）相同，且原子半径 a 和原子排列周期 b 都相同。当计入近邻原子作用时，有效场强将减小。若减小 10%，则采用 C

原子极化率实验数据计算得到的折射率为 2.5，计算误差约为 3.3%。

2. 立方碳化硅的折射率

第一性原理计算结果显示[6]，立方碳化硅（β - SiC）是由 Si 和 C 两个面心立方格子沿对角线平移 $\frac{1}{4}$ 组成的复式结构（称为闪锌矿结构），如图 2 - 19（a）所示。β - SiC 的原胞也是正四面体，如图 2 - 19（b）所示，Si—C 键长为 0.186 5 nm。

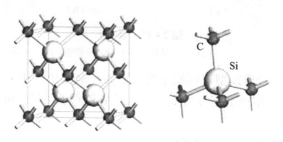

图 2 - 19　立方碳化硅[6]

（a）晶格结构；（b）原胞

已知 Si、C 原子共价半径之比为 0.117/0.077，则由量子模型计算得到电子位移极化率为 4.071×10^{-40} F · m²；由于 β - SiC 的密度是 3.215 g/cm³，C + Si 的原子量为（12.001 + 28.085 5），则得

$$N = \frac{\rho}{m} = \frac{3.215 \times 10^3}{40.086\ 5 \times 1.660\ 5 \times 10^{-27}} = 0.048 \times 10^{30}\ \text{m}^{-3}$$

将电子极化率和 C—Si 原子对的浓度代入洛伦兹 - 洛伦茨方程式（2 - 37），可得 β - SiC 折射率为 3.09，高于实验值 2.64，计算误差约为 17%。

3. 立方氧化锌的折射率

立方氧化锌（β - ZnO）属于闪锌矿结构，其密度为 5.606 g/cm³，分子量为 81.39，则分子浓度为

$$N = \frac{\rho}{m} = \frac{5.606 \times 10^3}{81.39 \times 1.660\ 5 \times 10^{-27}} = 0.041\ 48 \times 10^{30}\ \text{m}^{-3}$$

已知 Zn、O 原子半径分别为 0.153 nm 和 0.074 nm，由经典模型计算得到 β - ZnO 分子的电子位移极化率为 4.431×10^{-40} F · m²。根据洛伦兹 - 洛伦茨方程式（2 - 37），可得 β - ZnO 的折射率为 2.78，略高于文献［7］的值 2.64，计算误差约为 5.3%。

利用电子位移极化率的经典模型和洛伦兹 - 洛伦茨方程，分别计算了金刚石、β - SiC 和 ZnO 的光学折射率，结果与实验值吻合较好，其中 β - ZnO 和金刚石的计算误差都小于 10%。

2.3　电介质材料的离子位移极化

2.3.1　离子位移极化模型

离子位移极化模型主要有以下两种:

1. 谐振子模型

一对正、负离子受到电场力作用相互靠近,同时它们还受到周围介质的弹性作用,使这对离子处于平衡状态,如图 2-20 (a) 所示。

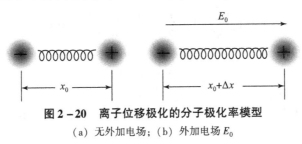

图 2-20　离子位移极化的分子极化率模型

(a) 无外加电场; (b) 外加电场 E_0

设正、负离子质量分别为 m_1 和 m_2,周围介质的弹性用一个系数为 k 的轻弹簧表示。在没有外电场作用时,正、负离子的间距为 x_0;当受到外电场 E_0 作用时,正、负离子的间距增加了 Δx,若正、负离子带电量为 $\pm q$,则离子对的感应电偶矩 p_i 为

$$p_i = q\Delta x \tag{2-39}$$

这里的 Δx 根据弹性系数获得。

如图 2-20 所示的谐振模型,设其固有谐振角频率为 ω_0 和固有谐振频率为 ν_0。根据谐振公式,有

$$\omega_0 = 2\pi\nu_0 = \sqrt{\frac{k}{m}} \tag{2-40}$$

式中, $m = \dfrac{m_1 \cdot m_2}{m_1 + m_2}$ 表示正、负离子的折合质量,则弹性系数为

$$k = 4\pi^2\nu_0^2 \frac{m_1 m_2}{m_1 + m_2} \tag{2-41}$$

利用关系式 $\nu_0 = \dfrac{c}{\lambda_0}$、 $m_1 = \dfrac{M_1}{N_A}$ 和 $m_2 = \dfrac{M_2}{N_A}$,可将式 (2-41) 写成

$$k = 4\pi^2 \frac{c^2}{N_A \lambda_0^2} \frac{M_1 M_2}{M_1 + M_2} \tag{2-42}$$

式中, M_1 和 M_2 为正、负离子的原子量, N_A 为阿伏伽德罗常数, c 为光速。设正、负离子带电量为 $\pm q$,则离子对的极化率可表示为

$$\alpha_i = \frac{N_A q^2 \lambda_0^2}{4\pi^2 c^2} \frac{(M_1 + M_2)}{M_1 M_2} \tag{2-43}$$

2. 势能模型

这个模型本质上与图 2-20 一样，只是离子之间的相互作用由势能模型计算。根据离子晶体的结合理论，每对离子之间的相互作用能可以写成

$$u(r) = -\frac{Mq^2}{4\pi\varepsilon_0}\left(\frac{1}{r} - \frac{r_0^{n-1}}{nr^n}\right) \tag{2-44}$$

式中，M 为马德龙常数；n 为玻恩指数。设在外电场作用下，离子位移 Δr 很小，即可在 r_0 附近做泰勒级数展开，得

$$u = -\frac{Mq^2}{4\pi\varepsilon_0 r_0}\left(1 - \frac{1}{n}\right) + \frac{Mq^2(n-1)}{8\pi\varepsilon_0 r_0^3}(\Delta r) + \cdots \tag{2-45}$$

显然，当正负离子在平衡位置附近改变 Δr 时，正负离子间产生的恢复力为

$$f = -\frac{Mq^2(n-1)}{4\pi\varepsilon_0 r_0^3}\Delta r \tag{2-46}$$

由于正负离子在局域电场作用下的库仑力应与恢复力相平衡，因此可求得正负离子间产生的位移：

$$\Delta r = \frac{4\pi\varepsilon_0 r_0^3}{Mq(n-1)}E_l \tag{2-47}$$

即得到每对离子位移的极化率：

$$\alpha_i = \frac{4\pi\varepsilon_0 r_0^3}{M(n-1)} \tag{2-48}$$

若将平衡距离看作是正负离子半径之和，则由式（2-48）可知：离子位移极化率与正负离子半径之和的三次方成正比。

由于在离子晶体中，每个离子的芯电子在电场作用下仍能引起电子位移极化，所以，对于离子晶体或具有部分离子性的共价晶体，应同时考虑离子位移极化和电子位移极化。

2.3.2　离子晶体介电常数

对于在微观结构上具有某种对称性的离子晶体，克劳修斯-莫索提方程可以表示为

$$\frac{\varepsilon_r - 1}{\varepsilon_r + 2} = \frac{N}{3\varepsilon_0}(\alpha_i + \alpha_{e-} + \alpha_{e+}) \tag{2-49}$$

式中，α_{e-} 为晶体中负离子的电子极化率，α_{e+} 为正离子的电子极化率，α_i 为离子极化率，并且 $\alpha_e = \alpha_{e-} + \alpha_{e+}$。利用洛伦兹-洛伦茨公式，式（2-49）又可以写成

$$\frac{\varepsilon_r - 1}{\varepsilon_r + 2} = \frac{n^2 - 1}{n^2 + 2} + \frac{N}{3\varepsilon_0}\alpha_i \tag{2-50}$$

式（2-50）表明，当离子晶体受到电场作用时，总的介电常数是由两部分极化贡献的，即电子位移极化和离子位移极化。有关电子位移极化和离子位移极化的理论分析，我们将在2.3.3小节中结合数值模拟进行深入讨论。

实践证明，在讨论电子或离子的位移极化时，如果电介质材料具有中心对称性，则洛伦兹有效场直接适用。如果电介质材料不具有对称中心，洛伦兹对有效场的考虑方法也是可行的，只不过由于球内其他分子对中心分子的作用，必须根据具体结构进行详细计算。表2-5为一些离子晶体介电常数的计算值和实验值。

表 2-5　一些离子晶体介电常数的计算值和实验值

晶体	计算值	实验值	r_-/r_+	α_-/α_+	晶体	计算值	实验值	r_-/r_+	α_-/α_+
LiF	9.1	9.2	1.71	32.3	KBr	8.2	4.81	1.45	5.4
LiCl	<0	11.05	2.32	126.7	KI	9.2	5.58	1.65	8.6
LiBr	<0	12.10	2.52	164.2	RbCl	—	5.20	1.21	2.3
LiI	<0	11.03	2.83	244.5	RbBr	8.2	4.87	1.32	3.0
KCl	7.7	4.98	1.36	4.2	RbI	7.5	5.58	1.48	4.5
NaBr	12.9	6.37	2.00	26.9	CsCl	—	7.20	1.09	1.5
NaI	14.1	6.6	2.25	40.1	CsBr	—	—	1.19	1.97
KF	9.7	6.05	1.00	1.2	CsI	—	5.65	1.33	2.93

比较表2-5中所列各晶体的 ε 计算值和实验值，可以发现，对不同晶体偏差的幅度有明显区别，大致可以分成以下三种情况。

锂盐晶体——正负离子半径之比与电子极化率的比值相差较大，计算的 ε 值与实验值相差也很大。

钠盐晶体——正负离子半径之比与电子极化率的比值都较接近，计算的 ε 值与实验值相差也不很大。

钾、铷盐晶体——正负离子半径之比与电子极化率的比值都很接近，计算的 ε 值与实验值符合较好。

因此可以认为，正负离子半径之比与电子极化率的比值越接近，极化时离子的电子云相互畸变越小，其球形模型近似程度越高，处理晶体中有效电场和极化参数时采用的电偶极子模型计算准确性越高。

根据以上分析，可以得出这样的结论：

（1）对具有立方对称的晶体应用克劳修斯-莫索提方程的论点过于笼统和粗糙，需要从微观角度根据不同情况慎重处理。

（2）当正、负离子半径相差比较远时，一律将正、负离子视为点电荷的模型已不再适用，需要考虑在正负离子结构中电子云相互渗透的因素，因此必须对介电常数的计算公式加以修正。

（3）离子位移极化建立所需时间与离子晶格振动的周期有相同的数量级，为 $10^{-13} \sim 10^{-12}$ s，属于快极化。

2.3.3 离子性晶体介电性能模拟

具有立方点阵结构的氯化钠型离子晶体，除具有电子位移极化以外，离子位移极化表现最为典型，其介电常数可以直接应用克劳修斯 – 莫索提方程计算。

1. 离子晶体

氯化钠晶体是面心立方的复式晶格，由 Na^+ 和 Cl^- 两个面心立方沿 **a**、**b**、**c** 三个方向平移半个周期，形成如图 2 – 21 所示的结构。

已知 NaCl 晶体的点阵常数 $a = 0.564$ nm，体弹性模量为 2.4×10^{10} N/m²。根据晶格结构特征，可得正负离子的平衡间距应为 $r_0 = 0.564/2 = 0.282$ nm，由文献 [2] 可知，离子晶体的特性模量为

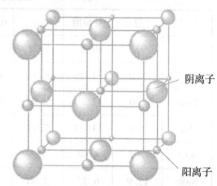

图 2 – 21　氯化钠晶体结构

阴离子

阳离子

$$K = \frac{(n-1)e^2 M}{36\pi\varepsilon_0 \beta r_0^4} \tag{2-51}$$

式中，β 是与晶格结构有关的因子，对 CsCl、NaCl 和闪锌矿结构，其值分别为 1.540、2 和 3.079。由式（2-48）和式（2-51）可得 NaCl 离子的位移极化率：

$$\alpha_i = \frac{e^2}{9K\beta r_0} = \frac{(1.6 \times 10^{-19})^2}{9 \times 2.4 \times 10^{10} \times 2 \times 0.282 \times 10^{-9}} = 2.1 \times 10^{-40} \text{ F} \cdot \text{m}^2$$

由图 2 – 21 可知，在一个晶胞体积 a^3 中包含 4 对正负离子，则根据克劳修斯 – 莫索提方程有

$$\frac{\varepsilon_r - 1}{\varepsilon_r + 2} = \frac{1}{3\varepsilon_0}\left(\frac{4}{a^3}\alpha_i\right) = 0.176$$

由此可得 NaCl 晶体的介电常数：

$$\varepsilon_r = \frac{1 + 2 \times 0.176}{1 - 0.176} = 1.64$$

讨论：

（1）利用式（2-48）计算。由文献 [2] 可知 NaCl 晶体的玻恩指数为 7.77，马德龙常数为 1.75，Na^+ 半径为 0.101 nm，Cl^- 半径为 0.181 nm，则得到每对离子位移的极化率：

$$\alpha_i = \frac{4\pi\varepsilon_0 r_0^3}{M(n-1)} = \frac{4 \times 3.14 \times 8.85 \times 10^{-12} \times (0.282 \times 10^{-9})^3}{1.75 \times (7.77-1)} = 2.1 \times 10^{-40} \text{ F} \cdot \text{m}^2$$

（2）利用谐振子模型计算。由文献［8］可知 NaCl 在远红外 172 cm^{-1} 处有吸收峰，且正负离子原子量分别为 22.990 和 35.453。将 Na 原子量 M_1 和 Cl 原子量 M_2 代入式（2-43）中，设正、负离子带电为 ±q，则离子对的极化率可以表示为

$$\alpha_i = \frac{N_A q^2 \lambda_0^2}{4\pi^2 c^2} \frac{(M_1 + M_2)}{M_1 M_2} = 1.05 \times 10^{-40} \text{ F} \cdot \text{m}^2$$

谐振子模型的计算值远小于势能模型的计算结果，说明 NaCl 的红外吸收光谱选择不合适，我们可以推测：NaCl 应该在更远的红外（太赫兹）处存在吸收峰。

（3）与 NaCl 晶体介电常数实验值 5.62 相比，上述计算值存在较大偏差，这说明计算离子晶体介电常数时，电子位移极化不能忽略。若考虑电子位移极化，由表 2-3 可知，Na$^+$ 和 Cl$^-$ 的电子位移极化率分别为 0.22×10^{-40} F·m^2 和 3.83×10^{-40} F·m^2，将电子位移极化率和离子位移极化率代入克劳修斯-莫索提方程：

$$\frac{\varepsilon_r - 1}{\varepsilon_r + 2} = \frac{1}{3\varepsilon_0} \left(\frac{4}{a^3} \alpha_i \right) = 0.5165$$

考虑电子位移极化后，NaCl 晶体的介电常数为

$$\varepsilon_r = \frac{1 + 2 \times 0.5165}{1 - 0.5165} = 4.205$$

尽管计算值仍小于实验值 5.62，但计算误差已经由 71% 降低到 25%。

2. 离子性共价晶体

立方碳化硅具有由 Si 和 C 两个面心立方格子组成的闪锌矿结构，如图 2-19（a）所示。第一性原理计算结果显示，β-SiC 的晶格常数为 0.434 8 nm，其中的两个原子呈现部分离子性[9]。已知 β-SiC 体弹性模量为 450 GPa，闪锌矿结构的 β = 3.079，则根据离子位移极化模型计算得

$$\alpha_i = \frac{e^2}{9K\beta r_0} = \frac{(1.6 \times 10^{-19})^2}{9 \times 45 \times 10^{10} \times 3.079 \times 0.2174 \times 10^{-9}} = 0.094 \times 10^{-40} \text{ F} \cdot \text{m}^2$$

另外，2.2.3 小节中已经计算得到 β-SiC 的电子位移极化率为 4.071 × 10^{-40} F·m^2。由于 β-SiC 晶胞体积 a^3 中包含 4 对 Si 和 C 原子，则根据克劳修斯-莫索提方程有

$$\frac{\varepsilon_r - 1}{\varepsilon_r + 2} = \frac{1}{3\varepsilon_0} \left[\frac{4}{a^3} (\alpha_i + \alpha_e) \right] = 0.76$$

由此可得 β-SiC 晶体的介电常数：

$$\varepsilon_r = \frac{1 + 2 \times 0.76}{1 - 0.76} = 10.5$$

讨论：

（1）在 β-SiC 中仅考虑电子位移极化时，理论计算的静态介电常数为 9.55，

略小于实验值 9.72，计算误差约为 1.7%。

（2）若采用离子晶体的计算模型，静态介电常数为 10.5，大于实验值 9.72，计算误差约为 8%。

（3）β – SiC 中离子性对介电性能的贡献远小于电子位移极化。

2.4 极性电介质材料的极化

2.4.1 取向极化模型

极性电介质材料中的固有偶极子在外电场作用下会发生取向极化。一般而言，由于原子间的相互作用较大，因此在电介质材料中固有偶极子难以转向。只有熔化时，这些分子（原子）偶极子才能在电场作用下发生转向，从而使介电常数有陡然的增长。但是，在有些情况下（主要取决于分子形状的对称程度及晶体结构），即使在晶体中，这些固有的分子（原子）偶极子在电场作用下也可以发生转向，从而形成取向极化。

1. 朗之万模型

在没有外加电场的情况下，由于晶格的热运动，固有电偶极子的取向都是杂乱无章的，因此整个晶体不表现出极化强度。

当对晶体施加电场时，在某个固有电偶极子处将产生有效电场。由于固有电矩方向与有效电场趋向一致时具有较低的能量，因此，固有电偶极子方向将逐渐转向与有效电场相一致，从而使整个晶体的极化强度不再为 0。

在绝对零度下，晶体中所有固有电偶极子都将转向与有效电场一致的方向，使体系的总能量达到最低。但在有限温度下，由于热扰动，仍有一些固有电偶极子的方向不能与有效电场保持相同，并且温度越高，这种取向不一致的固有电偶极子就越多。

2. 固有偶极子的极化率

设某固有电矩与有效电场之间的夹角为 θ，则其在电场中的势能为

$$U_p = -p_0 E_1 \cos\theta \tag{2-52}$$

由统计物理学可知，该固有电矩出现在此方向的概率应与

$$e^{-\frac{U_p}{k_B T}} = e^{\frac{p_0 E_1 \cos\theta}{k_B T}}$$

成正比。在有限温度下，固有电矩沿局域电场方向 z 分量的平均值应为[2,3]

$$\overline{p_z} = \frac{\int_0^{2\pi} d\varphi \int_0^{\pi} \sin\theta p_0 \cos\theta e^{\frac{p_0 E_1 \cos\theta}{k_B T}} d\theta}{\int_0^{2\pi} d\varphi \int_0^{\pi} \sin\theta e^{\frac{p_0 E_1 \cos\theta}{k_B T}} d\theta} = p_0 L \frac{p_0 E_1}{k_B T} \tag{2-53}$$

式中，$L(x) = \coth(x) - \dfrac{1}{x}$ 称为朗之万函数。

在室温及通常的场强下，$x = \dfrac{p_0 E_1}{k_B T}$ 远小于 1，朗之万函数可近似为 $L(x) = \dfrac{x}{3}$，则固有电矩沿有效电场方向的平均值可以近似为

$$\overline{p}_z = \frac{p_0^2}{3k_B T} E_1 \qquad (2-54)$$

由固有电偶极矩转向产生的分子极化率为

$$\alpha_r = \frac{p_0^2}{3k_B T} \qquad (2-55)$$

由式（2-55）可知，固有电偶极矩转向极化的最大特点是分子极化率与温度成反比。

2.4.2 翁萨格有效场

对于由极性分子组成的极性电介质，分子间的相互作用一般很大，基于洛伦兹模型导出的克劳修斯 – 莫索提方程已不适用。因此，必须重新建立物理数学模型以计算极性电介质中的分子有效电场。

1. 翁萨格模型

翁萨格模型如图 2-22 所示。

翁萨格提出：把作用在空腔中心分子上的有效电场看成是两部分的叠加，即

$$E_1 = E_G + E_R \qquad (2-56)$$

其中，第一部分为空腔电场 E_G，是在假想把被考察的中心分子撤走而只留下半径为 a 的真空球时，由电介质宏观电场 E 在空球内引起的电场。利用分离变量法，可得[7]

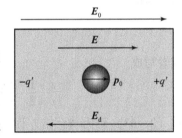

图 2-22 翁萨格模型[3]

$$E_G = \frac{3\varepsilon}{2\varepsilon + 1} E \qquad (2-57)$$

第二部分为反作用电场 E_R。令电偶极子轴与宏观电场方向一致且反作用电场均匀分布，利用分离变量法可得

$$E_R = \frac{2(\varepsilon - 1)}{4\pi\varepsilon_0 a^2 (2\varepsilon + 1)} (p_0 + \alpha E_1) \qquad (2-58)$$

式中，$\varepsilon = \varepsilon_0 \varepsilon_r$ 为电介质的介电常数；p_0 为分子固有电矩；α 为分子极化率。

2. 翁萨格有效场

在翁萨格模型中，单位体积的分子数为 $N = \dfrac{3}{4\pi a^3}$，利用洛伦兹 – 洛伦茨方程可得分子极化率：

$$\alpha = 4\pi\varepsilon_0 a^3 \frac{n^2-1}{n^2+2} \tag{2-59}$$

由式（2-56）~式（2-59），翁萨格有效场可以写成

$$E_1 = \frac{\varepsilon(n^2+2)}{2\varepsilon+n^2}E + \frac{2(n^2+2)(\varepsilon-1)}{3(2\varepsilon+n^2)}\frac{p_0}{4\pi\varepsilon_0 a^3} \tag{2-60}$$

分子电矩可以写成

$$p = \frac{\varepsilon(n^2+2)}{2\varepsilon+n^2}\alpha E + \frac{(n^2+2)(2\varepsilon+1)}{3(2\varepsilon+n^2)}p_0 \tag{2-61}$$

式（2-61）表明，极性介质的分子电矩由两部分组成：一部分与宏观电场有关，属于感应电矩；另一部分与宏观电场无关，它的出现是在没有外电场作用时，由于分子之间的相互作用而形成的。

3. 翁萨格方程

利用翁萨格模型和洛伦兹 – 洛伦茨公式，极性介质的介电常数与固有电矩的关系可写成

$$\frac{(2\varepsilon+n^2)(\varepsilon-n^2)}{\varepsilon(n^2+2)^2} = \frac{N}{3\varepsilon_0}\alpha_r \tag{2-62}$$

或者写成

$$\frac{\varepsilon-1}{\varepsilon+2} - \frac{(n^2-1)}{(n^2+2)} = \frac{3\varepsilon(n^2+2)}{(2\varepsilon+n^2)(\varepsilon+2)}\frac{N}{3\varepsilon_0}\alpha_r \tag{2-63}$$

式（2-63）称为翁萨格方程。

由式（2-63）可知，当 $n^2 \approx 1$ 时，翁萨格方程可以写成

$$\varepsilon = 1 + \frac{3N\varepsilon}{\varepsilon_0(2\varepsilon+1)}\alpha_r \tag{2-64}$$

当 $n^2 \leqslant \varepsilon$ 时，翁萨格方程可以写成

$$\varepsilon = \frac{(n^2+2)^2}{2}\frac{N}{3\varepsilon_0}\alpha_r \tag{2-65}$$

而当 $p_0 = 0$ 和 $n^2 = \varepsilon$ 时，翁萨格方程转化为克劳修斯 – 莫索提方程。

翁萨格有效场具有以下特点。

（1）比较成功地解决了极性液体极化电场的计算问题，所得极化电场 E_G 约为宏观电场的 1.5 倍。

（2）利用翁萨格方程计算出的介电常数，不论极化率为怎样的有限值，都不会出现负值或无限大这样不合理的结果。

（3）由翁萨格方程计算的某些极性液体的介电常数与实测值比较接近，但对由氢键联系的近程力较强的强极性液体（如水、酒精等）所得结果与实测结果偏差较大。

在翁萨格模型中，把每个极性分子的周围（空球以外的介质）看成是连续均匀介质，实际上相当于只考虑了分子间远程力的相互作用而忽视了分子间的近程力作用。同时，未考虑许多液体实际存在的非偶极分子的相互作用。因此，对存在强烈分子相互作用的许多电介质来说，在实验结果与按翁萨格方程的计算结果之间发现了较大偏差。要进一步发展极化理论，就必须考虑分子间相互作用，这只有应用统计方法才有可能实现。

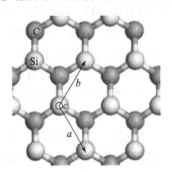

图 2 - 23　α - SiC 的晶格结构

2.4.3　极性电介质材料的介电常数

α - SiC 晶体属于纤锌矿结构，晶格结构如图 2 - 23 所示。第一性原理计算数据为 $a = b = 0.453\,76$ nm，$c = 0.345\,4$ nm，$\alpha = \beta = 90°$，$\gamma = 120°$，C、Si 原子分别带电 $-1.36e$ 和 $1.36e$，它们的相对坐标如表 2 - 6 所示[10]。

表 2 - 6　SiC 晶胞原子的相对坐标

原子	x	y	z
C1	0.333 333	0.666 667	0.437 504
C2	− 0.333 333	− 0.666 667	0.937 504
Si1	0.333 333	0.666 667	− 0.062 504
Si2	− 0.333 333	− 0.666 667	0.437 496

由表 2 - 6 和图 2 - 23 可知，在 α - SiC 晶胞中包含 4 对 Si—C 键，其中包含 1 对沿 c 轴方向的电偶极子。根据数据计算得到电偶极矩为 $p_0 = 3.75 \times 10^{-30}$ m³，代入朗之万公式可得，偶极子（300 K 时）的取向极化率为

$$\alpha_r = \frac{p_0^2}{3k_B T} = \frac{(3.75 \times 10^{-30})^2}{3 \times 1.38 \times 10^{-23} \times 300} = 11.3 \times 10^{-40} \ \text{F} \cdot \text{m}^2$$

将折射率 2.676 代入洛伦兹 - 洛伦茨方程、取向极化率代入克劳修斯 - 莫索提方程可得静态介电常数为 $\varepsilon_r = -10.4$，这个结果再次说明：洛伦兹有效场不适合 α - SiC 晶体。

在本例中，$n^2 \leqslant \varepsilon$ 时，采用翁萨格方程的简化公式

$$\varepsilon = \frac{(n^2+2)^2}{2}\frac{N}{3\varepsilon_0}\alpha_r$$

代入取向极化率和光学折射率，可得静态介电常数 $\varepsilon_r = 28.6$，结果也远大于表 2-1 中的文献值（$\varepsilon_r = 10.3$）。

讨论：如上所述，无论是洛伦兹有效场还是翁萨格有效场，计算的结果都与 α-SiC 的静态介电常数有较大差异，其原因为：

（1）尽管翁萨格有效场是对极性电介质的修正模型，但它仅适合某些极性液体，对水和酒精等强极性液体的计算也存在较大的偏差。

（2）翁萨格模型只考虑了分子间远程力相互作用而忽略了分子的近程力作用，对固体而言，近程原子作用要远大于液体，所以采用翁萨格有效场计算极性固体 α-SiC 时会产生较大偏差。

（3）取向极化率的朗之万模型是基于自由电偶极子假设获得的，对于黏滞阻力较小的极性液体一般也适用。但是，固体的电偶极子受到的阻力较大，因此可以推测：温度越高，采用朗之万模型计算的取向极化率越接近实际值，即上述由朗之万模型计算的数据应该与某个高温下的数值接近。

考虑上述因素，对取向极化率乘一个小于 1 的修正因子 $\gamma = 300/823$，则由翁萨格有效场方程计算可得 $\varepsilon_r = 10.4$，与文献值高度吻合。

2.5　实际电介质材料的极化

在现实世界中，具有完整晶格结构的理想电介质材料很少，大多数都是非理想电介质材料。本节介绍几种工程上常见的非理想电介质材料的极化，如复合材料、异质结构和非晶介质材料等，并对其介电性能进行数值模拟。

2.5.1　复合材料的介电性能

目前广泛使用的复合材料是一种多相材料，其中填充剂与基体之间存在大量的接触面，在这些接触面处形成界面极化，从而决定了复合材料的介电性能。

1. 有效介质模型

考虑在介电常数为 ε_e 的基体中，分散着半径为 a、介电常数为 ε_i、电导率为 σ_i 的弱导电性球形颗粒的分散体系。

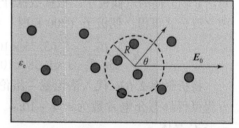

设在一个半径为 $R(R>a)$ 的球范围内包含 n 个均匀分布的、介电常数为 ε_i 的球形颗粒，它们镶嵌在介电常数为 ε_e 的连续

图 2-24　复合材料的等效介电常数模型

基体中，如图 2-24 所示。根据克劳修斯-莫索提方程，复合材料的等效介电常数

可以写成

$$\frac{\varepsilon_r - \varepsilon_e}{\varepsilon_r + 2\varepsilon_e} = \frac{1}{3\varepsilon_e} \sum_{j=e,i,r,\cdots} N_j \alpha_j \qquad (2-66)$$

利用分离变量法[11]，可得电场 $\boldsymbol{E}_0$ 中一个半径为 R、包含 N 个介电常数为 ε_i 的介质球的等效电偶极矩：

$$p_e = \frac{3\varepsilon_e(\varepsilon_i - \varepsilon_e)}{\varepsilon_i + 2\varepsilon_e} E_0 \qquad (2-67)$$

若使半径为 R 的大球内的所有颗粒都凝聚在中心附近，则形成一个半径为 $(Na)^{1/3}$ 的同心球，则有

$$N\alpha = \frac{Na^3}{r^3} \frac{3\varepsilon_e(\varepsilon_i - \varepsilon_e)}{\varepsilon_i + 2\varepsilon_e} \qquad (2-68)$$

由式 (2-66) 和式 (2-68) 得

$$\frac{\varepsilon_r - \varepsilon_e}{\varepsilon_r + 2\varepsilon_e} = \frac{na^3}{R^3} \frac{\varepsilon_i - \varepsilon_e}{\varepsilon_i + 2\varepsilon_e} \qquad (2-69)$$

式中，$\dfrac{na^3}{R^3} = f_V$ 恰好等于小颗粒在基体中的体积分数。

2. 碳化硅纳米材料的介电性能模拟

文献 [12] 介绍了碳化硅纳米粒子（SiC_p）复合材料介电性能的研究，这里 SiC_p' 与石蜡按照 3:7 的质量比进行混合，形成 SiC_p@paraffin 复合材料。

已知碳化硅的密度为 3.215 g/cm³、石蜡的密度为 0.88~0.915 g/cm³，表 2-1 给出了它们的相对介电常数分别为 9.72 和 2.0~2.3。经过换算，SiC_p@paraffin 复合材料的体积分数为 0.108，由式 (2-69) 得其等效介电常数为 2.71；若考虑到量子限域效应，SiC 纳米粒子介电常数会更大，则由式 (2-69) 计算的结果可以达到 3.4 以上，如图 2-25 所示。

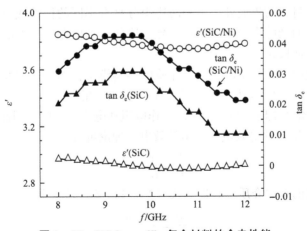

图 2-25　SiC@paraffin 复合材料的介电性能

讨论：

（1）由于在式（2-67）中忽略了小颗粒球之间的相互作用，因此复合材料的等效介电常数公式仅对低填充浓度情况适用。对于低填充浓度复合材料，体积分数远小于1，则由式（2-69）得

$$\varepsilon_r \approx \varepsilon_e \left(1 + 3f_V \frac{\varepsilon_i - \varepsilon_e}{\varepsilon_i + 2\varepsilon_e} \right) \qquad (2-70)$$

（2）对高介电掺杂剂，复合材料的等效介电常数为

$$\varepsilon_r \approx \varepsilon_e (1 + 3f_V) \qquad (2-71)$$

即等效介电常数大于基体介电常数；当选用低介电掺杂剂时，则由式（2-70）得

$$\varepsilon_r \approx \varepsilon_e \left(1 - \frac{3}{2}f_V \right) \qquad (2-72)$$

即等效介电常数小于基体介电常数。这说明，利用掺杂剂和基体介电常数的关系可以调控复合材料静态介电常数。

（3）由上述球形颗粒分散体系得到的介电常数可以推广到椭球形颗粒情况[3]。设椭球粒子的长短轴分别为 a 和 b，椭球的偏心度 $e = \dfrac{a-b}{a}$，令

$$m = e^2 \left[1 - \sqrt{1-e^2} \, \frac{\arcsin e}{e} \right]^{-1} \qquad (2-73)$$

则式（2-71）可以修改成

$$\varepsilon_r \approx \varepsilon_e \left[1 + 3f_V \frac{\varepsilon_i - \varepsilon_e}{\varepsilon_i + (m-1)\varepsilon_e} \right] \qquad (2-74)$$

对球形颗粒（$e=0$），由式（2-73）得 $m=3$，式（2-74）与式（2-71）相同。

2.5.2 异质结构的介电性能

1. 界面极化模型

在多个不同材料的界面处，由于两边组分具有不同的极性或电导率，因此在外电场作用下，界面处的束缚电荷存在差异。这种由凝聚在界面处的束缚电荷产生的电极化，称为界面极化。

在界面极化中，最简单的是双层介质电容器模型，如图2-26所示。设两层厚度分别为 d_1 和 d_2，且 $d = d_1 + d_2$，界面面积为 S，如图2-26（a）所示。当一个稳态电压加在双层介质上时，每一层可以看作电阻和电容的并联，因此这个双层介质对应图2-26（b）所示的等效电路。由等效电路理论可得

$$\frac{1}{C} = \frac{1}{C_1} + \frac{1}{C_2} \qquad (2-75)$$

对没有漏电的双层介质电容器，式（2-75）又可以写成

$$\frac{d}{\varepsilon} = \frac{d_1}{\varepsilon_1} + \frac{d_2}{\varepsilon_2} \qquad (2-76)$$

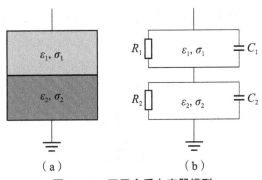

图 2 - 26　双层介质电容器模型

（a）界面极化示意图；（b）对应的等效电路

于是可得双层介质的介电常数：

$$\varepsilon = \frac{d\varepsilon_1\varepsilon_2}{\varepsilon_2 d_1 + \varepsilon_1 d_2} \tag{2-77}$$

式（2-77）说明，在静态或直流条件下，界面极化与两侧电介质材料的厚度和介电常数有关。在厚度接近时，介电性能主要取决于介电常数低的电介质材料。当介电常数接近时，介电性能主要取决于厚度较薄层的电介质材料。

对存在漏电的双层电介质材料，根据串联电阻关系式可得

$$\frac{d}{\sigma} = \frac{d_1}{\sigma_1} + \frac{d_2}{\sigma_2} \tag{2-78}$$

则双层电介质材料的直流电导率为

$$\sigma = \frac{d\sigma_1\sigma_2}{\sigma_2 d_1 + \sigma_1 d_2} \tag{2-79}$$

由式（2-79）可知：在静态或直流条件下，双层界面电导与两侧介质材料的厚度和电导率有关。在厚度接近时，导电性能主要取决于电导率低的电介质材料。当电导率差别不大时，导电性能主要取决于导电性较差的电介质材料。

2. Ni@SiC$_p$ 核壳结构的介电性能模拟

两种不同晶体（或不同晶相）相互接触，将会形成一个界面区域，这个区域称为异质结构。异质结构是一种先进的电介质材料，其中核壳材料是实际工程中常见的一类。下面，我们以文献［13］的报道为例，介绍 Ni@SiC$_p$ 复合粒子的介电性能模拟。

Ni@SiC$_p$ 的核壳结构是如图 2 - 27 所示的球状，其中内球介电常数为 ε_1、半径为 a，外球壳介电常数为 ε_2、内外半径分别为 a 和 b。若球和球壳的电导率分别为 σ_1 和 σ_2，Ni@SiC$_p$ 异质结构的等效电路也如

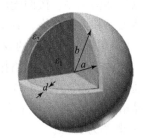

**图 2 - 27　球 - 球壳状核壳
异质材料示意图**[13]

图 2-26（b）所示，其中 C_1 和 C_2 分别表示球和球壳的电容，则由球和球壳电容器公式

$$\begin{cases} C_1 = 4\pi\varepsilon_1 a \\ C_2 = 4\pi\varepsilon_2 \dfrac{ab}{b-a} \end{cases} \tag{2-80}$$

和式（2-75）可得异质核壳材料的等效介电常数

$$\varepsilon = \frac{a\varepsilon_1\varepsilon_2}{b\varepsilon_2 + d\varepsilon_1} \tag{2-81}$$

式中，d 为球壳厚度。

（1）在球壳为良导体的条件下，为了保证球壳等势面条件，它的静态介电常数 ε_2 必须无限大。此时异质核壳材料的等效介电常数可表示为

$$\varepsilon = \frac{a\varepsilon_1}{b} \tag{2-82}$$

根据文献 [13] 所提供的数据，Ni@SiC 核壳材料的 b 约为 10 nm，d 约为 1.5 nm，由表 2-1 可知 3C-SiC 的静态介电常数为 9.72，则代入式（2-82）得到 Ni@SiC 核壳粒子的静态介电常数为 8.26。

（2）在球为良导体的情况下，由孤立导体球电容公式可得

$$\varepsilon = \frac{a\varepsilon_2}{b\varepsilon_2 + d} \tag{2-83}$$

假设将 Ni@SiC 中核壳材料互换，即用 SiC 包覆 Ni 球，且球-球壳结构尺寸不变，则由式（2-83）可得等效介电常数为 0.837。

上述讨论说明，利用异质核壳结构的尺寸关系可以调控复合纳米粒子的静态介电常数。

2.5.3　非晶介质材料的介电性能

1. 非晶介质材料及其极化

非晶介质材料中的原子排列不再有周期性，但是仍具有短程有序性。非晶体的特点是结构无序，按照无序的表现情况，非晶介质材料大体分为三类，即组分无序、构造无序和无规网络，其结构如图 2-28 所示。

1）组分无序结构的取向极化

这种非晶介质的晶格排列仍然是规则的，只是在格点上出现的原子种类及频率是随机的。图 2-28（a）所示的 Co-Zn 固熔合金，Co、Zn 随机分布在一个面心立方晶格上，当 Zn 含量 x 为 0~0.38 时，每个格点占据 Zn 离子的概率为 x，而占据 Co 的概率为 $1-x$。

显然，在这种非晶介质中除电子位移极化和离子位移极化外，还会出现由于 Co、Zn 不均匀分布而形成的等效偶极子，存在取向极化。

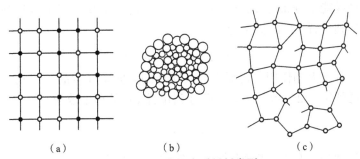

图 2 – 28　非晶介质材料类型

(a) 组分无序；(b) 构造无序；(c) 无规网络

2）构造无序结构的取向极化

这种非晶介质主要是无定形金属材料，材料中的原子之间虽然仍处于密堆积状态，但并不像晶态介质那样规则有序。通常，各组成原子之间有较多的空隙，如图 2 – 28（b）所示。在空隙附近，由于电子态密度分布会产生畸变，形成等效偶极子，因此可以认为：在构造无序的非晶介质材料中，极有可能出现类似晶格缺陷般的取向极化。

3）无规网络结构的热离子极化

对于以共价键结合的绝缘体（如 SiO_2），当处于非晶态时，价键虽然能保留几乎与晶态相同的强度，但键长和键角却在平均值附近随机涨落，从而出现价键断开形成悬挂键的情况，整体上看原子处在一个无规网络的节点上，如图 2 – 28（c）所示。在这类非晶态电介质材料中，除了电子和离子位移极化外，还呈现了一种新型的慢极化机制——热离子极化，下面就这一点进行着重介绍。

2. 热离子势垒模型

在无规则结构的弱束缚区，一些受束缚较弱的离子在电场作用下将发生跃迁运动，形成热离子（松弛）极化。设非晶玻璃中位于 1 或 2 位置上的弱束缚离子，其浓度为 n_0，以频率 ν 做热振动。显然，只要热振动能大于离子束缚能，即满足 $k_B T > U_0$ 的离子都可以在有限的平衡位置间产生跃迁，如图 2 – 29（a）所示。

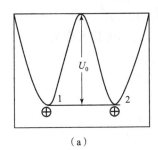
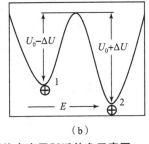

图 2 – 29　弱束缚区域近邻格点离子跃迁势垒示意图

(a) 无外电场；(b) 外电场 E

由玻尔兹曼能量分布可知，热振动能为 $k_B T$ 的离子从位置 1 跃迁到位置 2（或从位置 2 跃迁到位置 1）的概率为

$$P_{1\to2} = P_{2\to1} = \nu e^{-\frac{U_0}{k_B T}} \tag{2-84}$$

但是在没有外电场作用的情形下，其跃迁的方向是任意的。因此，单位体积内从位置 1 跃迁到位置 2（或从位置 2 跃迁到位置 1）的离子数为

$$n_{1\to2} = n_{2\to1} = \frac{n_0}{6}\nu e^{-\frac{U_0}{k_B T}} \tag{2-85}$$

由式（2-85）可知，在没有外电场作用时，离子跃迁产生的极化沿各方向的概率相同，因此宏观不表现电极化现象。

3. 热离子极化率

当沿如图 2-29（b）所示方向施加上电场 E 时，位置 1 处的势垒降低（$U_0 - \Delta U$）而位置 2 处的势垒升高（$U_0 + \Delta U$）。设位置 1 与位置 2 的间距为 a，则外电场导致两个位置处离子产生的势能差为

$$\Delta U = \frac{1}{2}aqE \tag{2-86}$$

此时从位置 1 跃迁到位置 2 的离子数为

$$n_{1\to2} = \frac{n_0}{6}\nu e^{-\frac{U_0 - \Delta U}{k_B T}} \tag{2-87}$$

而从位置 2 跃迁到位置 1 的离子数为

$$n_{2\to1} = \frac{n_0}{6}\nu e^{-\frac{U_0 + \Delta U}{k_B T}} \tag{2-88}$$

因此，位置 1 和位置 2 处的离子数将不同，出现了离子分布不均匀，即极化现象。

在稳态下，单位体积产生的电矩为

$$P = qa\Delta n \tag{2-89}$$

式中，Δn 为在极化过程中，位置 1 的离子跃迁比位置 2 的过剩离子数。由式（2-86）~式（2-88）可得

$$\Delta n = \frac{n_0}{6}\frac{\Delta U}{k_B T} = \frac{n_0 aq}{12 k_B T}E \tag{2-90}$$

由式（2-89）和式（2-90）即得热离子极化的极化强度为

$$P = \frac{n_0 q^2 a^2}{12 k_B T}E \tag{2-91}$$

介质的极化率和热离子极化率分别为

$$\chi_e = \frac{n_0 q^2 a^2}{12 \varepsilon_0 k_B T} \tag{2-92}$$

$$\alpha_T = \frac{q^2 a^2}{12 k_B T} \tag{2-93}$$

上述各式说明，热离子极化的宏观量与微观量均与温度 T 有关。当温度升高时，热离子极化减小，其原因是在温度提高时，无规则热运动对于离子的定向迁移运动的阻碍作用增大。

4. 玻璃的介电性能模拟

SiO_2 的晶格结构如图 2 - 30（a）所示，其中 1 个 Si 原子和 4 个 O 原子形成 4 个共价键，每个 Si 原子周围结合 4 个 O 原子。同时，每个 O 原子与 2 个 Si 原子结合。在 SiO_2 中，Si 原子和 O 原子的比例为 $1:2$，所组成的是立体网状结构。

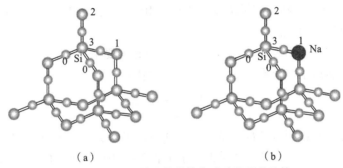

（a）　　　　　　　　　　（b）

图 2 - 30　SiO_2 的晶格结构和玻璃的网状结构

（a）SiO_2 的晶格结构；（b）玻璃的网状结构

在玻璃中，主要成分 SiO_2 约占 80%。由于制造工艺的工业需要，一般玻璃中总存在一些 Na^+、K^+ 等一价碱金属离子甚至 Ca^{2+} 等二价碱土金属离子。设某玻璃中的一价离子 Na^+ 处于弱束缚区的 Si 位置 1 处，如图 2 - 30（b）所示。已知 Si—O 键长为 0.161 nm，Si—O—Si 键角为 $180°$，O—Si—O 键角为 $109.5°$，Na^+ 为一价正离子，带电量为 $e = 1.6 \times 10^{-19} C$。

1）热离子极化率

如图 2 - 30（b）所示，在玻璃中位置 1 处的 Na^+ 最可能跃迁到位置 2 和位置 3 处。其中，位置 1 到位置 3 的距离（Si—O—Si 键长）为 0.322 nm；位置 1 到位置 2 的距离由 Si—O—Si 的键长与 O—Si—O 的键角可得，为 0.522 nm。代入式（2 - 93）即得 300 K 温度下，Na^+ 的热离子极化率约为 5.36×10^{-40} F·m^2 和 14.68×10^{-40} F·m^2，其平均值约为 10.02×10^{-40} F·m^2。

这个热离子极化率的估算值偏小。事实上，当 Na^+ 离子仅占 Si 原子数量的 10% 时，热离子极化率约为 46.4×10^{-40} F·m^2。而当 Na^+ 离子占 Si 原子数量的 1% 时，热离子极化率约为 215.4×10^{-40} F·m^2。

2）电子位移极化率

在玻璃中，除了热离子极化外，所有原子都会产生电子位移极化。已知 O 原子的半径为 0.074 nm，Si 原子的半径为 0.117 nm，Na^+ 离子的半径为 0.098 nm。考虑到 Na^+ 离子数很少，则忽略其电子位移极化。由电子极化率模型，计算得到 SiO_2 的

电子位移极化率为 2.68×10^{-40} F·m²。

3）热离子浓度

玻璃的光学折射率为 1.5~1.7，对普通玻璃取 1.5。根据洛伦兹－洛伦茨公式可得 SiO_2 的浓度，即玻璃中 Si 原子的浓度为

$$N = \left(\frac{n^2 - 1}{n^2 + 2} \right) \frac{3\varepsilon_0}{\alpha_e} = \frac{1.25}{4.25} \times \frac{3 \times 8.85 \times 10^{-12}}{2.68 \times 10^{-40}} = 2.91 \times 10^{28} \ m^{-3}$$

在玻璃中，Na^+ 离子数较少：若占 Si 原子数的 10%，则热离子浓度为 $2.91 \times 10^{27} \ m^{-3}$；若占 1%，则热离子浓度为 $2.91 \times 10^{26} \ m^{-3}$，即 $2.91 \times 10^{20} \ cm^{-3}$。

4）玻璃的介电性能

对于普通玻璃，由表 2-1 可知 $n^2 \leqslant \varepsilon$，因此需要采用翁萨格简化公式计算静态介电常数，将热离子极化率和光学折射率公式代入

$$\varepsilon_r = \frac{(n^2 + 2)^2}{2} \frac{N}{3\varepsilon_0} \alpha_T$$

可得静态介电常数：当 Na^+ 离子浓度占 SiO_2 的 10% 时，$\varepsilon_r = 4.59$；当 Na^+ 离子浓度占 SiO_2 的 1% 时，$\varepsilon_r = 2.13$；结果也远小于表 2-1 中的文献值（$\varepsilon_r = 5.5 \sim 7$）。

上述计算结果说明：热离子极化对玻璃的介电性能有一定贡献，所占比重与电子位移极化相当。由于立体网格的破缺，将会形成等效电偶极子，导致取向极化发生。通过比较可以发现，在玻璃中电子位移极化、热离子极化和取向极化对玻璃的介电性能都有贡献，三者所贡献的比例大致相同。

参考文献

[1] 石顺祥，陈国夫，赵卫，等. 非线性光学 [M]. 2 版. 西安：西安电子科技大学出版社，2012.

[2] 陆栋，蒋平，徐至中. 固体物理学 [M]. 上海：上海科学技术出版社，2003.

[3] COELHO R. Physics of dielectrics for the engineer [M]. New York：Elsevier Scientific Publishing Company，1979.

[4] SMITH J W. Electric dipole moments [M]. London：Butterworth Scientific Publications，1955.

[5] LU R，FANG X Y，KANG Y Q，et al. Microwave absorption and response modeling of nanocomposites embedded SiC nanoparticles [J]. Chinese physics letters，2009，26（4）：044101.

[6] LIU H S，FANG X Y，SONG W L，et al. Modification of band gap of β－SiC by N－doping [J]. Chinese physics letters，2009，26（6）：067101.

[7] WANG L N，FANG X Y，HOU Z L，et al. Polarization mechanism of oxygen vacancy

and its influence on dielectric properties in ZnO [J]. Chinese physics letters, 2011, 28 (2): 027101.

[8] 翁诗甫, 徐怡庄. 傅里叶变换红外光谱分析 [M]. 3 版. 北京: 化学工业出版社, 2010.

[9] FENG G Y, FANG X Y, WANG J J, et al. Effect of heavily doping with boron on electronic structures and optical properties of $\beta - SiC$ [J]. Physica B: condensed matter, 2010, 405 (12): 2625 - 2631.

[10] LI S L, LI Y L, LI Y J, et al. Different roles of carbon and silicon vacancies in silicon carbide bulks and nanowires [J]. International journal of modern physics B, 2017, 31 (23): 1750173.

[11] 罗春荣, 陆建隆. 电动力学 [M]. 3 版. 西安: 西安交通大学出版社, 2000.

[12] ZHOU Y, KANG Y Q, FANG X Y, et al. Mechanism of enhanced dielectric properties of SiC/Ni nanocomposites [J]. Chinese physics letters, 2008, 25 (5): 1902 - 1904.

[13] ZOU G Z, CAO M S, LIN H B, et al. Nickel layer deposition on SiC nanoparticles by simple electroless plating and its dielectric behaviors [J]. Powder technology, 2006, 168 (2): 84 - 88.

electronic properties of graphene [J]. Chinese Physics B, 2016.

[9] ZHAO X, PANG S Y, WANG J, et al. Effect of locally doping with boron on

第 3 章
电介质材料的电导

理想电介质材料的电阻率无限大，在恒定电场下不会产生传导电流。但实际电介质材料在恒定电场下都会产生微小的电流，可以用微电流计对不同电介质材料产生的电流进行测量，说明电介质材料具有导电性质。在实际应用中，通常使用电导率（σ）或电阻率（ρ）来表征电介质材料的导电性能。本章以晶体和非晶材料为例，着重介绍恒定电场中电介质材料的基本导电理论。

3.1　电导理论基础

3.1.1　电导率与电阻率

电介质材料的电导率分为体积电导率与表面电导率，分别用 σ_V 和 σ_S 表示。流过材料内部的电流由体积电导率决定，流经表面的电流由表面电导率决定。体积电导率主要取决于电介质材料的结构、组成和杂质含量。此外，工作环境，如气压、温度、辐射等，对体积电导率也有一定的影响。表面电导率受到外界环境的影响较大，诸如表面的水汽、灰尘等都会使得表面电导率发生较大变化，甚至跨越多个数量级。在本章中，我们主要讨论电介质材料的体积电导率。因此，在后续章节中，将默认 σ 为体积电导率，表面电导率用 σ_S 表示，电导率的单位为西门子/米（S/m）。

弱电场下，可以根据欧姆定律得到体积电导率的计算公式：

$$\sigma = \frac{J}{E} \tag{3-1}$$

式中，J 为电流密度；E 为电场强度。

电流的微观表达式为

$$I = nqS\overline{v} \tag{3-2}$$

式中，n 为单位体积内的载流子数（载流子浓度）；q 为每个载流子所带电荷量；S 为电介质材料的横截面积；$\overline{v}$ 为电介质材料内载流子定向移动的平均速度。

将电流的微观表达式（3-2）代入式（3-1）可以得到

$$\sigma = nq\frac{\overline{v}}{E} = nq\mu \tag{3-3}$$

式中，μ 表示单位电场强度下载流子定向移动的平均速度，称为载流子的迁移率，其单位是平方米/（伏·秒），$m^2/$（V·s）或平方厘米/（伏·秒），$cm^2/$（V·s）。

在实际应用中，也使用电阻率 ρ 来表征电介质材料的导电性能。电阻率与电导率互为倒数，用公式表示则为

$$\sigma = \frac{1}{\rho} \tag{3-4}$$

电阻率 ρ 的单位是欧姆·米（$\Omega \cdot m$）。因此，电导率的单位又可以用欧姆$^{-1}$/米（Ω^{-1}/m）来表示，它与 S/m 是等价的。

电导率（电阻率）是材料的重要物理性质，可以用来初步判别导体、半导体与电介质。通常，我们将电导率为 10^9 S/m 以上的称为导体，10^{-9} S/m 以下的称为电介质，在它们之间的称为半导体。但实际上，半导体与电介质的电导率（电阻率）在数值上存在着交叉区域。因此，要在 $10^{-9} \sim 10^{-8}$ S/m 附近准确区别开半导体与电介质仍然是一项有挑战性的工作。图 3-1 为一些常见的导体、半导体以及电介质材料的电导率（电阻率）[1]。

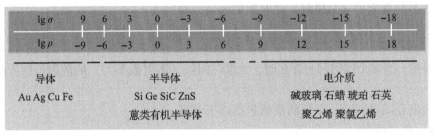

图 3-1　一些常见的导体、半导体以及电介质材料的电导率（电阻率）[1]

3.1.2　电介质材料的导电机理

固体材料的导电规律遵循波尔兹曼输运方程，在只有外电场 E 作用时可以表示为

$$\frac{eE}{h} \cdot \frac{\partial f}{\partial k} = \frac{f - f_0}{\tau} \tag{3-5}$$

式中，f 为载流子分布函数；τ 为载流子碰撞的平均时间，称为散射的弛豫时间，其倒数 $\frac{1}{\tau}$ 表示载流子散射（碰撞）概率。对于各向同性电介质材料，式（3-5）的一般解为

$$\sigma = \frac{nq^2}{m}\overline{\tau} \tag{3-6}$$

式中，m 为载流子的质量；$\overline{\tau}$ 为载流子散射的平均弛豫时间。

1. 载流子的产生

由式（3-3）可知，电介质材料的导电性能取决于载流子的浓度和它的迁移率，其中载流子是电介质材料导电的根源。电介质材料分为晶态和非晶态两种类型，但无论是晶态电介质材料还是非晶态电介质材料，内部形成电流的载流子都只有两类，即离子和电子（空穴）。

电介质材料中的载流子，无论是离子还是电子，它们的产生机制都包括两种方式：①本征激发，主要是热激发；②外界掺杂。其中，掺杂是一种人为可控方式，它可以明显地改变电介质材料的导电性能。有关电介质材料离子、电子和空穴的产生机理，将在3.2节、3.3节和3.4节具体介绍。

2. 载流子的迁移

迁移率是反映电介质材料中载流子导电能力的重要参数，它和载流子（离子、电子、空穴）浓度共同决定着电介质材料的电导率。由式（3-3）和式（3-6）可得

$$\mu = \frac{q}{m}\overline{\tau} \tag{3-7}$$

这说明，迁移率主要取决于载流子的质量和散射弛豫时间。通常，电介质材料中存在多个载流子散射机制，此时散射的弛豫时间为

$$\frac{1}{\overline{\tau}} = \frac{1}{\tau_1} + \frac{1}{\tau_2}\cdots + \frac{1}{\tau_i} \tag{3-8}$$

显然，当多个散射同时存在时，弛豫时间短（散射概率大）的散射机制所起的作用大。

在电介质材料中，主要的散射包括以下两种。

1）声子散射

当载流子在晶体中运动时，会受到热振动原子的散射（静止原子并不散射载流子）。在散射过程中，载流子与晶格之间以量子 $\hbar\omega q$ 为单元进行能量交换：若电子从晶格振动中获得 $\hbar\omega q$ 能量，就称为吸收一个声子。若电子交给晶格 $\hbar\omega q$ 能量，就称为发射一个声子。这种作用可采用载流子与声子的散射来描述，称为声子散射。

声子散射与温度有关：温度越高，晶格振动就越剧烈，其能量量子数目就越多，即声子数也就越多。因此随着温度的上升，声子散射载流子的作用也就更显著。在室温或者更高的温度下，电介质材料中的载流子主要遭受到声子的散射。所以，温度越高，载流子遭受到声子散射的概率就越大，从而迁移率也就越小。

2）电离杂质散射

在掺杂电介质材料中，杂质与替位原子不等价会导致释放或吸取多余的电子，产生电离杂质。当载流子受到电离杂质的库仑力作用时，将会改变运动的方向和速度，形成电离杂质散射。

电离杂质散射也与温度密切相关：随着温度升高，载流子受到电离杂质散射的概率减小，迁移率增大。因此，当同时存在声子散射和电离杂质散射时，一般地，电离杂质散射在低温低场条件下起主要作用，而在室温甚至更高温度下载流子主要受到声子散射的作用。

除了电离杂质散射和声子散射外，电介质材料中还可能存在其他一些散射机制，如中性杂质散射、位错散射和合金散射等[2]。

不同电介质材料的载流子的产生机制和散射机制有很多差异，下面以晶态电介质材料和非晶态电介质材料为例，分别介绍离子电导和电子电导。

3.2　晶态电介质材料

电介质材料的离子电导对温度有显著的响应，图 3 - 2 是李（M. Li）等人在 *Nature Materials* 上报道的 $Na_{0.5}Bi_{0.5}TiO_3$（NBT）电导率的温度特性[3]。图 3 - 2 揭示了钙钛矿材料中氧离子电导的温度响应规律[3]。离子电导是由材料加工过程中形成的铋（Bi）缺陷和氧空位所引起的，它们给钙钛矿材料带来了高的漏电导。

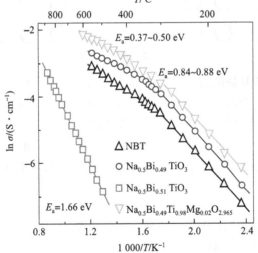

图 3 - 2　NBT，$Na_{0.5}Bi_{0.49}TiO_3$、$Na_{0.5}Bi_{0.51}TiO_3$ 和 $Na_{0.5}Bi_{0.49}Ti_{0.98}Mg_{0.02}O_{2.965}$ 电导率温度特性的 Arrhenius 型曲线

在电介质晶体中，按照载流子来源的不同，离子电导又可以分为本征离子电导和杂质离子电导。下面介绍这两类离子电导机制。

3.2.1　本征离子电导

在外加电场的作用下，晶体中由于热激励产生的热缺陷会发生定向运动，形成电流，即本征离子电导。从几何图形上看，热缺陷是一种点缺陷，它与温度有密切的关系，温度越高，形成热缺陷的概率就越大。在电介质材料内部，除了热缺陷外，还存在着热复合缺陷。根据形成机制，热缺陷一般分为肖特基缺陷（Schottky defect）和弗仑凯尔缺陷（Frenkel defect）两类。

1. 肖特基缺陷

肖特基缺陷通常发生在离子半径较大（结构紧密）的离子晶体中。离子晶体受到热激励后，接近晶体表面的内层离子移动到晶体表面，并在原来的位置处形成一个空位，然后，靠近空位的内层离子再移动到空位处，并在原位置处形成新的空位。以此类推，直到热缺陷的产生和复合达到动态平衡。从结果来看，肖特基缺陷是晶体内部的离子移动到表面，并在晶体内部留下一个空位缺陷（图3-3）。由于晶体内部的离子向表面迁移，肖特基缺陷会伴随着晶体体积的增加而增加。

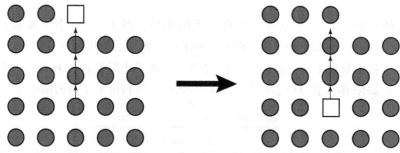

图3-3 肖特基缺陷

晶体中产生肖特基缺陷时，形成的载流子只有离子空位一种，但根据被激发的离子种类的不同，形成的离子空位可以分为正离子空位和负离子空位两种。因此，肖特基缺陷所引起的电导率公式存在两种表达式。

根据晶体系统的熵（S）和晶体系统的微观状态数（W）之间的关系，可以推导出晶体中存在肖特基缺陷所引起的载流子浓度为 n_S 时所引起的熵变 ΔS_S：

$$\Delta S_S = k_B \ln \frac{N!}{(N - n_S)! \ n_S!} \tag{3-9}$$

式中，k_B 为玻尔兹曼常数；N 为晶体点阵离子浓度。

晶体系统内能的增量 ΔU_S 为

$$\Delta U_S = n_S u_S \tag{3-10}$$

式中，u_S 为晶体内部形成单个肖特基缺陷所需要的能量。

此时，若不考虑晶体体积与晶格振动频率的变化，且保持温度（T）恒定，可以确定系统热平衡的条件：

$$\left(\frac{\partial \Delta F_S}{\partial n_S}\right)_T = 0 \tag{3-11}$$

式中，ΔF_S 为晶体系统的自由能的增量。此时，熵和内能只与晶体内部肖特基缺陷浓度 n_S 有关。

当肖特基缺陷的浓度远低于晶体点阵上的离子浓度时，将式（3-9）~式（3-11）与热力学定律和斯特林公式相结合，可以计算出肖特基缺陷的浓度：

$$n_S = N e^{-\frac{u_s}{k_s T}} \tag{3-12}$$

通过式（3-12），可以计算出当 u_S 为 1 eV 时，在 1 000 K 温度下，肖特基缺陷浓度 n_S 约为 0.7×10^{-5} N。

在电场定向作用下，空位缺陷沿电场方向的迁移率大于逆电场方向的迁移率，导致沿电场方向出现了净空位缺陷，当电场引起的势能变化（ΔU）远小于玻尔兹曼常数（k_B）与温度（T）的乘积时，可得到过剩迁移的空位缺陷数：

$$\Delta n = \frac{n_0 q \delta \nu_0}{6 k_B T} e^{-\frac{U_0}{k_s T}} \cdot E \tag{3-13}$$

此时，空位缺陷的平均移动速度 $\bar{v}$ 为

$$\bar{v} = \frac{q \delta^2 \nu_0}{6 k_B T} e^{-\frac{U_0}{k_s T}} \cdot E \tag{3-14}$$

根据式（3-3）和式（3-14）可以推导出肖特基缺陷产生的空位缺陷的迁移率：

$$\mu = \frac{\bar{v}}{E} = \frac{q \delta^2 \nu_0}{6 k_B T} e^{-\frac{U_0}{k_s T}} \tag{3-15}$$

式中，q 为空位缺陷所带的电荷量；δ 为相邻缺陷的平均距离；ν_0 为缺陷热振动频率；U_0 为缺陷粒子迁移需要克服的势垒。

在确定了载流子浓度 n 和迁移率 μ 之后，我们可以计算得到电介质材料中由肖特基缺陷所引起的本征离子电导率。此外，根据离子空位电性的不同，可以推导出两种肖特基缺陷引起的电导率公式。

肖特基缺陷的正离子空位所引起的电导率 σ_{S+}：

$$\sigma_{S+} = nq\mu = N \frac{q^2 \delta^2 \nu_0}{6 k_B T} e^{-\frac{u_{S+} + U_{0S+}}{k_s T}} = A_{S+} e^{-\frac{B_{S+}}{T}} \tag{3-16}$$

肖特基缺陷的负离子空位所引起的电导率 σ_{S-}：

$$\sigma_{S-} = nq\mu = N \frac{q^2 \delta^2 \nu_0}{6 k_B T} e^{-\frac{u_{S-} + U_{0S-}}{k_s T}} = A_{S-} e^{-\frac{B_{S-}}{T}} \tag{3-17}$$

式（3-16）和式（3-17）中，A 和 B 可看作与温度无关的常数。

2. 弗仑凯尔缺陷

构成电介质材料的离子半径较小时，热激发出的离子会挤入晶格点阵的间隙中。此时，在电介质材料中会出现成对的填隙离子和晶格空位。这种点阵间隙离子缺陷和点阵空位缺陷同时出现的形式，称为弗仑凯尔缺陷，如图 3-4 所示。

与肖特基缺陷不同，弗仑凯尔缺陷会一次产生两种载流子，即填隙离子和空位。其中，离开原晶格位置挤入间隙位置所形成的填隙离子会导致局部的微小晶格畸变，但并不会使宏观体积发生可观测到的形变。

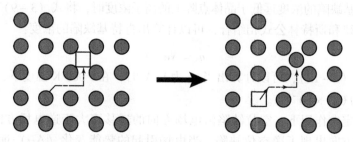

图 3-4 弗仑凯尔缺陷

弗仑凯尔缺陷产生的载流子浓度 n_F 计算方法与肖特基缺陷产生的载流子浓度 n_S 一样，只不过在计算时需要注意弗仑凯尔缺陷产生的载流子是成对出现的。当晶体点阵上离子浓度约等于晶体点阵间位置浓度时，通过计算可以得到

$$n_F = Ne^{-\frac{u_F}{2k_B T}} \tag{3-18}$$

式中，u_F 为晶体内部形成单个弗仑凯尔缺陷（填隙离子和离子空位）所需要的能量。

弗仑凯尔缺陷产生的载流子的迁移率与肖特基缺陷产生的载流子的迁移率一样，即式（3-15）。同时，由于被激发的离子电性的不同，弗仑凯尔的电导率也可以分为两种。

弗仑凯尔缺陷的正填隙离子所提供的电导率 σ_{F+}：

$$\sigma_{F+} = nq\mu = \sqrt{NN'}\frac{q^2\delta^2\nu_0}{6k_B T}e^{-\frac{u_{F+}+2U_{0F+}}{k_B T}} = A_{F+}e^{-\frac{B_{F+}}{T}} \tag{3-19}$$

弗仑凯尔缺陷的负离子空位所提供的电导率 σ_{F-}：

$$\sigma_{F-} = nq\mu = \sqrt{NN'}\frac{q^2\delta^2\nu_0}{6k_B T}e^{-\frac{u_{F-}+2U_{0F-}}{k_B T}} = A_{F-}e^{-\frac{B_{F-}}{T}} \tag{3-20}$$

3. 本征离子电导率

在实际的电介质材料中，肖特基缺陷和弗仑凯尔缺陷是可以同时存在的，两者对于电导率的贡献主要取决于离子晶体结构的紧密程度以及离子的半径尺寸。一般我们用形成单个肖特基缺陷和弗仑凯尔缺陷所需要的能量（u_S 和 u_F）来评判电介质材料中起主导作用的缺陷。当 $u_S < u_F$ 时，晶体的结构比较紧密，在电介质材料中发生肖特基缺陷的可能性比较大。碱金属卤化物是典型的离子晶体，其肖特基缺陷的形成能较低。因此，在大部分碱金属卤化物中，肖特基缺陷是主要的缺陷类型。相反，当 $u_S > u_F$ 时，电介质材料的晶体结构比较松散，出现弗仑凯尔缺陷的可能性比较大。此外，肖特基缺陷和弗仑凯尔缺陷的一个重要差别是肖特基缺陷的形成要求一个晶格混乱区域，如晶界、表面等，从而使得内部的离子能够转移到这些混乱区域，并在原来的位置上留下空位。

本征离子电导率与温度有很大的关系。从式（3-16）~式（3-20）可以发现，肖特基缺陷和弗仑凯尔缺陷所引起的电导率都是温度（T）的指数函数。因此，当温度（T）升高时，两种电导率都会大幅度提升。例如，在上述提到的碱金属卤化物中，随着温度升高，肖特基缺陷对电导的影响会逐渐显现出来。

3.2.2　杂质离子电导

在实际的电介质材料中，因为各种原因，总会引入一些杂质离子，并对电导率产生影响。在外加电场的作用下，电介质材料内部由于杂质离子的迁移所形成的电导被称为杂质离子电导。

1. 杂质离子的来源

杂质离子在广义上又被称为局外离子，与晶格点阵的联系较弱，所以又被称为弱束缚离子。杂质离子的来源一般有两大类，第一种杂质离子与构成电介质材料的离子种类相同，但在电介质材料中的含量超过目标的化学计量比；第二种杂质离子与构成电介质材料的离子种类不同，属于外来杂质离子。杂质离子进入电介质材料会产生两种杂质缺陷，其中，进入晶格结点处的杂质离子会形成替换型缺陷，如图 3 – 5（a）所示；而进入晶格间隙处的杂质离子则会形成填隙型缺陷，如图 3 – 5（b）所示。

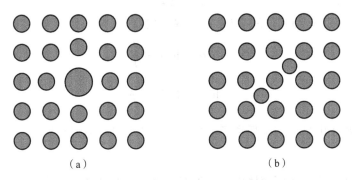

图 3 – 5　替换型缺陷和填隙型缺陷

（a）替换型缺陷；（b）填隙型缺陷

替换型缺陷和填隙型缺陷会使电介质材料的晶格产生局部的畸变。当杂质离子的价态与构成电介质材料的离子不同时，还可能会产生空位以及原有离子的价态变化。根据杂质缺陷与杂质离子性质的不同，电介质材料晶格畸变的类型可以分为四种，如图 3 – 6 所示。

2. 杂质离子电导率

杂质离子的电导率 σ_f 与本征离子的电导率 σ_i 相似，因此，电介质材料中电导率的表达式为

$$\sigma = \sigma_i + \sigma_f = A_i e^{-\frac{B_i}{T}} + A_f e^{-\frac{B_f}{T}} \tag{3 – 21}$$

式中，A_i、A_f、B_i、B_f 是与温度无关的常数。从式（3 – 21）可以知道，杂质离子电

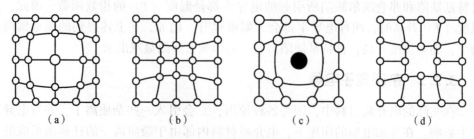

图3-6 晶格畸变类型

（a）置换型（杂质离子半径大于晶态电介质离子半径）；

（b）置换型（杂质离子半径小于晶态电介质离子半径）；（c）填隙型；（d）空位型

导率随温度的变化与本征离子电导率是一致的。一般情况下，$A_i > A_f$，$B_i > B_f$。在高温下，电介质材料的电导率主要取决于本征离子电导率：

$$\sigma_i = A_i e^{-\frac{B_i}{T}} \tag{3-22}$$

在低温下，杂质离子电导率主导着电介质材料的电导率：

$$\sigma_f = A_f e^{-\frac{B_f}{T}} \tag{3-23}$$

对式（3-22）与式（3-23）两边取对数：

$$\ln \sigma_i = \ln A_i - \frac{B_i}{T} \tag{3-24}$$

$$\ln \sigma_f = \ln A_f - \frac{B_f}{T} \tag{3-25}$$

此时，本征离子电导率与杂质离子电导率的总势垒可以通过计算 $\ln \sigma - f\left(\dfrac{1}{T}\right)$ 的斜率得到。

上述公式也适用于固溶体中。低温时，杂质电导占据主导位置。高温和低杂质浓度时，本征电导起主要作用，如图3-7所示[1]。

本征离子电导局限在高温区域，对应的直线斜率要大于杂质离子电导。杂质离子电导出现在低温区域，反映在图像上是斜率较低的直线。从图3-7我们还可以得知，杂质离子的电导与杂质的浓度有很大联系。电介质材料中杂质含量越多，转折点处的温度就越低，同时对应的杂质离子电导斜率就越大。基于这个规律，我们也可以通过杂质离子电导率直线来判断电介质材料中各种离子浓度的含量。例如，根

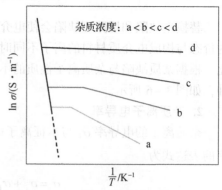

图3-7 含有多种杂质的固溶体[1]

据图 3 - 7 的杂质电导率的直线可以判断，电介质材料中四种杂质离子浓度的高低顺序是 a < b < c < d。

3.3　非晶态电介质材料

非晶态电介质材料也称为无定形电介质材料，在生产生活中有重要的应用。常见的非晶态电介质材料包括非晶态聚合物和非晶态氧化物玻璃。非晶态电介质材料没有固定的熔点，绝缘性很好，被广泛应用于高电压设备以及电容器中。

非晶态电介质材料的电导主要取决于杂质离子电导，在恒定电场下，其电导率可以表示为

$$\sigma_a = \frac{nq^2\delta^2\nu}{6k_BT}e^{-\frac{U_0}{k_BT}} = A_a e^{-\frac{B_a}{T}} \tag{3-26}$$

对式（3-26）两边取对数可以得到

$$\ln\sigma_a = \ln A_a - \frac{B_a}{T} \tag{3-27}$$

$$B_a = \frac{U_0}{k_B} \tag{3-28}$$

其中，A、B 是与温度无关的常数。根据式（3-27），可以通过测算电导率 $\ln\sigma_a$ 与温度 $\frac{1}{T}$ 之间的线性关系来确定 B_a 的数值，即 $\ln\sigma_a - f\left(\frac{1}{T}\right)$ 直线的斜率，然后根据式（3-28），可以计算出电介质材料内部杂质离子发生跃迁时的平均活化能 U_0。当然，得到的平均活化能 U_0 与真实数值之间存在误差。这里，为了尽可能地减小误差，测定 $\ln\sigma_a - f\left(\frac{1}{T}\right)$ 直线时，需要对实验方案进行一定的优化。

3.3.1　非晶态聚合物

非晶态聚合物以共价键连接，内部并不存在本征离子载流子。所以，非晶态聚合物的电导率主要取决于杂质离子电导率。由此可知，纯净的非晶态聚合物的电导率是非常低的。例如，纯净的聚苯乙烯在室温下的电导率 σ 为 $10^{-17} \sim 10^{-16}$ S/m。非晶态聚合物的导电机制比较复杂，目前还尚未完全清楚。一般来说，非晶态聚合物的电导率与温度 T 和压力 p 有关。

1. 杂质离子的来源

非晶态聚合物内部杂质离子的来源非常广泛，包括各种有意或者无意引入的杂质、催化剂残渣、中间产物、添加剂和填料等。这些局外物质的引入会带来大量的杂质离子，使非晶态聚合物的电导率有明显的增加。值得注意的是，非晶态聚合物的电导还与添加物的性质有一定的联系，表 3 - 1 为不同填料的聚苯乙烯塑料吸水前

后的电导率[4]。

表 3-1　不同填料的聚苯乙烯塑料吸水前后的电导率（20 ℃）[4]

填　料	吸水前 $\sigma/(\mathrm{S}\cdot\mathrm{m}^{-1})$	吸水后 $\sigma/(\mathrm{S}\cdot\mathrm{m}^{-1})$
石　英	6×10^{-15}	3.3×10^{-12}
木　屑	5×10^{-16}	1×10^{-7}

从表 3-1 可以知道，添加物的性质，如吸湿性，对非晶态聚合物的电导率有显著的影响。吸湿性强的木屑填料在吸水后，电导率迅速增加，提升了 9 个数量级，而吸湿性差的石英填料在吸水后，电导率也提升了 3 个数量级。

除了引入局外杂质外，非晶态聚合物内部分子因老化、热解等原因产生分解，也会形成杂质离子。

2. 温度与压强特性

大量实验研究显示，在较小的温度范围内，非晶态聚合物的电导率可以用式（3-26）进行计算。但是，当温度范围变动较大时，上述公式将不再适用。当温度在一个大范围内变动时，非晶态聚合物会逐渐软化，并向液体过渡。一般来说，非晶态聚合物随温度的升高会经历三个阶段，分别是玻璃态、高弹态以及黏流态，微结构网络会逐渐松弛。因此，在高温环境下，非晶态聚合物内部的分子位置产生大幅的变动，从而使活化能 U_0 与温度指数 B 产生大的变化。

非晶态聚合物的电导率与压强 p 也有关系。在 $p<3\,000$ 大气压范围内，压强增加，非晶态聚合物分子间的间隙减小，杂质离子迁移的势垒增加，电导率下降。图 3-8 为几种常见非晶态聚合物的电导率随压强的变化规律[1]。

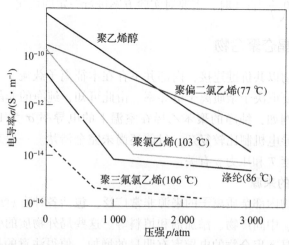

图 3-8　几种常见非晶态聚合物的电导率随压强的变化规律（$p<3\,000$ 大气压）[1]

从图 3 - 8 可以看到，在 $p < 3\,000$ 大气压范围时，压强增加将会导致非晶态聚合物的电导率下降。电导率与温度和压强的关系可以用式（3 - 29）表示：

$$\sigma = A e^{-\frac{B' + Cp}{T}} \tag{3 - 29}$$

式中，A 为与温度无关的常数；B' 为温度指数，与压强无关；C 为压力指数。

3.3.2　非晶态氧化物玻璃

非晶态氧化物玻璃是一种典型的无机电介质材料，主要成分是 SiO_2 或 B_2O_3。它们通过共价键相连接形成微结构网络。纯净的 SiO_2 玻璃与 B_2O_3 玻璃电导率很低，约为 10^{-15} S/m，载流子是玻璃中所含的少量碱金属离子。此时，非晶态氧化物玻璃与温度的关系可以写成

$$\sigma = A e^{-\frac{B}{T}} \tag{3 - 30}$$

表 3 - 2 为一些纯硅玻璃和纯硼玻璃的电导率与温度的关系[1]。

表 3 - 2　一些纯硅玻璃和纯硼玻璃的电导率与温度的关系[1]

SiO_2 玻璃		B_2O_3 玻璃	
温度/℃	$\sigma/(S \cdot m^{-1})$	温度/℃	$\sigma/(S \cdot m^{-1})$
127	$\sim 10^{-15}$	220	2.1×10^{-15}
227	7.0×10^{-12}	280	8.6×10^{-13}
395	1.0×10^{-8}	307	5.5×10^{-12}

从表 3 - 2 可以看出，纯硅玻璃和纯硼玻璃的电导率随温度的增加快速增大，跨越 3 ~ 7 个数量级。同时，通过实验数据，我们可以归纳得到纯净的 SiO_2 玻璃与 B_2O_3 玻璃的温度指数，$B(SiO_2) = 22\,000$，$B(B_2O_3) = 25\,500$。这些高的 B 值揭示了纯净 SiO_2 玻璃与 B_2O_3 玻璃的电导率对温度的高灵敏性。

在制备过程中，为了改善玻璃的工艺性及物理性能，会人为地引入一些一价和二价的金属离子，如 Li^+、Na^+、K^+、Ca^{2+}、Ba^{2+} 等，这些引入的金属离子通过离子键相结合。在纯净 SiO_2 玻璃中，Si 原子和 O 原子通过共价键相连接，形成连续、紧密的网络结构。一价金属离子是弱系离子，将其引入 SiO_2 玻璃，能显著提升其电导率。值得注意的是，当引入的一价金属离子浓度较低时，电导率 σ 与引入的离子浓度 n 成正比：

$$\sigma = nC \tag{3 - 31}$$

式中，C 为常数。此时，一价金属离子的引入只增加玻璃内部的载流子浓度。

当引入的一价金属离子浓度较高时，电导率 σ 增加的速度将超过引入的离子浓度 n。这是因为，此时引入的一价金属离子不仅会增加玻璃内部的载流子浓度，还会

中断、松弛 SiO_2 网络结构，降低势垒，提升载流子的迁移效率。缪列尔（Muriel）和马尔金（Malkin）基于实验基础，归纳了一个经验公式：

$$Bn^m = A \tag{3-32}$$

式中，A 为常数，B 是温度指数，硅酸盐玻璃的 $m = \dfrac{1}{2}$，硼酸盐玻璃的 $m = \dfrac{1}{4}$。

这里必须牢记，式（3-32）只适用于引入的一价金属离子浓度较大的情况。当金属氧化物浓度较低（<1%）时，B 值将保持一个恒定的数值，不随浓度变化。

在非晶态氧化物玻璃中引入二价的金属离子并不会显著改善玻璃的电导率，原因是二价金属离子并不会中断玻璃内部的网络结构。如图 3-9 所示，二价金属能形成两个离子键，连接 SiO_2 网络中的两个原子，使整个结构仍处于一个紧密的状态[1]。

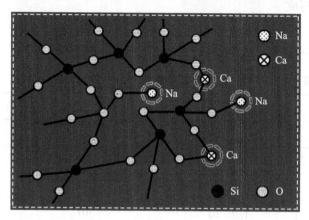

图 3-9　SiO_2 玻璃中引入一价金属离子 Na^+ 和二价金属离子 Ca^{2+}[1]

1. 双碱效应

在非晶态氧化物玻璃中，会出现"双碱效应"（中和效应）。保持玻璃中一价金属氧化物的总量不变，用另一种一价金属氧化物逐步替换掉玻璃中原有的金属氧化物，此时玻璃的电导率随着替换的进行，先减小后增加，出现一个最小值，如图 3-10 所示[1]。

根据斯卡那维（Г. И. Сканави）的观点，在无机玻璃中出现的"双碱效应"一般被认为是两种碱金属氧化物浓度之比在一个特定的数值时，会形成新的微结构，由于提升了离子电导的势垒，从而使玻璃的电导率 σ 下降。

此外，在高温和成分复杂的非晶态氧化物玻璃中也存在"双碱效应"，如 K_2O - Na_2O - CaO - SiO_2 玻璃在 150 ℃时，通过"双碱效应"能够使电导率降低 4~5 个数量级。因此，"双碱效应"对于工业生产有重要的应用价值，能够有效地调控其电导率和复介电常数。

2. 压碱效应

将二价金属离子引入含有一价金属离子的非晶态氧化物玻璃中，能够有效地降低玻璃的电导率。这种现象被称为"压碱效应"（压抑效应）。压碱效应出现的原因可能是引入的碱土金属离子使玻璃内部的结构变得更加紧密，离子电导势垒增加，从而导致电导率 σ 下降。

3. 离子半径的影响

金属离子半径对非晶态氧化物玻璃的电导率也有影响。图 3 – 11 展示了掺杂了高浓度的 Li_2O、Na_2O、K_2O 的玻璃的电导率。

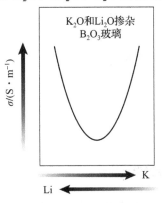

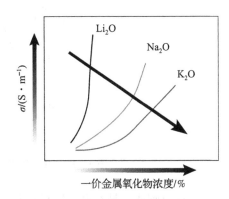

图 3 – 10　非晶态氧化物玻璃中的"双碱效应"[1]　　**图 3 – 11　玻璃中电导率与氧化物浓度的关系**

从图 3 – 11 我们可以看到，在氧化物浓度相同时，电导率的高低顺序是 $Li_2O >$ $Na_2O > K_2O$。这是因为在相同氧化物浓度下，离子半径越小，迁移时受到的阻碍也越小，玻璃的电导率越高。换种说法，就是等效于松弛玻璃内部的网络结构，提升了载流子的迁移效率。

3.3.3　陶瓷材料

电工用绝缘陶瓷材料一般包括 $Al_2O_3 \cdot 2SiO_2 \cdot 2H_2O$、$Al_2O_3 \cdot 6SiO_2 \cdot K_2O$ 和 SiO_2 三种成分。制成的陶瓷会包含晶体（Al_2O_3 和 SiO_2）和非晶态相两种结构。其中，电介质陶瓷的电导主要由非晶态相决定。因此，非晶态氧化物玻璃中存在的效应以及结论也适用于电介质陶瓷。例如，在电介质陶瓷中引入较多的一价金属离子能够显著提升陶瓷的电导率，而引入二价金属离子则会导致陶瓷电导率下降（压碱效应）。电介质陶瓷电导率随温度的变化为

$$\sigma = Ae^{-\frac{B}{T}} \text{或} \ln \sigma = \ln A' - \frac{B}{T} \tag{3 – 33}$$

式（3 – 33）也可以写作

$$\lg \sigma = \lg A' - \frac{B \lg e}{T} \tag{3 – 34}$$

电介质陶瓷的电导率遵循跃迁电导规律，$\lg \sigma - f\left(\dfrac{1}{T}\right)$ 为线性关系，电导率随温

度的升高而增加。图 3 – 12 为几种陶瓷材料的电导率随温度的变化[4]。

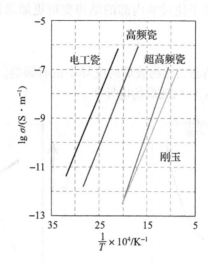

图 3 – 12　几种陶瓷材料的电导率随温度的变化[4]

上述只阐述了晶态电介质材料和非晶态电介质材料在简单情况下电导形成的机制。在复杂的情况下，高温会导致电介质材料的结构发生改变，激发空穴和电子参与导电，形成电子电导。

3.4　电介质材料的电子电导

在电介质材料中，电子电导一般出现在强电场下，微观表现形式为电子（空穴）导电。在一些禁带宽度较窄的电介质材料和薄层电介质材料中，电子电导更加明显。电介质材料内部的导电机制可以分为三类，分别是自由电子气模型、能带模型和跳跃模型。其中，自由电子气模型是讨论在很强电场下的电介质材料的导电过程，描述的是空间电荷限制电流，情形比较复杂，这里不做讨论。能带模型与跳跃模型则分别讨论的是晶体电子电导和非晶体电子电导，应用在电场相对较弱的情况下，是本节主要讨论的对象。

3.4.1　电子产生机制

在不考虑电极注入电子的情况下，电介质材料中电子（空穴）的来源一般包括热电子激发、场致发射（隧穿效应）、碰撞电离和杂质掺杂。

1. 热电子激发

电介质材料与半导体材料具有相似的能带结构，但两者的禁带宽相差较大，从而导致两者的电导率有较大的差别，电介质材料中的能带结构如图 3 – 13 所示。

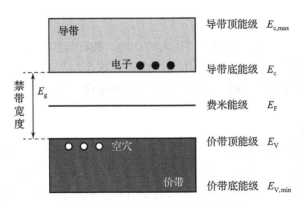

图 3 - 13　电介质材料中的能带结构

　　一般来说，电介质材料的禁带宽度要大于半导体材料。室温下，价带上的电子很难跃迁到导带上去。此时，电介质材料的电导率较低。但随着温度的升高，价带上的电子吸收了热激发能，从而跃迁到导带，产生了大量可迁移的电子和空穴，表 3 - 3 为晶态电介质材料中载流子浓度与禁带宽度和温度的关系[1]。

表 3 - 3　晶态电介质材料中载流子浓度与禁带宽度和温度的关系[1]

载流子浓度/m^{-3}	1 eV	2 eV	3 eV	4 eV	5 eV	6 eV
300 K	1.1×10^{17}	5.0×10^{8}	2.2	9.8×10^{-9}	~0	~0
400 K	2.0×10^{19}	1.0×10^{13}	5.1×10^{6}	2.6	1.3×10^{-6}	~0
500 K	4.8×10^{20}	4.3×10^{15}	3.8×10^{10}	3.4×10^{5}	3.0	2.7×10^{-5}
600 K	4.7×10^{21}	3.2×10^{17}	2.1×10^{13}	1.4×10^{9}	9.4×10^{4}	6.2

　　从表 3 - 3 可以知道，在低温和较宽的禁带下，电介质材料内部载流子浓度较低，而随着温度升高和禁带宽度的减小，载流子浓度会不断升高。由此，可以得到结论，电介质材料内部载流子浓度主要取决于禁带宽度 E_g 和温度 T。基于大量的研究，一般以禁带宽度为 3 eV 作为标准来粗略划分电介质材料和半导体材料。当晶态电介质材料的禁带宽度小于 3 eV 时，较高的温度就可能引起电子电导；但当禁带宽度大于 3 eV，即使温度较高，也很难导致电子电导。此外，与热辐射相似，光辐射和高能粒子也能够激发价带上的电子跃迁到导带上。

2. 场致发射

　　在强电场作用下，大量价带上的电子基于隧穿效应穿过禁带跃迁到导带上，变成自由电子，并在价带上产生空穴，这个过程被称为场致发射。按照经典物理理论，电子只有拥有大于或等于禁带宽度的能量才能发生跃迁。但根据量子力学理论，电子会发生隧穿效应，即使电子的能量达不到禁带，也有概率发生跃迁，穿过禁带进入导带。

3. 碰撞电离

在强电场作用下，电子加速获得很大的动能。拥有足够大能量的电子可以打断化学键，从而产生电子和空穴，激发出自由电子，这个过程称为碰撞电离。碰撞电离产生的电子和空穴在强电场作用下也会获得大的动能，并加入碰撞电离，从而产生更多的自由电子。

4. 杂质掺杂

当电介质材料中存在杂质时，会在禁带中形成杂质能级，能够向导带发射电子或接收价带上的电子。同时，由于杂质能级处于禁带之中，因此，杂质能级上激发电子或接收电子要比从价带向导带发射电子容易。同时，杂质能级的存在会导致能带结构中电子浓度和空穴浓度不再相等。根据杂质能级在禁带中的位置，可以分为以下两种情况，如图 3 – 14 所示。

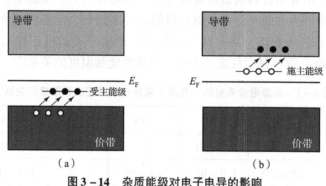

图 3 – 14　杂质能级对电子电导的影响

(a) 空穴占多数；(b) 电子占多数

当杂质能级处于费米能级 E_F 与价带之间时，杂质能级被称为受主能级，价带上激发的电子会更容易进入杂质能级。此时，在能带结构中空穴占多数，如图 3 – 14 (a) 所示；当杂质能级处于费米能级 E_F 与导带之间时，杂质能级被称为施主能级，杂质能级更容易激发电子进入导带中，在能带结构中电子占多数，如图 3 – 14 (b) 所示。

3.4.2　电子输运机制

1. 能带模型

能带模型能够有效地解释在相对较弱的电场下电介质的导电机制。一般情况下，受到禁带宽度的限制，大部分电子处于价带中，只有少部分受到激发的电子能够越过禁带，进入导带中，从而在能带结构中形成能够参与导电的电子和空穴。其中，电子带负电，空穴带正电。

电子电导率的计算仍然可以使用式 (3 – 3)，电介质材料电子电导的基本问题，还是计算载流子浓度 n 和载流子的迁移率 μ。考虑在电子电导中的电子和空穴分别存在于价带和导带上，因此计算载流子浓度时需要分别求解。根据导带的能级状态密度和能级上电子占有概率，可以求得能带结构中电子与空穴的浓度。

导带上的电子浓度：

$$n = 2\frac{(2\pi m_e^* k_B T)^{\frac{3}{2}}}{h^3}e^{-\frac{E_c - E_F}{k_B T}} = N_c e^{-\frac{E_c - E_F}{k_B T}} \tag{3-35}$$

式中，E_c 为导带底能级；E_F 为费米能级；m_e^* 为电子的有效质量；h 为普朗克常数。

价带上的空穴浓度：

$$p = 2\frac{(2\pi m_p^* k_B T)^{\frac{3}{2}}}{h^3}e^{-\frac{E_F - E_V}{k_B T}} = N_V e^{-\frac{E_F - E_V}{k_B T}} \tag{3-36}$$

式中，E_V 为价带顶能级；m_p^* 为空穴的有效质量。

通过上式可以得到载流子的浓度积公式：

$$n \cdot p = N_c N_V e^{-\frac{E_c - E_V}{k_B T}} = N_c N_V e^{-\frac{E_g}{k_B T}} = n_i^2 \tag{3-37}$$

$$E_g = E_c - E_V \tag{3-38}$$

式中，N_c 与 N_V 分别为导带和价带的有效状态密度；E_g 为禁带宽度；n_i 为电子浓度。

当能带结构中不存在杂质能级，即导带上的电子全部来源于价带上时，空穴浓度与电子浓度相等，晶体电子介质中单种载流子浓度为

$$n = p = n_i = \sqrt{N_c N_V}e^{-\frac{E_g}{2k_B T}} \tag{3-39}$$

此时，设空穴有效质量约等于电子有效质量，$m_e^* = 9.1072 \times 10^{-31}$ kg，则

$$N_c \approx N_V \approx 4.83 \times 10^{21} \cdot T^{\frac{3}{2}} \text{ m}^{-3} \tag{3-40}$$

载流子密度可以近似估计为

$$n = p = n_i = 4.83 \times 10^{21} T^{\frac{3}{2}} e^{-\frac{E_g}{2k_B T}} \tag{3-41}$$

式（3-41）再一次证明了电子与空穴的浓度由禁带宽度 E_g 和电介质温度 T 决定。

载流子的迁移率与具体的散射机制有关。下面利用分子动力学理论，分析载流子的迁移率和电介质材料的电导率。根据式（3-7）和分子动力学理论，电介质材料中自由电子的迁移率为

$$\mu_e = \frac{e}{m}\tau = \frac{e}{m} \cdot \frac{1}{u_{th}} \tag{3-42}$$

热运动速度 u_{th} 可以通过能量均分原则得到：

$$\frac{1}{2}mu_{th}^2 = \frac{3}{2}k_B T \tag{3-43}$$

由式（3-42）和式（3-43）可得迁移率：

$$\mu_e = \frac{e}{(3mk_B T)^{\frac{1}{2}}} \tag{3-44}$$

将式（3-41）和式（3-44）代入式（3-3）就可以得到电子电导率，整理后得到

$$\sigma = A_e e^{-\frac{U_b}{k_b T}}$$

(3-45)

从式（3-45）可以知道，通过能带结构模型计算得到的电子电导率与离子电导率遵循相同的指数规律，即随温度的升高而增加。

当电介质材料中存在杂质时，在禁带中会形成杂质能级，如图3-14所示，在激发下更容易产生载流子，这就导致能带结构中的电子浓度与空穴浓度不再相等。此时，杂质能级在禁带中的位置将会决定能带结构中占多数的载流子种类。

当杂质能级靠近价带时，部分受到热激发的电子跃迁进入杂质能级中，导致能带结构中的空穴浓度大于电子浓度。此时，电介质材料中载流子主要是空穴，但 $n \cdot p = n_i^2$ 等式恒成立。当杂质能级靠近导带时，在热激发的作用下，杂质能级中能够跃迁出电子进入导带中，导致能带结构中的电子浓度大于空穴浓度。这时，电介质材料中的载流子主要是电子，同样地，$n \cdot p = n_i^2$ 不变。

2. 跳跃模型

在非晶态、无定形材料、非完整结晶体等局部区域，电子能够通过跳跃的行为形成电流，发生导电行为。电子的跳跃行为与分子离解过程相似，当电子的能量相当于 A 分子的离子化能与 B 分子的电子亲和势之差时，电子能够跃迁过 A 分子与 B 分子之间的势垒，实现"跳跃"。电子的离解过程可以用式（3-46）近似表示：

$$A^- + B \rightarrow A + B^-$$

(3-46)

电子跃迁势垒的方式一般分为两种：一是通过热激发，二是通过隧穿效应。隧穿效应是量子物理中的现象，由微观粒子的波动性确定。根据量子力学的理论，粒子拥有波动性，除了势垒处反射的波函数外，还有透过势垒的波函数。因此，粒子具有一定的概率能贯穿势垒。隧穿效应通常发生在较强电场情况下。

热激发在较弱的电场下就能够出现。在电介质材料中，势垒的能量状态会受到外加电场的影响，如图3-15所示。

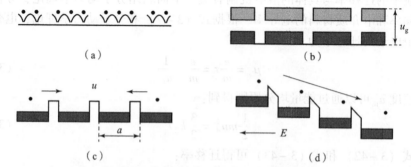

(a) (b)

(c) (d)

图3-15 不规则晶体能带结构与跃迁电子

（a）电子电位；（b）能带结构；（c）无电场下势垒图；（d）外加电场下势垒图

在无外加电场的作用下，沿着某一方向的能量势垒和反方向的能量势垒是一样的，所以电子在两个方向的迁移率相等。但是在外加电场的作用下，能量势垒发生变化，电子迁移率也将发生改变。当外加电场 $E < 10^8$ V/m 时，电子主要以热激发的形式发生迁移，这时的电子迁移率为

$$\mu = \frac{ea^2}{k_B T}\nu e^{-\frac{U}{k_B T}} = \frac{ea^2}{k_B T}P \qquad (3-47)$$

式中，ν 为振动频率；a 为电子跳跃一次发生的位移或通过的距离；P 为电子迁移概率。同时，考虑到无外加电场热运动的随机性，迁移率 μ 还有一个 $\frac{1}{6}$ 因子。当电介质是高分子时，a 为介质内部微晶之间相隔的平均距离，U 为微晶体之间的势垒。

设电子浓度为 n，则电导率与温度正相关：

$$\sigma = ne\mu = \frac{ne^2 a^2}{6k_B T}\nu e^{-\frac{U}{k_B T}} \qquad (3-48)$$

进一步整理得到

$$\sigma = Ae^{-\frac{U}{k_B T}} \qquad (3-49)$$

这一结果表明，电子电导与离子电导的物理规律是一致的。

3.4.3 电子电导和离子电导

电介质的载流子包括离子、电子和空穴，但在大部分情况下，离子是主要的载流子。这是因为在室温甚至是较高温度（500 K）下，由价带激发跃迁到导带上形成的本征载流子（电子、空穴）对整体电导的贡献非常微小，甚至可以忽略不计。即使电介质中存在杂质，在能带结构中形成了杂质能级，在室温下形成的电子电导对电介质整体的电导率的贡献也非常微弱，甚至无法检测到。只有在 500 K 时，杂质能级激发的载流子所形成的电导才达到可检测的最低值，即 10^{-21} S/m 量级。

李（Y. Li）等人研究了在镧（La）与钕（Nd）中分别掺杂铁酸铋（BiFeO$_3$）的离子电导与电子电导随温度的变化规律，如图 3-16 所示[5]。在临界温度 T_c 以下，电导率以氧空位形成的离子电导为主；在临界温度 T_c 以上，电子可以通过热驱动发生跃迁，电导率以电子电导为主，并随温度的升高而增加[5]。

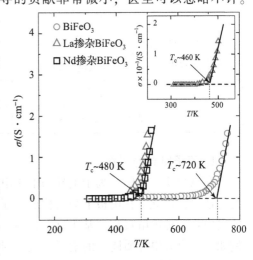

图 3-16　BiFeO$_3$、La/Nd 掺杂 BiFeO$_3$ 的电导率随温度的变化图[5]

表 3-4 和表 3-5 比较了典型半导体（Si、Ge 等）与典型电介质（NaCl 等）材料的物理参数。从表中可以看出半导体与电介质的导电机制有明显的不同。半导体的带隙相对较窄，在室温下就能激发价带上大量的电子形成自由载流子。因此，半导体以及导带与价带重叠的导体，导电载流子以电子为主。

表 3-4　半导体与电介质的本征电导[1]

	物理性质	半导体	电介质	
本征电导	光吸收限 $\lambda/\mu\mathrm{m}$	1.5（不透明）	<0.25（透明）	
	禁带能量宽度 E_g/eV	0.8	$\geqslant 5$	
	自由载流子密度/m^{-3}	$T=300\ \mathrm{K}$	$T=300\ \mathrm{K}$	$T=500\ \mathrm{K}$
		2.8×10^{18}	10^{-18}	1
	自由载流子迁移率 μ /$[\mathrm{m}^2\cdot(\mathrm{V}\cdot\mathrm{s})^{-1}]$	$10^{-4}\sim1$	$\leqslant10^{-8}$	
	电导率 $\sigma=nq\mu/(\mathrm{S}\cdot\mathrm{m}^{-1})$	$4.5\times10^{-5}\sim0.45$	$<10^{-45}$	$\leqslant10^{-27}$
	有效质量比 m^*/m_0	0.1	1	

表 3-5　半导体与电介质的非本征电导（杂质离子）[1]

	物理性质	半导体	电介质	
杂质离子的非本征电导	光介电常数 $\varepsilon=n^2$	16	2.5	
	电离能 E_i	5×10^{-3}	2	
	杂质浓度 n/m^{-3}	$10^{18}\sim10^{24}$	$\leqslant10^{26}$	
	电离杂质浓度/m^{-3}	$10^{18}\sim10^{24}$	$\leqslant2\times10^{-9}$	$\leqslant10^5$
	非本征电导率/$(\mathrm{S}\cdot\mathrm{m}^{-1})$	$1.6\times10^{-5}\sim1.6\times10^5$	$\leqslant10^{-35}$	$\leqslant2\times10^{-22}$

1. 离子电导的判别

在电介质材料中，离子电导与电子电导的最大区别是离子电导的传输会伴随着物质迁移，因此，在电极上会有构成离子的物质析出，产生质量的转移。离子电导的实质是一种电解过程。基于这个特性，可以采用法拉第电解定律来确定离子电导。例如，在研究电介质陶瓷的输运载流子时，可以采用微量化学分析法来检查沉淀的物质，判断载流子输运机制。

2. 电子电导的判别

霍尔效应可以用来判断以电子（空穴）作为载流子的电子电导。霍尔效应是指当磁场作用于电流通过的固态介质时，在电介质材料侧面产生横向电位差。利用电压测量仪器（电位差计），可以测定这一电位差，原理如图 3-17 所示。

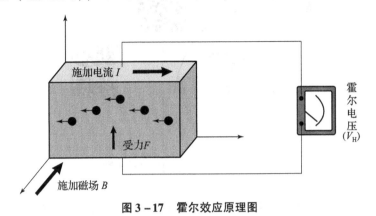

图 3-17　霍尔效应原理图

3.5　电介质复合材料的电导

复合材料是通过物理或化学的方法，将两种或两种以上不同物质组成具有新性能的材料。各种材料在性能上互相取长补短，产生协同效应，使复合材料的综合性能优于原组成材料而满足各种不同的要求。复合材料的基体材料分为金属和非金属两大类，其中电介质复合材料是非金属的一类新兴材料，在电气、电子、通信和航空航天等领域得到了广泛的应用。本节中，我们将结合一些低维复合材料的导电性能，揭示电介质复合材料的电输运机制。

3.5.1　逾渗理论简介

逾渗是广泛存在于复合材料中的一种物理现象，对材料的性质有重要的影响。在复合材料中，当组分之间的性质相差较大、次级组分形成渗流网络时会导致复合材料的物理性质发生急剧的变化，这就是逾渗现象。这里，可以用一个简单的定律来描述复合材料的物理性质转变过程[6]：

$$Property \propto |f - f_c|^r \tag{3-50}$$

式中，f_c 代表逾渗阈值，对应于次级组分长程、全局连通性开始与消失的临界点。r 是一个临界指数，与描述的物理性质有关。但在更多的情况下，临界指数是通用的，只取决于复合材料的空间维度。

复合材料物理性质的转变过程发生在逾渗阈值 f_c 附近，即逾渗阈值 f_c 是复合材料性质转变的临界点[6]。从本质上来说，复合材料的物理性质在逾渗阈值 f_c 附近的急剧转变源其结构的几何相变，如图 3-18 所示。

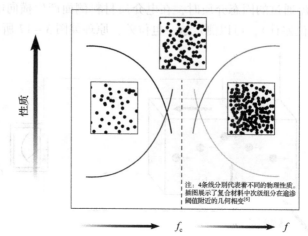

注：4条线分别代表着不同的物理性质。插图展示了复合材料中次级组分在逾渗阈值附近的几何相变[6]

图 3 - 18　复合材料的物理性质在逾渗阈值 f_c 附近的变化

1. 逾渗阈值

逾渗阈值 f_c 是逾渗理论中一个重要的物理参数，强烈依赖于复合材料的微观结构。其中，次级组分在复合材料中的分布对逾渗阈值 f_c 起着关键性的作用，而次级组分的分布则主要受到颗粒的形状、尺寸和方向的影响。举一个典型的例子，将长宽比较大的碳纳米管（CNT）定向分散到聚合物基质中时，复合材料在宏观尺度上呈现出各向异性，沿平面内方向和平面外方向所得到的逾渗阈值 f_c 相差 10 倍。

除了次级组分本身的几何特性之外，逾渗阈值 f_c 还会受到基质组分的性质影响，包括极性、黏度、极化程度等。这种影响在使用聚合物，如聚偏氟乙烯，作为基质组分时尤为明显。一般来说，极性越高、黏度越高、次级组分分布越不均匀，逾渗阈值 f_c 就越大。当使用多相聚合物作为基质组分时，可以减小逾渗阈值 f_c。控制逾渗阈值 f_c 可以有效地调控复合材料的物理性质。在电磁功能材料中，为获得较大的电磁响应，一般需要较大的逾渗阈值 f_c。

逾渗对电介质复合材料的电导率有重要的影响。将高电导率的组分填充进低电导率的组分，当填充组分的体积分数 f 接近逾渗阈值 f_c 时，复合材料的电导率会急剧上升。当两个组分的电导率相差较大时，复合材料的电导率随填充组分的体积分数 f 的变化会经历三个阶段[6]。

第一阶段，填充组分的体积分数 f 小于逾渗阈值 f_c $(f < f_c)$，次级组分被基质组分所阻隔，复合材料的电导率取决于相邻次级组分之间的狭窄间隙。当填充组分的体积分数 f 无限接近于逾渗阈值时 $(f \rightarrow f_c^-)$，复合材料的电导率可以被描述为

$$\sigma \propto \sigma_1 |f - f_c|^{-a} \tag{3-51}$$

式中，a 是依赖于复合材料空间维度的临界指数。对于二维材料，临界指数为 1.1 ~ 1.3；对于三维材料，临界指数为 0.7 ~ 1.0。σ_1 是基质组分的电导率。

第二阶段，当填充组分的体积分数 f 刚好超过逾渗阈值 f_c $(f > f_c)$，次级组分在

复合材料内部形成连续的渗流网络，电导率 σ 取决于次级组分的电导率 σ_2。此时的电导率可以描述为

$$\sigma \propto \sigma_2 \left| f - f_c \right|^b \tag{3-52}$$

式中，b 是电导率的临界指数。对于二维材料，临界指数为 $1.1 \sim 1.3$；对于三维材料，临界指数为 $1.6 \sim 2.0$。

第三阶段，当 $\left| f - f_c \right| \to 0$ 时，有

$$\sigma \propto \sigma_1^c \sigma_2^{1-c} \tag{3-53}$$

$$c = \frac{b}{a+b} \tag{3-54}$$

在一些实际情况中，电介质复合材料内部形成的电渗网络是由电子通过隧穿方式来连接的，电子的隧穿现象只考虑相邻导电粒子的隧穿贡献。

这里需要注意的是，逾渗现象与电介质复合材料组分的性质有密切的关系，从图 3-19 可以看出，次级组分与基质组分之间的电导率相差越大，逾渗现象越明显[7]。

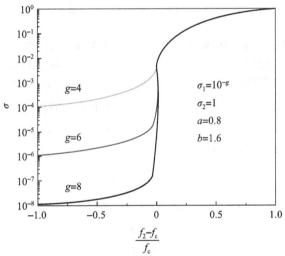

图 3-19 复合材料在逾渗阈值 f_c 附近的电导率变化[7]

由图 3-19 可知，只有满足条件

$$\frac{\sigma_1}{\sigma_2} \ll 1 \tag{3-55}$$

电介质复合材料中才会表现出显著的逾渗转变。

逾渗转变与温度密切相关，图 3-20 是不同温度下石墨烯/二氧化硅（rGO/SiO_2）复合材料电导率随石墨烯浓度的变化规律，可以看出，随着温度升高，逾渗阈值 f_c 减小[8]。

2. 变程跳跃模型

利用逾渗阈值可以设计导电复合材料，如在环氧树脂中填充炭黑，当填充浓度达到 15 wt% 时，复合材料已经具有明显的导电能力，如图 3－21 所示[9]。

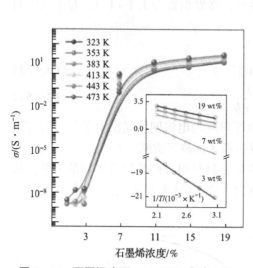

图 3－20   不同温度下 rGO/SiO₂ 复合材料电导率随石墨烯浓度的变化规律[8]（书后附彩插）

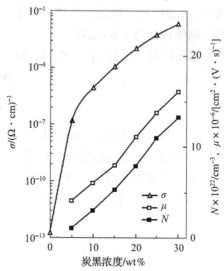

图 3－21   不同填充浓度炭黑—环氧树脂复合材料的电导率[9]

注：μ 为载流子迁移率；N 为载流子浓度。

从图 3－21 可以看出，尽管炭黑的电子浓度很高，但在填充浓度低于 5 wt% 时，复合材料的电导率仍然很低，这说明复合材料中电子迁移率与填充浓度有关。根据变程跳跃模型，电子在不同填充粒子（如炭黑）之间的跳跃概率为

$$\frac{1}{\tau} = \frac{6k_{\mathrm{B}}T}{m\nu_{\mathrm{ph}}R^2}\mathrm{e}^{\frac{U_a}{k_{\mathrm{B}}T}} \tag{3-56}$$

因此得到复合材料的电子迁移率，即[10]

$$\mu = \frac{e\nu_{\mathrm{ph}}R^2}{6k_{\mathrm{B}}T}\mathrm{e}^{-\frac{U_a}{k_{\mathrm{B}}T}} \tag{3-57}$$

式中，ν_{ph} 为晶格热振动频率；R 为填充粒子间的平均距离；U_a 为活化能，与电子跳跃受到的阻碍有关。在文献 ［8］ 中，王（X. X. Wang）等人对 rGO/SiO₂ 复合材料的电导温度特性进行了拟合，发现在逾渗阈值以上的浓度范围内，活化能趋于稳定值；在逾渗阈值以下的范围，随着 rGO 浓度减小，活化能增大，表明不同 rGO 之间电子跳跃的概率减小，如图 3－20 所示。这个结果揭示了复合材料中逾渗现象的微观机理，即电介质复合材料中电输运性能来源于电子跳跃机制。

3.5.2   等效介质理论

根据逾渗理论，在低填充浓度下，即使填充物的电子浓度很高，复合材料也不

会产生宏观导电现象。但是，填充物的电导率却可以影响电介质复合材料的介电性能以及交流电导行为。下面着重介绍填充物电导率对静态介电常数的影响。

考虑到在介电常数为 ε_e 的基体中，分散着半径为 a、介电常数为 ε_i、电导率为 σ_i 的导电性球形颗粒，这个复合材料的有效介质模型如 2.5.1 小节的图 2–24 所示。根据克劳修斯－莫索提方程，复合材料的等效介电常数可以写成

$$\frac{\varepsilon_r - \varepsilon_e}{\varepsilon_r + 2\varepsilon_e} = f_V \frac{\varepsilon_i - \varepsilon_e}{\varepsilon_i + 2\varepsilon_e} \tag{3–58}$$

式中，f_V 为填充物的体积分数。对于低填充浓度复合材料，体积分数远小于 1，则由式（3–58）得

$$\varepsilon_r \approx \varepsilon_e \left(1 + 3f_V \frac{\varepsilon_i - \varepsilon_e}{\varepsilon_i + 2\varepsilon_e} \right) \tag{3–59}$$

根据静电平衡条件，良导体的静态介电常数应趋于无穷大[11]。因此，填充物电导率越大，$\varepsilon_i / \varepsilon_e$ 也越大。图 3–22 是对碳化硅、氮掺杂碳化硅炭黑和石墨烯填充环氧树脂复合材料介电常数的模拟结果，其中环氧树脂静态介电常数取值为 4。可以看出，随着填充浓度增加，复合材料的介电常数增大，其变化趋势同填充粒子电导率有关：对导电性能较差的 SiC，复合材料介电常数的增加较小；填充物电导性越强，复合材料介电常数随填充浓度增加而增大越明显。这说明，利用填充物电导率可以调控复合材料的静态介电常数。

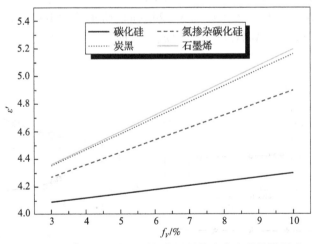

图 3–22　填充物导电性对复合材料静态介电常数的影响

3.5.3　导电网络模型

对接近或达到逾渗阈值的情况，复合材料存在较大漏导，其电导率可以采用导电网络模型进行理论分析。下面以多壁碳纳米管（multi - walled carbon nanotube，

MWCNT）填充 SiO_2 纳米复合材料（$MWCNT/SiO_2$）为例，说明导电网络理论及电介质复合材料的导电机理。

在 $MWCNT/SiO_2$ 复合材料中，随着填充浓度增大，导电纳米管之间相互靠近、搭接成导电网络，如图 3-23（a）所示[12]。

迁移电子　　　　跳跃电子

碳纳米管
管壁

碳纳米管
管壁

迁移电子

跳跃电子

碳纳米管
导电网络

接触的
多壁碳纳米管

（a）　　　　　　　　　　　　　　　　　（b）

图 3-23　导电网络模型及其输运机制示意图[12]

（a）导电网络模型；（b）电子输运机制

MWCNT 可以看作由少层石墨烯卷曲而成，由于石墨烯多余的电子在重叠大 π 键中受到较弱散射，电子的迁移率较大。因此，MWCNT 沿管壁方向的电导率加大，其电子输运机制如图 3-23（b）所示。当大量 MWCNT 填充到 SiO_2 纳米晶中时，MWCNT 之间将会相互搭接形成立体网络结构，其中电子会在相邻 MWCNT 之间跳跃。设 MWCNT 的电导 $G_1 = S_1\sigma_1/l_1$，MWCNT 之间的接触电导 $G_2 = S_2\sigma_2/l_2$，导电网络的等效电导 $G_{eff} = S_{eff}\sigma_{eff}/l_{eff}$。考虑如图 3-24（a）所示的导电网络，它可以看作由 n 个 MWCNT 串联和 m 个 MWCNT 并联组成，根据等效电路理论，导电网络的等效电导可以写成

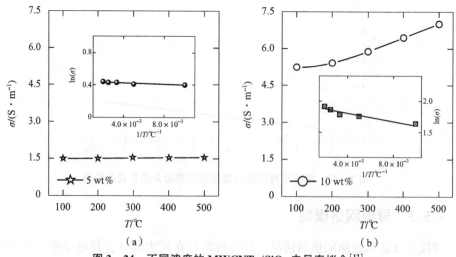

图 3-24　不同浓度的 $MWCNTs/SiO_2$ 电导率拟合[12]

（a）填充 5 wt%；（b）填充 10 wt%

$$\frac{\sigma_{eff} S_{eff}}{l_{eff}} = K \frac{\dfrac{\sigma_1 S_1}{l_1} \dfrac{\sigma_2 S_2}{l_2}}{\dfrac{\sigma_1 S_1}{l_1} + \dfrac{\sigma_2 S_2}{l_2}} \tag{3-60}$$

假设 MWCNT 之间的接触面积与 MWCNT 截面积相同，等效电路面积是 MWCNT 截面积的 m 倍，则导电网络的等效电导率可以近似为

$$\sigma_{eff} = \left| \frac{n^2}{n-m} \right| \frac{\sigma_1 \sigma_2}{\dfrac{l_2}{l_1} \sigma_1 + \sigma_2} \tag{3-61}$$

式（3-60）中，系数 $K = \dfrac{n^2}{|n-m|}$，与搭接网络的具体结构有关，考虑到随着 MWCNT 串联数增加电阻增大，因此，n 应取小于 5 的有限值。

图 3-24 是两个不同填充浓度的复合材料电导率拟合结果[12]。可以看到，当 MWCNT 填充浓度较低（5 wt%）时，如图 3-24（a）所示，复合材料的电导率几乎不随温度变化，说明 MWCNT 之间尚未搭接成网络结构；当 MWCNT 填充浓度达到 10 wt% 时，如图 3-24（b）所示，复合材料电导率随温度升高而增大，说明复合材料中的 MWCNT 之间已经搭接成导电网络。由图 3-23（b）所示的输运机制以及等效电导率式（3-61）可知，由于 MWCNT 的电导率远大于 SiO_2 的电导率，所以导电网络的等效电导主要由 MWCNT 之间的接触电导率决定，表现为正的电导-温度现象。

参考文献

[1] 李翰如. 电介质物理导论 [M]. 成都：电子科技大学出版社，1990.

[2] 叶良修. 半导体物理学 [M]. 2 版. 北京：高等教育出版社，2007.

[3] LI M, PIETROWSKI M J, SOUZA R A D, et al. A family of oxide ion conductors based on the ferroelectric perovskite $Na_{0.5}Bi_{0.5}TiO_3$ [J]. Nature materials, 2014, 13: 31-35.

[4] 陈季丹, 刘子玉. 电介质物理学 [M]. 北京：机械工业出版社，1982.

[5] LI Y, FANG X Y, CAO M S. Thermal frequency shift and tunable microwave absorption in $BiFeO_3$ family [J]. Scientific reports, 2016, 6: 24837.

[6] NAN C W, SHEN Y, MA J. Physical properties of composites near percolation [J]. Annual review of materials research, 2010, 40: 131-151.

[7] NAN C W. Physics of inhomogeneous inorganic materials [J]. Progress in materials science, 1993, 37 (1): 1-116.

[8] CAO M S, WANG X X, CAO W Q, et al. Thermally driven transport and relaxation

switching self – powered electromagnetic energy conversion [J]. Small, 2018, 14 (29): 1800987.

[9] AAL N A, EL – TANTAWY F, AL – HAJRY A, et al. New antistatic charge and electromagnetic shielding effectiveness from conductive epoxy resin/plasticized carbon black composites [J]. Polymer composites, 2008, 29: 125 – 132.

[10] LI Y J, LI S L, GONG P, et al. Effect of surface dangling bonds on transport properties of phosphorous doped SiC nanowires [J]. Physica E: low – dimensional systems & nanostructures, 2018, 104: 247 – 253.

[11] COELHO R. Physics of dielectrics for the engineer [M]. New York: Elsevier Scientific Publishing Company, 1979.

[12] WEN B, CAO M S, HOU Z L, et al. Temperature dependent microwave attenuation behavior for carbon – nanotube/silica composites [J]. Carbon, 2013, 65: 124 – 139.

第4章

电介质材料的弛豫

在交变电场下，电介质材料中慢极化滞后于外电场变化，使其极化强度与电场强度存在相位差，从而产生极化弛豫现象。本章以电介质材料中慢极化的介电响应为例，介绍基本弛豫理论，并对一些典型电介质材料的弛豫规律进行了数值模拟。

4.1 电介质材料对交变电场的响应

4.1.1 复介电常数

在交变电场中，为了描述电介质材料对交变场的响应特性，确定材料电极化随频率的变化规律，这里引入复介电常数 ε^* 来表征电介质材料的介电性质，定义为

$$\varepsilon^* = \varepsilon' - i\varepsilon'' \tag{4-1}$$

其中，ε' 为复介电常数的实部，表示电介质材料的能量储存特性；ε'' 为复介电常数的虚部，表示电介质材料的能量损耗特性，又称为损耗因子。相应地，复相对介电常数 $\varepsilon_r^* = \varepsilon^*/\varepsilon_0$，由式（4-1），复相对介电常数可以表示为

$$\varepsilon_r^* = \varepsilon_r' - i\varepsilon_r'' \tag{4-2}$$

为了理解交变电场中复介电常数实部和虚部的物理意义，考虑极板间充满理想电介质材料的电容器，其相对介电常数为 ε_r。电容器的电容量为 $C = \dfrac{\varepsilon_r \varepsilon_0 S}{d}$，其中，$S$ 是极板面积，d 是电介质材料的介质厚度。施加在电容器上的交流电压为 $V = V_0 e^{i\omega t}$，其中角频率 $\omega = 2\pi f$，则电容极板上积累的电荷量 $Q = CV$。

电容器外电路上的电流 I 为

$$I = \frac{dQ}{dt} = \frac{d(CV_0 e^{i\omega t})}{dt} = i\omega C V_0 e^{i\omega t} = i\omega CV \tag{4-3}$$

在复平面坐标系中以电压为参考时，电流 I 超前外加电压 90°，如图 4-1（a）所示，电容器接通瞬间，电流值最大，电极板两端电压为 0，此后电荷不断积累，

电压才逐渐增大。电流和电压相位差 90°，不做功，没有功率损耗。

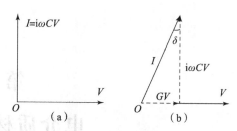

实际电介质材料中都存在漏导。因此，除了存在和 V 相位差 90° 的电流分量之外，还具有和 V 同相位的电流分量 GV，其中电导 $G = \dfrac{\sigma S}{d}$。所以，实际电容器总电流 I 和 V 的相位差不再是 90°，存在能量损耗，如图 4-1（b）所示。此时，电流变为 $\mathrm{i}\omega CV$，它与 GV 的矢量和为

图 4-1 I 和 V 的关系
（a）理想电容器 I 和 V 关系；
（b）考虑漏导损耗时 I 和 V 关系

$$I = (\mathrm{i}\omega C + G) V = \frac{\mathrm{i}\omega \varepsilon_r \varepsilon_0 SV}{d} + \frac{\sigma SV}{d} \qquad (4-4)$$

可求电流密度 j 为

$$j = (\mathrm{i}\omega \varepsilon_r \varepsilon_0 + \sigma) E = (\mathrm{i}\omega \varepsilon + \sigma) E \qquad (4-5)$$

式中，第一项是电容项，第二项是损耗项。由于在电流表达式中，介电常数是暗含在电容量 C 中的，不能直观地体现出来，因此，常通过电流密度的表达式来分析介电常数。

将式（4-5）与欧姆定律 $j = \sigma^* E$ 对比，可得

$$\sigma^* = \mathrm{i}\omega \varepsilon + \sigma \qquad (4-6)$$

式中，σ^* 定义为电介质材料的复电导率。考虑到交变电场下电介质材料的介电常数是复数，则式（4-5）可以写成 $j = \mathrm{i}\omega \varepsilon^* E = (\mathrm{i}\omega \varepsilon' + \omega \varepsilon'') E$，于是电介质材料的复介电常数又可以表示为

$$\varepsilon^* = \frac{\sigma^*}{\mathrm{i}\omega} = \varepsilon + \frac{\sigma}{\mathrm{i}\omega} \qquad (4-7)$$

由此可见，交变电场中电介质材料的 σ^* 和 ε^* 是与频率有关的量。对比式 $\varepsilon^* = \varepsilon' - \mathrm{i}\varepsilon''$，可知 ε' 是储能项，$\varepsilon'' = \dfrac{\sigma}{\omega}$ 是与直流电导贡献相关的损耗项。δ 称为损耗角，其正切值可以直接表示为

$$\tan \delta = \frac{|\text{损耗项}|}{|\text{电容项}|} = \frac{G}{\omega C} = \frac{\varepsilon''}{\varepsilon'} \qquad (4-8)$$

综上所述，实际电介质材料区别于理想电介质材料的主要特征就是在电容项 ε' 以外，还存在损耗项 ε''。因此，复介电常数的引入是为了便于实际情况下对电介质材料特性的讨论。下面，从电磁波在电介质材料中传播的角度说明复介电常数的物理意义。

由麦克斯韦方程组消去磁场强度项，可得电磁波在电介质材料中的传播方程：

$$\nabla^2 E - \varepsilon^* \mu^* \frac{\partial^2 E}{\partial t^2} = 0 \qquad (4-9)$$

系式受到限制。

4.2　德拜弛豫理论

4.2.1　弛豫损耗

在交变电场作用下，电介质材料发生能量衰减，损耗来源主要有三类：第一类是电介质材料的漏导；第二类是共振效应引起的吸收；第三类是慢极化引起的弛豫。下面主要讨论弛豫。

由损耗角正切和频率的关系 $\tan\delta = \dfrac{G}{\omega C}$ 可知，随着频率升高，电介质材料损耗单调下降，如图 4-3 中漏导贡献曲线所示。但实际电介质材料的高频发热很严重，说明电介质材料中还存在其他的损耗机制。实际电介质材料不仅有漏导，还存在慢极化弛豫，如图 4-3 中弛豫贡献曲线所示。根据上面的分析，漏导对损耗项 ε'' 的贡献是 $\dfrac{\sigma}{\omega}$，但极化对 ε'' 的贡献还是未知。

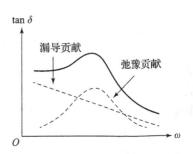

图 4-3　漏导和弛豫对损耗角正切的贡献

由上述弛豫过程可知，极性电介质材料中的固有偶极子，在交变电场作用下将发生取向极化。偶极子在转向过程中受到周围原子（分子）的阻碍作用，导致极化建立时间相对较长，表现为极化强度 P_r 的相位滞后于外电场的相位，即出现极化弛豫。电介质材料中的弛豫过程，通常伴随着显著的微波能量损耗。考虑到材料中总存在电子（离子）的位移极化，因此电介质材料总极化强度等于瞬时极化强度 P_∞ 与慢极化强度 P_r 之和，它们随频率的变化趋势同图 4-3 类似。

4.2.2　德拜弛豫

1. 德拜方程

由于存在衰减函数，克拉默斯-克勒尼希关系式无法直接求出复介电常数的值。为解决这一关键问题，德拜假设衰减函数 φ 的表达式为

$$\varphi(t) = \frac{1}{\tau}\mathrm{e}^{-\frac{t}{\tau}} \tag{4-36}$$

式中，τ 是式（4-19）中的弛豫时间。将衰减函数 $\varphi(t)$ 代入式（4-28）~式（4-30）中可以求出复介电常数关于频率的表达式：

$$\varepsilon^* = \varepsilon_\infty + \frac{(\varepsilon_s - \varepsilon_\infty)}{1 + \mathrm{i}\omega\tau} \tag{4-37}$$

$$\varepsilon'(\omega) = \varepsilon_\infty + (\varepsilon_s - \varepsilon_\infty)\frac{1}{1+\omega^2\tau^2} \qquad (4-38)$$

$$\varepsilon''(\omega) = (\varepsilon_s - \varepsilon_\infty)\frac{\omega\tau}{1+\omega^2\tau^2} \qquad (4-39)$$

有

$$\tan\delta = \frac{\varepsilon''(\omega)}{\varepsilon'(\omega)} = \frac{(\varepsilon_s - \varepsilon_\infty)\omega\tau}{\varepsilon_s + \varepsilon_\infty\omega^2\tau^2} \qquad (4-40)$$

式（4-37）~式（4-39）称为德拜方程。其中，弛豫时间可以表示为

$$\tau = C_0 e^{\frac{U}{k_B T}} \qquad (4-41)$$

$$\ln(\tau) = 常数 + \frac{U}{k_B T} \qquad (4-42)$$

中，U 为活化能；k_B 为玻尔兹曼常数；T 为温度；C_0 为常数。式（4-41）和式（4-42）说明，弛豫时间受温度影响：在活化能不变时，随温度升高，弛豫时间缩短，电介质材料的介电弛豫峰向高频方向移动。

曹（M. S. Cao）等在铁酸铋和镧、钕掺杂 $BiFeO_3$ 的研究中发现 La、Nd 掺杂出现反常的热频移现象，即 La、Nd 掺杂 $BiFeO_3$ 的缺陷弛豫峰随温度升高向低频方向移动[4]。$BiFeO_3$ 和 La、Nd 掺杂 $BiFeO_3$ 弛豫时间和活化能的拟合结果表明，$BiFeO_3$ 和掺杂 $BiFeO_3$ 的活化能与温度有关，随着温度升高，La 掺杂 $BiFeO_3$、Nd 掺杂 $BiFeO_3$ 的活化能依次增加，未掺杂 $BiFeO_3$ 的活化能变化最小，表明在高温下晶格热振动能的非线性项对弛豫时间有影响，如图4-4所示。

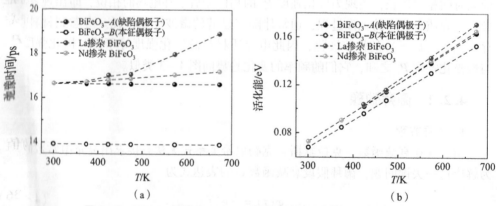

图4-4 $BiFeO_3$ 和掺杂 $BiFeO_3$ 的弛豫时间拟合[4]和活化能拟合
(a) 弛豫时间拟合；(b) 活化能拟合

2. 柯尔-柯尔圆

当电介质材料表现出德拜弛豫行为时，根据式（4-38）和式（4-39）消去 $\omega\tau$，有柯尔-柯尔圆弧规律方程：

$$\left(\varepsilon' - \frac{\varepsilon_s + \varepsilon_\infty}{2}\right)^2 + \varepsilon''^2 = \left(\frac{\varepsilon_s - \varepsilon_\infty}{2}\right)^2 \tag{4-43}$$

以介电实部 ε' 为横轴，介电虚部 ε'' 为纵轴，复介电常数可以画出圆心为 $\left(\dfrac{\varepsilon_s + \varepsilon_\infty}{2}, 0\right)$、半径为 $\left(\dfrac{\varepsilon_s - \varepsilon_\infty}{2}\right)$ 的半圆，如图 4-5（a）所示。半圆与横轴的交点分别为光频介电常数 ε_∞ 和静态介电常数 ε_s。半圆上介电实部 ε'' 的高点在 $\omega = \dfrac{1}{\tau}$ 处。实验中，Cole-Cole 圆弧是判定"德拜型弛豫"的重要依据，如果不同频率下的实验点（ε'，ε''）组成了严格的半圆，说明弛豫类型是德拜弛豫。

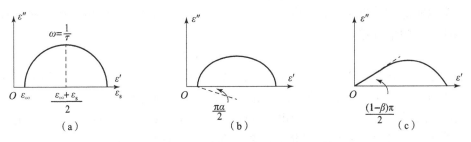

图 4-5　复介电常数圆弧

（a）Cole-Cole 半圆；（b）改进的 Cole-Cole 圆弧；（c）梨形圆弧

3. 德拜弛豫修正

德拜弛豫的前提是电介质材料只有一个弛豫时间，而实际电介质材料可能存在多个弛豫时间，如缺陷和杂质的弛豫状态不同，弛豫时间也不同。所以，根据介电实部 ε' 和虚部 ε'' 画出的 Cole-Cole 圆弧常常与德拜弛豫的半圆有偏离，如图 4-5（b）所示。

根据经验，复介电常数很少是一个完整的半圆，所以，K. S. 柯尔和 R. H. 柯尔在 1941 年给出了复介电常数的修正式：

$$\varepsilon^* = \varepsilon_\infty + \frac{(\varepsilon_s - \varepsilon_\infty)}{1 + (i\omega\tau)^{1-\alpha}} \tag{4-44}$$

式中，α 是由偏离角 $\dfrac{\alpha\pi}{2}$ 定义的。由图 4-5 可知，n 的取值范围是 0~1。这里的 τ 为电介质材料的平均弛豫时间。对偏离理想德拜响应较小的电介质材料，式（4-44）有较好的修正效果。但对偏离理想德拜响应很大的电介质材料，其修正效果较差。所以，D. W. 截维森和 R. H. 柯尔在 1951 年再次提出了改进：

$$\varepsilon^* = \varepsilon_\infty + \frac{(\varepsilon_s - \varepsilon_\infty)}{(1 + i\omega\tau)^{1-\beta}} \tag{4-45}$$

改进的圆弧呈梨形，如图 4-5（c）所示，偏离横轴的角度为 $\dfrac{(1-\beta)\pi}{2}$。

4.2.3　德拜弛豫的温度特性

由德拜方程可知，介电常数虚部 ε'' 仅考虑了极化弛豫的贡献，没有考虑漏导的贡献。所以，介电实部 ε' 和虚部 ε'' 都是由频率 ω 和弛豫时间 τ 直接决定的。由式（4-41）和式（4-42）可知，弛豫时间 τ 与温度 T 有关，所以电介质材料的介电常数（ ε' 和 ε'' ）也必然是由频率 ω 和温度 T 共同决定的。

假设温度 T 一定时，$\varepsilon'(\omega)$ 和 $\varepsilon''(\omega)$ 仅随频率 ω 变化，见式（4-37）~式（4-40）。从德拜方程分析得到，当频率 ω 趋近于 0 时，有

$$\varepsilon' \to \varepsilon_s, \quad \varepsilon'' \to 0, \quad \tan\delta \to 0$$

介电常数实部 ε' 趋近于静态介电常数 ε_s，虚部 ε'' 趋近于 0，此时电介质材料没有弛豫响应。当频率 ω 趋近于 ∞ 时，有

$$\varepsilon' \to \varepsilon_\infty, \quad \varepsilon'' \to 0, \quad \tan\delta \to 0$$

介电常数实部 ε' 趋近于光频介电常数。温度不变情况下 ε'、ε''、$\tan\delta$ 随频率的变化如图4-6（a）所示。可以看出，介电常数实部 ε' 从静态介电常数 ε_s 开始随频率 ω 增大而逐渐降低，并趋于 ε_∞。介电常数虚部 ε'' 和 $\tan\delta$ 具有类似的变化趋势：随着频率 ω 增大，先升高再降低，即介电常数虚部 ε'' 和损耗角正切 $\tan\delta$ 都出现了介电响应峰。

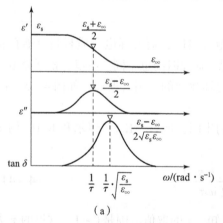 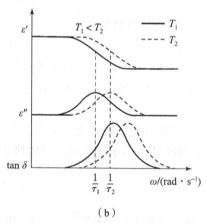

（a）　　　　　　　　　　　（b）

图4-6　介质材料的介电响应及损耗

（a）温度不变情况下 ε'、ε''、$\tan\delta$ 随频率的变化；（b）温度对 ε'、ε''、$\tan\delta$ 的影响

介电常数虚部的响应峰可以由

$$\frac{\partial \varepsilon''}{\partial \omega} = 0$$

获得。由式（4-39）可得介电常数虚部在频率

$$\omega = \frac{1}{\tau} \tag{4-46}$$

时有最大值，最大值为

$$\varepsilon''_{max} = \frac{1}{2}(\varepsilon_s - \varepsilon_\infty) \tag{4-47}$$

同样地，在频率

$$\omega = \frac{1}{\tau}\sqrt{\frac{\varepsilon_s}{\varepsilon_\infty}} \tag{4-48}$$

处，损耗角正切 $\tan\delta$ 有最大值，为

$$\tan\delta_{max} = \frac{\varepsilon_s - \varepsilon_\infty}{2\sqrt{\varepsilon_s\varepsilon_\infty}} \tag{4-49}$$

比较介电常数虚部 ε'' 和损耗角正切 $\tan\delta$ 最大值对应的频率发现，二者相差一个根号因子 $\sqrt{\varepsilon_s\varepsilon_\infty}$，且介电常数虚部 ε'' 先达到最大值。此外，ε''_{max} 和 $\tan\delta_{max}$ 都是常数，无论频率、温度如何变化，都不影响介电常数虚部 ε'' 和损耗角正切 $\tan\delta$ 的峰值。

上面讨论了在恒温环境下电介质材料介电性能随频率的变化趋势。如果温度变化，ε'、ε'' 和 $\tan\delta$ 曲线将发生如图 4-6（b）所示的移动，即随着温度降低，弛豫时间 τ 增大，介电常数频谱中的 $\frac{\varepsilon_s + \varepsilon_\infty}{2}$、$\varepsilon''_{max}$ 和 $\tan\delta_{max}$ 对应的频率变小，表现为电介质材料的 ε'、ε'' 和 $\tan\delta$ 的曲线整体向低频方向移动。下面讨论 ε'、ε'' 和 $\tan\delta$ 与温度的关系。

静态相对介电常数 ε_{rs} 是由位移极化和弛豫极化共同贡献的，静态介电常数 ε_s 满足克劳修斯方程 $\varepsilon_0(\varepsilon_{rs} - 1)E = N(\alpha_e + \alpha_d)E_i$，若 $E = E_i$，则

$$\varepsilon_{rs} = 1 + \frac{N\alpha_e}{\varepsilon_0} + \frac{N\alpha_d}{\varepsilon_0} \approx \varepsilon_{r\infty} + \frac{N\alpha_d}{\varepsilon_0} \tag{4-50}$$

$t\to\infty$ 时，静态弛豫极化率 α_d 可以由式（4-50）求出，因此

$$\varepsilon_{rs} = \varepsilon_{r\infty} + \frac{N}{\varepsilon_0}\frac{q^2\delta^2}{4k_BT} \tag{4-51}$$

有德拜方程

$$\varepsilon' = \varepsilon_\infty + (\varepsilon_s - \varepsilon_\infty)\frac{1}{1+\omega^2\tau^2} \approx \varepsilon_\infty + \frac{\dfrac{Nq^2\delta^2}{4k_B\varepsilon_0}}{T\left(1 + \omega^2 C_0^2 e^{\frac{2U}{k_BT}}\right)} \tag{4-52}$$

从式（4-52）可以看出，介电常数与温度直接相关的项都出现在分母中，即 T 和 $T\omega^2 C_0^2 e^{\frac{2U}{k_BT}}$。

在温度较低时，介电实部 ε' 主要依赖于 $e^{\frac{2U}{k_BT}}$ 项。随着温度升高，介电常数实部 ε' 增大。这表明，在低温环境下，电介质材料中部分分子处于被"冻结"状态，极化建立较困难，弛豫时间较长，$\varepsilon' = \varepsilon_s$。随温度升高，分子热运动增强，被"冻结"的部分分子陆续"解冻"，使极化弛豫对介电实部 ε' 贡献增大。

在温度较高时，$e^{\frac{2U}{k_BT}}$很小，介电实部 ε' 主要依赖于温度 T 项，介电实部 ε' 随温度升高而减小。上述分析表明，温度升高，弛豫时间缩短，直到极化弛豫能够完全建立，此时 $\varepsilon' = \varepsilon_s$。随着温度继续升高，分子热运动加剧，使定向极化受到的干扰增强。因此，ε' 达到最大值后开始下降，如图 4－7（a）所示。

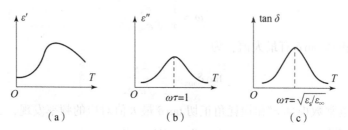

图 4－7　电介质材料介电响应的温度特性

(a) ε' 随温度的变化；(b) ε'' 随温度的变化；(c) $\tan\delta$ 随温度的变化

由介电常数虚部项

$$\varepsilon'' = \frac{(\varepsilon_s - \varepsilon_\infty)\omega\tau}{1 + \omega^2\tau^2} = \frac{\dfrac{Nq^2\delta^2}{4k_B\varepsilon_0}\omega \cdot C_0 e^{\frac{U}{k_BT}}}{T(1 + \omega^2 C_0^2 e^{\frac{2U}{k_BT}})} \tag{4-53}$$

可以看到，与温度直接相关的项为 $\dfrac{e^{\frac{U}{k_BT}}}{T}$ 和 $\dfrac{e^{\frac{U}{k_BT}}}{T\omega^2 C_0^2 e^{\frac{2U}{k_BT}}}$。

温度较低时，介电常数虚部 ε'' 主要依赖于 $\dfrac{e^{\frac{U}{k_BT}}}{e^{\frac{2U}{k_BT}}}$，即 $e^{\frac{-U}{k_BT}}$。随着温度升高，介电常数 ε'' 增大。

温度较高时，介电常数虚部 ε'' 主要依赖于 $\dfrac{e^{\frac{U}{k_BT}}}{T}$ 项。随着温度升高，介电常数 ε'' 减小。所以，电介质材料介电常数虚部 ε'' 的温度谱中也存在最大值。从 ε'' 和频率的关系可知，其最大值为 $\dfrac{\varepsilon_s - \varepsilon_\infty}{2}$，相应频率 $\omega = \dfrac{1}{\tau}$，所以满足 $\omega\tau = 1$ 时所对应的温度下，ε'' 有最大值，如图 4－7（b）所示。

$\tan\delta$ 的变化与 ε'' 类似，由式（4－47）和式（4－48）可知，满足 $\omega\tau = \sqrt{\dfrac{\varepsilon_s}{\varepsilon_\infty}}$ 时，$\tan\delta$ 有最大值，其值为 $\dfrac{\varepsilon_s - \varepsilon_\infty}{2\sqrt{\varepsilon_s\varepsilon_\infty}}$，如图 4－7（c）所示。

4.2.4　漏导对德拜弛豫的影响

实际电介质材料中，不仅存在极化弛豫损耗，还存在漏导损耗。图 4－8 是相对

介电常数虚部 ε'' 随温度和频率变化的三维图[5]，它可以分解为两部分：第一部分来源于极化弛豫的贡献，用 ε''_p 表示；第二部分来源于漏导的贡献，用 ε''_c 表示。它们之间满足下面关系：

$$\varepsilon''_r = \varepsilon''_p + \varepsilon''_c \qquad (4-54)$$

由式（4-7）可知，电导率对 ε'' 的贡献为 $\dfrac{\sigma}{\omega}$，结合德拜方程，ε''_r 可以改进为[4-6]

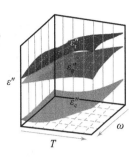

图 4-8　ε''_r 分解为 ε''_p 和 ε''_c

$$\varepsilon''_r = (\varepsilon_{rs} - \varepsilon_{r\infty})\frac{\omega\tau}{1+\omega^2\tau^2} + \frac{\sigma}{\omega\varepsilon_0} \qquad (4-55)$$

即电介质材料的介电常数虚部是由极化弛豫和漏导共同贡献的，其中

$$\varepsilon''_p = (\varepsilon_{rs} - \varepsilon_{r\infty})\frac{\omega\tau}{1+\omega^2\tau^2} \qquad (4-56)$$

$$\varepsilon''_c = \frac{\sigma}{\omega\varepsilon_0} \qquad (4-57)$$

式中，ε''_r、ε''_p、ε''_c 随频率变化的趋势与图 4-3 类似。

电介质材料的漏导对介电虚部和损耗的影响如图 4-9 所示。当电导率 σ 很小时，漏导的贡献 ε''_c 可以忽略不计，介电常数虚部 ε''_r 全部来源于极化弛豫 ε''_p；当电导率 σ 很大时，漏导的贡献 ε''_c 很大，极化弛豫峰有可能被淹没，如图 4-9（a）所示。同样，由于 $\sigma = Ae^{-B/T}$，电导率随温度升高而增大，在温度 T 变化时，ε''_p 和 ε''_c 存在竞争关系，如图 4-9（b）所示。

类似地，同时考虑弛豫和漏导影响时，损耗角正切 $\tan\delta$ 可改写为

$$\tan\delta = \frac{(\varepsilon_s - \varepsilon_\infty)\omega\tau}{\varepsilon_s + \varepsilon_\infty\,\omega^2\tau^2} + \frac{\dfrac{\sigma}{\omega\varepsilon_0}}{\varepsilon_{r\infty} + \dfrac{(\varepsilon_{rs} - \varepsilon_{r\infty})}{1+\omega^2\tau^2}} \qquad (4-58)$$

当频率很低时，极化弛豫能够完全建立，损耗主要由漏导引起。根据式（4-57）有

$$\tan\delta \approx \frac{\sigma}{\omega\varepsilon_0\varepsilon_{rs}} \qquad (4-59)$$

所以，损耗角正切 $\tan\delta$ 与频率 ω 成反比。当频率较高且电导率不太高时，损耗角正切 $\tan\delta$ 随频率 ω 的变化与图 4-3 类似。结合上述两种情况，可得电介质材料损耗角正切值 $\tan\delta$ 随频率 ω 变化的整体趋势，如图 4-9（c）所示。

此外，根据式（4-58）可以获得损耗角正切值 $\tan\delta$ 的温度特性。在温度较低时，电导率 σ 较小，电介质材料的损耗主要由弛豫决定。当温度很高时，电导率 σ 很高，电介质材料的损耗主要由电导决定，依然符合式（4-59）。结合以上两种情况，可得电介质材料损耗角正切值 $\tan\delta$ 随频率 T 变化的整体趋势，如图 4-9（d）所示。

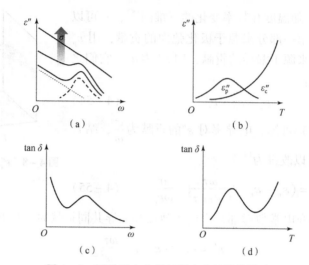

图 4 - 9   漏导对电介质材料介电性能的影响

(a) 漏导损耗随电导率的变化；(b) ε_p'' 和 ε_c'' 的竞争关系；
(c) 实际电介质 $\tan\delta$ 随频率的变化；(d) 实际电介质 $\tan\delta$ 随温度的变化

4.3   极性电介质材料的弛豫

4.3.1   偶极弛豫模型

极性电介质材料中存在偶极子的转向极化。假设这些偶极分子有若干种平衡状态，每一种状态之间被势垒 U 隔开，因此总体呈电中性。以与偶极矩（p_0）方向相反的两个平衡状态为例，如图 4 - 10（a）所示，设总偶极子数量为 n，处于平衡状态 1 上的偶极子数量为 n_1，处于平衡状态 2 上的偶极子数量为 n_2，总偶极子数量 $n = n_1 + n_2$。状态 1 上偶极子越过势垒转动到状态 2 的概率为 P_{12}，状态 2 上偶极子越过势垒转动到状态 1 的概率为 P_{21}。

无外电场作用时，偶极子在状态 1 和状态 2 上的概率相同，即 $P_{12} = P_{21}$。根据玻尔兹曼分布，有

$$P_{12} = P_{21} = P_0 = \frac{\omega_0}{2\pi} e^{-\frac{U}{k_B T}} \tag{4-60}$$

式中，ω_0 为晶格（原子）热振动角频率；k_B 为玻尔兹曼常数；T 为热力学温度。

如图 4 - 10（b）所示，在沿 x 轴方向施加电场 E 时，状态 1 上偶极子势能升高 $p_0 E$，状态 2 上偶极子势能降低 $p_0 E$。此时，P_{12} 不再等于 P_{21}，它们分别为

$$P_{12} = \frac{\omega_0}{2\pi} e^{-\frac{U - p_0 E}{k_B T}} = p_0 e^{\frac{p_0 E}{k_B T}} \tag{4-61}$$

$$P_{21} = \frac{\omega_0}{2\pi} e^{-\frac{U+p_0E}{k_BT}} = p_0 e^{-\frac{p_0E}{k_BT}} \tag{4-62}$$

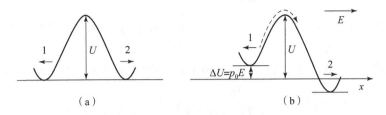

图 4 – 10　偶极弛豫的双势垒模型

（a）无外电场时的两个平衡位置；（b）电场作用下两个平衡位置势能变化

设外场较弱，$p_0E \ll k_BT$，则两种状态下偶极子数动态变化为

$$\frac{dn_1}{dt} = -n_1P_{12} + n_2P_{21} \tag{4-63}$$

$$\frac{dn_2}{dt} = n_1P_{12} - n_2P_{21} \tag{4-64}$$

偶极子差值的动态变化为

$$\frac{d}{dt}(n_2 - n_1) = 2n_1P_{12} - 2n_2P_{21} = 2P_0\left[-(n_2 - n_1) + \frac{p_0E}{k_BT}n \right] \tag{4-65}$$

设 $t=0$ 时加外电场 E，可解出

$$n_2 - n_1 = \frac{p_0E}{k_BT}n(1 - e^{-2p_0t}) \tag{4-66}$$

比较式（4–66）中衰减因子和慢极化建立（或衰减）规律，得到弛豫时间：

$$\tau = \frac{1}{2P_0} = \frac{\pi}{\omega_0}e^{\frac{U}{k_BT}} \tag{4-67}$$

如果施加的是交变电场 $\boldsymbol{E}(t) = E_0e^{i\omega t}$，则 $n_2 - n_1 = Ae^{i\omega t}$，电场方向上的平均偶极矩为

$$\overline{p} = p_0\frac{n_2 - n_1}{n} = \frac{p_0^2E}{k_BT} \cdot \frac{1}{1 + i\omega\tau} \tag{4-68}$$

即转向极化率为

$$\alpha_d = \frac{\overline{\mu}}{E} = \frac{p_0^2}{k_BT} \cdot \frac{1}{1 + i\omega\tau} \tag{4-69}$$

设单位体积内有 N 个电偶极子，它们沿 x、y、z 方向等概率分布，则有极分子电介质的相对复介电常数可以表示为[1,3]

$$\varepsilon_r^* = \varepsilon_{r\infty} + \frac{Np_0^2}{3\varepsilon_0k_BT(1 + i\omega\tau)} \tag{4-70}$$

式中，$\varepsilon_{r\infty}$ 是由电子位移极化决定的高频介电常数；τ 为弛豫时间，与晶格热振动频

率 ω_0、活化能 U 和温度 T 密切相关，由式（4-67）确定。

4.3.2 α-SiC 介电弛豫模拟

由图 2-23 可以看出，α-SiC 晶胞沿 c 轴方向存在固有电偶极矩[7]。根据 2.4.3 小节的计算可知，固有电矩的极化率为 11.3×10^{-40} F·m²。

根据式（4-70）可得交变电场作用下 α-SiC 晶体的相对复介电常数：

$$\varepsilon_{\mathrm{r}}^{*} = \left[\varepsilon_{\infty} + \frac{Np_0^2}{3\varepsilon_0 k_{\mathrm{B}} T(1 + \omega^2 \tau^2)} \right] - \mathrm{i}\, \frac{Np_0^2}{3\varepsilon_0 k_{\mathrm{B}} T(1 + \omega^2 \tau^2)} \omega\tau \qquad (4-71)$$

由表 2-1 可知，α-SiC 晶体的静态介电常数为 10.3，第一性原理计算得到的高频介电常数分别为 4.16（[001] 方向）和 3.88（[010] 和 [100] 方向）[7]，取三个方向平均值 3.97，则

$$\frac{Np_0^2}{3\varepsilon_0 k_{\mathrm{B}} T} = \varepsilon_s - \varepsilon_{\infty} = 10.3 - 3.97 = 6.33$$

目前，已经有许多文献显示 SiC 晶体在 X 频段附近存在弛豫峰[8]，据此假设式（4-64）中的活化能为 $U = 0.06$ eV，原子振动频率取 10^{12} Hz，则可以对 α-SiC 晶体在微波频段的介电常数进行数值模拟，其结果如图 4-11 所示。

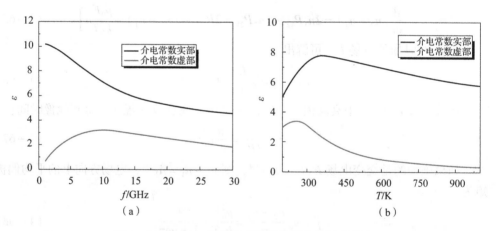

图 4-11 α-SiC 晶体介电常数的频率和温度特性

（a）300 K 下的频谱；（b）9 GHz 下的温度谱

在碳化硅晶体中，由于同时还存在电子位移极化的作用，所以介电常数实部的值总是比虚部高。同时，由图 4-11（b）可以看出，α-SiC 晶体在微波频段的弛豫峰与温度有关。

4.4 离子型电介质材料的弛豫

4.4.1 缺陷弛豫模型

离子型电介质材料中一般存在缺陷或者联系较弱的离子，分析其弛豫机制与弛豫时间的方法与上述极性电介质材料类似，都采用双势阱模型。不同的是，电场导致的势能变化从偶极子势能 $-p_0E$ 转变为离子势能 ΔU，如图 4－10（b）所示。于是，根据式（4－66），有

$$n_2 - n_1 \frac{n\Delta U}{k_B T}(1 - \mathrm{e}^{-2p_0 t}) \qquad (4-72)$$

式中，$\Delta U = \dfrac{q\delta E}{2}$。在电场作用下，电荷分布状态发生了改变，过剩离子产生的极化强度为

$$P = \frac{(n_2 - n_1)q\delta}{2} \qquad (4-73)$$

将式（4－72）代入式（4－73）得到随时间变化的极化强度：

$$P = \frac{nq^2\delta^2}{4k_B T}(1 - \mathrm{e}^{-t/\tau})E \qquad (4-74)$$

其中，

$$\tau = \frac{\pi}{\omega_0}\mathrm{e}^{U/k_B T} \qquad (4-75)$$

式（4－75）不仅给出了弛豫时间 τ 与活化能 U 的关系，还给出了与温度 T 的关系。显然，温度越高，弛豫时间越短，极化建立时间越短。

按照朗之万理论，设晶格缺陷形成的等效偶极矩为 p_d、单位体积中缺陷数目为 N，则在圆频率为 ω 的交变电场作用下，根据克劳修斯方程可得电介质材料的复介电常数为[3]

$$\varepsilon_r^* = \varepsilon_\infty + \frac{Np_d^2}{3\varepsilon_0 k_B T(1 + \mathrm{i}\omega\tau)} \qquad (4-76)$$

式中，ε_∞ 是电介质材料介电常数的电子位移或离子位移的极化分量，分别与光学和红外性能有关。晶格缺陷的弛豫也可以表示成德拜方程形式，即

$$\varepsilon_r^* = \varepsilon_\infty + \frac{Np_e^2}{3\varepsilon_0 k_B T(1 + \omega^2\tau^2)} - \mathrm{i}\frac{Np_e^2\omega\tau}{3\varepsilon_0 k_B T(1 + \omega^2\tau^2)} \qquad (4-77)$$

式（4－76）和式（4－77）中的弛豫时间由式（4－75）确定。

4.4.2 氧空位的弛豫模拟

立方氧化锌（β－ZnO）属于闪锌矿结构，其密度为 5.606 g/cm³、分子量为

81.39，分子浓度为 0.041 48 Å^{-3}。在 β – ZnO 中，Zn—O 键既有离子性又有共价性，所以 β – ZnO 属于离子型共价化合物。自然生成的氧化锌晶体通常含有氧空位，由第一性原理计算得到 Zn$_8$O$_7$ 晶体的高频介电常数 $\varepsilon_\infty = 3.5$，高于 β – ZnO 晶体的 2.6[8]。氧空位与近邻锌形成等效偶极子，设其固有电矩为 p_e，根据 β – ZnO 的静态介电常数 7.9，由式（4 – 77）可得

$$\frac{Np_e^2}{3\varepsilon_0} = (\varepsilon_s - \varepsilon_\infty)k_B T = 4.4 k_B T$$

考虑到空位缺陷存在断键，将使固有电矩处受到的黏滞阻力减小，设弛豫活化能为 $U = 0.05$ eV（比 α – SiC 略小），则根据式（4 – 77）模拟出含氧空位 β – ZnO 介电常数的频率和温度特性如图 4 – 12 所示。

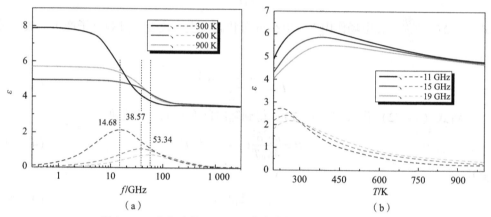

图 4 – 12 含氧空位 β – ZnO 介电常数的频率和温度特性

（a）不同温度下的介电频谱；（b）不同频率下的介电温度谱

由图 4 – 12 可以看出，氧空位导致 β – ZnO 晶体在微波频段产生一个与温度密切相关的介电响应：随着温度升高，介电常数值减小，且弛豫峰向高频方向移动。在室温以上，介电常数随温度升高而减小，频率对介电常数温度特性的影响主要体现在毫米波以下。

4.5 离子掺杂型电介质材料的弛豫

4.5.1 热离子弛豫模型

当电介质材料中掺入离子或离子化合物时，将会产生联系较弱的离子。这类弱联系离子在电场作用下发生沿电场方向的跃迁运动形成松弛极化，称为热离子极化，2.1.2 小节详细地讨论了热离子极化。具体的热离子极化模型如下：

设位于 1 或 2 位置上的弱束缚离子，其浓度为 n_0，以频率 ν 做热振动。显然，

只要热振动能大于离子束缚能，即满足 $k_B T > U_0$ 的离子都可以在有限的平衡位置间产生跃迁，如图 4-13 所示。

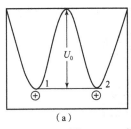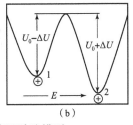

图 4-13　热离子弛豫模型

（a）弱束缚区域；（b）近邻格点离子跃迁势垒示意图

由玻尔兹曼能量分布可知，热振动能为 $k_B T$ 的离子从位置 1 跃迁到位置 2（或从位置 2 跃迁到位置 1）的概率为

$$P_{1\to2} = P_{2\to1} = \nu e^{-\frac{U_0}{k_B T}} \tag{4-78}$$

在没有外电场作用的情形下，其跃迁方向是任意的。因此，单位体积内从位置 1 跃迁到位置 2（或从位置 2 跃迁到位置 1）的离子数为

$$n_{1\to2} = n_{2\to1} = \frac{n_0}{6} \nu e^{-\frac{U_0}{k_B T}} \tag{4-79}$$

由式（4-79）可知，在没有外电场作用时离子跃迁产生的极化沿各方向的概率相同，因此宏观不表现电极化现象。

当沿如图 4-13（b）所示方向施加上外电场 E 时，位置 1 处的势垒降低（$U_0 - \Delta U$）而位置 2 处的势垒升高（$U_0 + \Delta U$）。设位置 1 与位置 2 的间距为 a，则外电场导致两个位置处离子产生的势能差为

$$\Delta U = \frac{1}{2} a q E \tag{4-80}$$

此时从位置 1 跃迁到位置 2 的离子浓度为

$$n_{1\to2} = \frac{n_0}{6} \nu e^{-\frac{U_0 - \Delta U}{k_B T}} \tag{4-81}$$

而从位置 2 跃迁到位置 1 的离子浓度为

$$n_{2\to1} = \frac{n_0}{6} \nu e^{-\frac{U_0 + \Delta U}{k_B T}} \tag{4-82}$$

因此，位置 1 和位置 2 处的离子数将不同，即出现了离子分布不均匀的现象，这就是极化现象。

在稳定状态下，单位体积下产生的电矩为

$$P = q a \Delta n \tag{4-83}$$

式中，Δn 为在极化过程中，由位置 1 跃迁到位置 2 的过剩离子数。由式（4-81）和式（4-82）可得

$$\Delta n = \frac{n_0}{6}\frac{\Delta U}{k_{\mathrm{B}}T} = \frac{n_0 aq}{12 k_{\mathrm{B}}T}E \tag{4-84}$$

由式（4-83）和式（4-84）即可得到热离子极化的极化强度：

$$P = \frac{n_0 q^2 a^2}{12 k_{\mathrm{B}}T}E \tag{4-85}$$

介质和分子极化率：

$$\chi_{\mathrm{e}} = \frac{n_0 q^2 a^2}{12 \varepsilon_0 k_{\mathrm{B}}T} \tag{4-86}$$

$$\alpha_T = \frac{q^2 a^2}{12 k_{\mathrm{B}}T} \tag{4-87}$$

上述各式说明，热离子极化的宏观量与微观量均与温度 T 有关。当温度升高时，热离子极化减小，其原因是在温度升高时，无规则热运动对于离子定向迁移运动的阻碍作用增大。

1. 弛豫时间

假设位置 1 和位置 2 处的离子浓度分别为 n_1 和 n_2，且 $n_1 + n_2 = n_0$。由图 4-13（b）可知，当加上外电场后，位置 2 的离子浓度增大而位置 1 的离子浓度减小，位置 2 出现过剩离子数，其随时间的变化为

$$\frac{\mathrm{d}\Delta n}{\mathrm{d}t} = -2P_{1\to 2}\Delta n + 2P_{1\to 2}n_0\frac{\Delta U}{k_{\mathrm{B}}T} \tag{4-88}$$

设在 $t=0$ 时开始加上外电场，由式（4-84）可以写出方程（4-88）的解为

$$\Delta n = n_0\frac{aq}{12 k_{\mathrm{B}}T}(1 - \mathrm{e}^{-2P_{1\to 2}t})E \tag{4-89}$$

将式（4-89）代入式（4-85）即得出随时间变化的热离子极化强度表达式：

$$P(t) = \frac{n_0 q^2 a^2}{12 k_{\mathrm{B}}T}\left(1 - \mathrm{e}^{-\frac{t}{\tau}}\right)E \tag{4-90}$$

式中，弛豫时间由式（4-91）确定：

$$\tau = \frac{1}{2P_{1\to 2}} = \frac{1}{2\nu}\mathrm{e}^{\frac{U_0}{k_{\mathrm{B}}T}} \tag{4-91}$$

式（4-91）表明，当温度 T 一定时，热离子活化能（或近邻格点势垒）U_0 越大，则极化建立时间越长，弛豫时间 τ 也越大；另外，如果对非晶电介质材料，U_0 保持不变，则弛豫时间 τ 随温度 T 升高而呈指数关系减小，反之亦然。

2. 复极化率

由式（4-87）式（4-90）可得热离子极化强度满足微分方程

$$\frac{\mathrm{d}P(t)}{\mathrm{d}t} = \frac{\varepsilon_0 \chi_{\mathrm{e}}E(t) - P(t)}{\tau} \tag{4-92}$$

假设在图 4-13（b）中施加一个交变电场，则式（4-92）可以写成

$$\frac{\mathrm{d}P(t)}{\mathrm{d}t} = \frac{\varepsilon_0 \chi_e E e^{i\omega t} - P(t)}{\tau} \qquad (4-93)$$

求解微分方程可得

$$P(t) = \frac{\varepsilon_0 \chi_e}{1 + i\omega\tau} E(t) \qquad (4-94)$$

根据电介质材料的极化率定义，可得

$$\chi_e^* = \frac{\chi_e}{1 + i\omega\tau} \qquad (4-95)$$

3. 复介电常数

由式（4-86）和式（4-95）可得电介质材料的静态相对介电常数为

$$\varepsilon_{rs} = 1 + \frac{n_0 q^2 a^2}{12\varepsilon_0 k_B T} \qquad (4-96)$$

设高频介电常数为 1，因此由式（4-95）可以得出德拜方程形式：

$$\varepsilon_r^* = 1 + \frac{n_0 q^2 a^2}{12\varepsilon_0 k_B T(1 + \omega^2 \tau^2)} - i \frac{n_0 q^2 a^2 \omega\tau}{12\varepsilon_0 k_B T(1 + \omega^2 \tau^2)} \qquad (4-97)$$

上述讨论了电介质材料中只存在一种弛豫的情况。实际电介质材料中往往存在多种类型的偶极子，如官能团、缺陷等，它们的活化能越大，对应的弛豫时间越长。下面以钛酸铋（$Bi_4Ti_3O_{12}$）掺杂钛酸锶（$SrTiO_3$）为例，模拟多弛豫的介电响应。

4.5.2 铋掺杂钛酸锶的弛豫模拟

钛酸锶属于钙铁矿型晶体，如图 4-14（a）所示。钛酸锶是典型的高介电离子晶体，其介电常数高达 360。当加入少量钛酸铋后出现了明显的松弛极化，其机理是锶离子格点可以被半径相近的铋离子（1.2 Å）占据，但由于电价不等（Sr^{2+}，Bi^{3+}），故只有以两个 Bi^{3+} 置换 3 个 Sr^{2+} 的方式组合才能维持电性平衡，因此必将出现锶离子空位，导致晶体中靠近锶离子空位的氧八面体发生畸变，使八面体中的钛离子变为弱联系离子[2]，如图 4-14（b）所示。

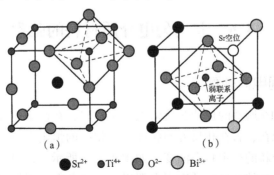

（a）　　　　　　　　　　　　（b）

● Sr^{2+}　　● Ti^{4+}　　◐ O^{2-}　　◯ Bi^{3+}

图 4-14　$SrTiO_3$ 及其钛酸铋掺杂 $SrTiO_3$ 的晶格结构

（a）Sr^{2+} 处于体心的 $SrTiO_3$ 晶格结构；（b）Ti^{4+} 处于体心的钛酸铋掺杂 $SrTiO_3$ 晶格结构

考虑到掺杂少量钛酸铋的钛酸锶晶体，除了产生热离子弛豫外，锶空位还将产生缺陷弛豫，则掺杂钛酸铋的钛酸锶晶体的介电常数可以写成

$$\varepsilon'_r = \varepsilon_\infty + \frac{Np_e^2}{3\varepsilon_0 k_B T(1 + \omega^2 \tau_1^2)} + \frac{n_0 q^2 a^2}{12\varepsilon_0 k_B T(1 + \omega^2 \tau_2^2)}$$

$$\varepsilon''_r = \frac{Np_e^2 \omega \tau_1}{3\varepsilon_0 k_B T(1 + \omega^2 \tau_1^2)} + \frac{n_0 q^2 a^2 \omega \tau_2}{12\varepsilon_0 k_B T(1 + \omega^2 \tau_2^2)}$$

式中，空位活化能取 $U_1 = 0.1$ eV，热离子活化能取 $U_2 = 0.35$ eV，并且假设两种弛豫对静态介电常数贡献相同。

图 4-15 所示为钛酸铋掺杂钛酸锶晶体介电响应模拟，可以看出，随着频率增加，介电常数实部减小，具体包括两个过程。在 300 K 下，两个过程分别从 0.01 MHz 和 0.2 GHz 开始，随着温度升高，这两个过程趋于重合，如图 4-15（a）所示；在 $10^6 \sim 10^{13}$ Hz 范围内，介电常数虚部呈现单峰，其峰值随温度升高而减小、峰位随温度升高向高频处移动，如图 4-15（b）所示。

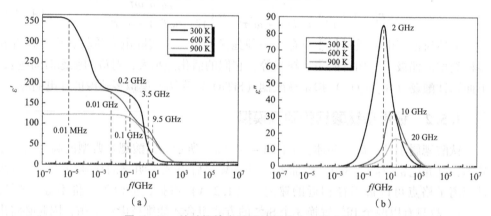

图 4-15　钛酸铋掺杂钛酸锶晶体介电响应模拟

（a）介电常数实部；（b）介电常数虚部

4.6　非均匀电介质材料的弛豫

4.6.1　空间电荷弛豫模型

考虑如图 4-16 所示的片状非均匀电介质材料，在恒定电场下被极化形成一个宏观电偶极子。现在，若在相反方向施加一个相同的恒定电场，则空间电荷的分布将缓慢地向着一个新的稳定状态演变，如图 4-16 所示。这里，两个状态是相对中间平面对称的，形成彼此反向的宏观电偶极子。这种偶极子缓慢地倒向的现象，称为空间电荷弛豫效应。

在图 4 − 16 所示的弛豫模型中，假设：①在介电常数为 ε 的连续介质中只有一种类型的载流子可以移动；②外电场较弱，使体系保持为线性并且使空间和时间变量可以分离。

对宽带为 $2d$ 的片状电介质材料，电荷密度 $\rho(x)$ 仅依赖于厚度 x，因此空间电荷极化的等效电偶极矩为

$$p_e = \int_{-d}^{d} x\rho(x)\,\mathrm{d}x \qquad (4-98)$$

设在电介质材料上加一个交变电场

$$E_0^* = E_0 \mathrm{e}^{\mathrm{i}\omega t} \qquad (4-99)$$

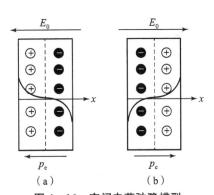

图 4 − 16 空间电荷弛豫模型

（a）正向电场；（b）反向电场

则空间电荷区将产生极化弛豫。其中，利用式（4 − 99）和泊松方程可得空间电荷分布，利用式（4 − 98）计算等效电偶极矩并获得交变极化强度 $P(x)$ 的振幅，最后根据克劳修斯方程得到空间电荷弛豫下的复介电常数[1]：

$$\varepsilon_r^* = \frac{1 + \mathrm{i}\omega\tau}{\dfrac{\tanh Y}{Y} + \mathrm{i}\omega\tau}\varepsilon \qquad (4-100)$$

式中，变量 Y 定义为

$$Y = \sqrt{1 + \mathrm{i}\omega\tau}\,\frac{d}{l_D} \qquad (4-101)$$

式中，d 为空间电荷区半宽度；l_D 为德拜长度，其定义为

$$l_D = \sqrt{D\tau} \qquad (4-102)$$

式中，D 为载流子扩散系数。

4.6.2 空间电荷的介电响应

在直流情况下，由上述各式可得空间电荷极化的静态介电常数计算结果，即

$$\varepsilon_s = \frac{d/l_D}{\tanh(d/l_D)}\varepsilon \qquad (4-103)$$

在高频情况下，空间电荷极化完全跟不上外电场的变化，此时的高频介电常数即等于连续介质的介电常数 ε。

空间电荷弛豫的介电常数表达式（4 − 100）很难分离其实部和虚部，虽然也可以计算，但是很烦琐，最好用计算机编程实现。图 4 − 17 是以 $\omega\tau$ 为函数、$\dfrac{d}{l_D}$ 为参数的介电常数虚部数值计算结果，可以看出在交变电场下空间电荷极化具有典型的弛豫特征，并且弛豫峰位和数值与空间电荷区的尺寸密切相关，即随着空间电荷区域增大，弛豫峰增强且峰位向低频方向移动。

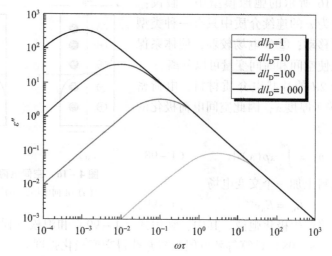

图 4 - 17 空间电荷弛豫的介电常数虚部计算结果

4.7 电介质复合材料的弛豫

由两种及两种以上物质（物相）组成的多相材料是常见的一类非理想电介质，在实际应用中，复合材料、异质材料都属于这类电介质材料。在多相电介质材料中，除了基本的极化机制——电子位移极化、离子位移极化和转向极化（含极性介电相时）外，还存在界面极化和空间电荷极化。下面我们着重介绍界面极化弛豫。

4.7.1 界面弛豫模型

在多个不同材料界面处，由于两边组分具有不同的极性或电导率，因此在外电场作用下，界面处的束缚电荷存在差异。这种由凝聚在界面处的束缚电荷产生的极化，称为界面极化。在交变电场作用下，界面束缚电荷（等效偶极矩）呈现交替变化，形成（界面）弛豫。

在界面弛豫中，最简单的是双层介质电容器模型。设两层电介质材料的厚度分别为 d_1 和 d_2，且 $d = d_1 + d_2$，界面面积为 S，如图 4 - 18 所示。

若在图 4 - 18 所示的等效电路中施加一个圆频率为 ω 的交流电压，则根据等效电路原理可得复介电常数[1]：

$$\varepsilon_r^* = \frac{d\varepsilon_1'\varepsilon_2'}{d_1\varepsilon_2' + d_2\varepsilon_1'}\left[1 + \left(\frac{\tau_1 - \tau_2}{\tau_0}\right)^2 \frac{\varepsilon_0^2 d_1 d_2}{\varepsilon_1'\varepsilon_2' d_2^2(1 + i\omega\tau)}\right] + \frac{1}{i\omega\tau_0} \quad (4-104)$$

式中，各弛豫参量为

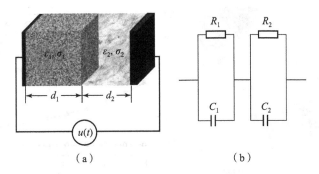

图 4-18　界面极化弛豫模型

（a）双层电容器的交流电路示意图；（b）双层电容器的等效电路

$$\begin{cases} \tau_0 = \dfrac{\varepsilon_0}{d} \dfrac{d_1(\sigma_2 + \omega\varepsilon_2'') + d_2(\sigma_1 + \omega\varepsilon_1'')}{(\sigma_1 + \omega\varepsilon_1'')(\sigma_2 + \omega\varepsilon_2'')} \\[3mm] \tau_1 = \dfrac{\varepsilon_1'}{\sigma_1 + \omega\varepsilon_1''} \\[3mm] \tau_2 = \dfrac{\varepsilon_2'}{\sigma_2 + \omega\varepsilon_2''} \\[3mm] \tau = \dfrac{d_1\varepsilon_2' + d_2\varepsilon_1'}{d_1(\sigma_2 + \omega\varepsilon_2'') + d_2(\sigma_1 + \omega\varepsilon_1'')} \end{cases} \tag{4-105}$$

界面极化弛豫也可以写成德拜方程形式，即

$$\varepsilon^* = \varepsilon_\infty + \frac{\varepsilon_s - \varepsilon_\infty}{1 + i\omega\tau} - i\frac{\sigma}{\omega} \tag{4-106}$$

式中，静态和高频介电常数分别为

$$\begin{cases} \varepsilon_s = \dfrac{d\sigma_1\sigma_2(d_1\varepsilon_2' + d_2\varepsilon_1')}{(d_2\sigma_1 + d_1\sigma_2)^2} \\[3mm] \varepsilon_\infty = \dfrac{d\varepsilon_1'\varepsilon_2'}{d_1\varepsilon_2' + d_2\varepsilon_1'} \end{cases} \tag{4-107}$$

下面利用界面弛豫理论，讨论实际电介质材料的介电响应问题。

4.7.2　异质结构材料的介电响应

两种不同晶体（或不同晶相）相互接触，将会形成一个界面区域，这个区域称为异质结构。其中，核壳结构是实际工程中常见的一种异质结构。

1. Ni@SiC 球形核壳结构

Ni@SiC 球形核壳结构如图 4-19（a）所示，其中内球介电常数为 ε_1，半径为 a，外球壳介电常数为 ε_2，内外半径为 a 和 b。Ni@SiC 核壳材料的 b 约为 10 nm，球壳厚度 d 约为 1.5 nm[9]。

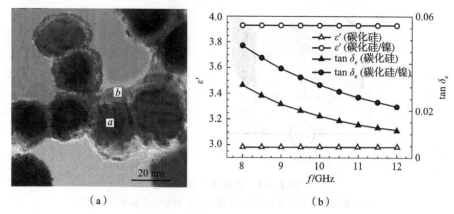

（a）　　　　　　　　　　　　　　　　（b）

图4-19　Ni@SiC 球形核壳结构及其介电常数、损耗角正切值的频谱模拟[10]

（a）Ni@SiC 球形核壳结构；（b）介电常数、损耗角正切值的频谱模拟

设球和球壳电导率分别为 σ_1 和 σ_2，则由等效电路得

$$\frac{1}{C^*} = \frac{1}{C_1^*} + \frac{1}{C_2^*} \tag{4-108}$$

根据球和球壳电容器公式，即

$$\begin{cases} C_1^* = 4\pi\varepsilon_1^* a \\ C_2^* = 4\pi\varepsilon_2^* \dfrac{ab}{b-a} \end{cases} \tag{4-109}$$

设这个核壳结构的等效介电常数为 ε，壳厚度为 d，则由式（4-108）和式（4-109）可得

$$\frac{1}{\varepsilon^*} = \frac{b}{a\varepsilon_1^*} + \frac{d}{a\varepsilon_2^*} \tag{4-110}$$

根据复介电常数公式，球形核壳异质结构的等效介电常数可表示为

$$\varepsilon_r^* = \frac{a\left(\varepsilon_1' - i\varepsilon_1'' - i\dfrac{\sigma_1}{\varepsilon_0\omega}\right)\left(\varepsilon_2' - i\varepsilon_2'' - i\dfrac{\sigma_2}{\varepsilon_0\omega}\right)}{b\left(\varepsilon_2' - i\varepsilon_2'' - i\dfrac{\sigma_2}{\varepsilon_0\omega}\right) + d\left(\varepsilon_1' - i\varepsilon_1'' - i\dfrac{\sigma_1}{\varepsilon_0\omega}\right)} \tag{4-111}$$

Ni@SiC 球形核壳异质复合材料的介电常数和损耗角正切值的频谱模拟如图4-19（b）所示。球形核壳结构也可以用德拜方程表示，其中弛豫参量可以参考式（4-105）获得。

2. 管形核壳结构

管形核壳结构是在圆柱体外包裹一层同轴管形介质。设圆柱底面半径为 a，电导率和介电常数分别为 σ_1 和 ε_1，外管壳电导率和介电常数分别为 σ_2 和 ε_2，内外半径分别为 a 和 b。令轴线处电势为0，则利用高斯定理及其电势差计算公式，可得

$$\begin{cases} C_1^* = \dfrac{2\pi\varepsilon_1^* L}{\ln a} \\[3mm] C_2^* = \dfrac{2\pi\varepsilon_2^* L}{\ln b - \ln a} \end{cases} \tag{4-112}$$

设管形核壳结构的等效介电常数为 ε，则由式（4-108）和式（4-112）可得

$$\frac{\ln b}{\varepsilon^*} = \frac{\ln a}{\varepsilon_1^*} + \frac{\ln b - \ln a}{\varepsilon_2^*} \tag{4-113}$$

根据复介电常数公式，管形核壳结构的等效介电常数可以表示为

$$\varepsilon_r^* = \frac{\left(\varepsilon_1' - \mathrm{i}\varepsilon_1'' - \mathrm{i}\dfrac{\sigma_1}{\varepsilon_0\omega}\right)\left(\varepsilon_2' - \mathrm{i}\varepsilon_2'' - \mathrm{i}\dfrac{\sigma_2}{\varepsilon_0\omega}\right)\ln b}{\left(\varepsilon_2' - \mathrm{i}\varepsilon_2'' - \mathrm{i}\dfrac{\sigma_2}{\varepsilon_0\omega}\right)\ln b + \left(\varepsilon_1' - \mathrm{i}\varepsilon_1'' - \mathrm{i}\dfrac{\sigma_1}{\varepsilon_0\omega}\right)\ln\left(\dfrac{b}{a}\right)} \tag{4-114}$$

同样，式（4-114）也可以用德拜方程表示，其中弛豫参量可以参考式（4-105）获得。

3. 复合材料

目前广泛使用的复合材料也是一种多相介质，其中填充剂与基体之间存在大量的接触面，在这些接触面处形成界面极化弛豫，从而决定了复合材料的介电性能。

设在一个半径为 R（$R > a$）的球范围内包含 n 个均匀分布、介电常数为 ε_i 的球形颗粒，它们镶嵌在介电常数为 ε_e 的连续基体中。根据电磁场理论，在电场 E_0 中球外一个半径为 R、介电常数为 ε 的距球心为 r 的点，电势可以写成

$$V_e = -\left(1 - \frac{R^3}{r^3} \cdot \frac{\varepsilon - \varepsilon_e}{\varepsilon + 2\varepsilon_e}\right)E_0 r\cos\theta \tag{4-115}$$

若使半径为 R 的大球内的所有颗粒都凝聚在中心附近，则形成一个半径为 $(na)^{\frac{1}{3}}$ 的同心球，同时使球外的电势不变，此时有

$$V_e = -\left(1 - \frac{na^3}{r^3} \cdot \frac{\varepsilon_i - \varepsilon_e}{\varepsilon_i + 2\varepsilon_e}\right)E_0 r\cos\theta \tag{4-116}$$

由式（4-115）和式（4-116）得

$$\frac{\varepsilon - \varepsilon_e}{\varepsilon + 2\varepsilon_e} = \frac{na^3}{R^3} \cdot \frac{\varepsilon_i - \varepsilon_e}{\varepsilon_i + 2\varepsilon_e} \tag{4-117}$$

式中，$\dfrac{na^3}{R^3}$ 恰好等于小颗粒在基体中的体积分数。

对低填充浓度的复合材料，体积分数远小于 1，则由式（4-117）得

$$\varepsilon \approx \varepsilon_e\left(1 + \frac{3na^3}{R^3} \cdot \frac{\varepsilon_i - \varepsilon_e}{\varepsilon_i + 2\varepsilon_e}\right) \tag{4-118}$$

1）高频介电常数

在交变电场下，将填充颗粒的复介电常数代入式（4-118），即得到复合材料

的复介电常数

$$\varepsilon^* \approx \varepsilon_e^* \left[1 + \frac{3na^3}{R^3} \frac{\left(\varepsilon_i' - i\varepsilon_i'' - i\frac{\sigma_i}{\omega} \right) - \varepsilon_e^*}{\left(\varepsilon_i' - i\varepsilon_i'' - i\frac{\sigma_i}{\omega} \right) + 2\varepsilon_e^*} \right] \qquad (4-119)$$

由式（4-119）即可得到高频介电常数。

2）静态介电常数

在低频下，颗粒电导率将起到主要作用。由于每个颗粒都是等电势的，因此 ε_i 必将趋于无限大。由式（4-118）可得静态介电常数：

$$\varepsilon_s = \varepsilon_e \left(1 + \frac{3na^3}{R^3} \right) \qquad (4-120)$$

3）弛豫时间

介电颗粒与基体接触面存在界面极化，在交变电场作用下，界面极化发生弛豫现象，其弛豫时间为

$$\tau = \frac{\varepsilon_i + 2\varepsilon_e}{\sigma_i} \qquad (4-121)$$

它也可以用德拜方程表示：

$$\varepsilon^* = \varepsilon_\infty + \frac{\varepsilon_s - \varepsilon_\infty}{1 + i\omega\tau} \qquad (4-122)$$

综上所述，电介质材料中主要的弛豫机制包括偶极子弛豫、晶格缺陷弛豫、热离子弛豫、空间电荷弛豫和界面弛豫，它们的弛豫时间为 $10^{-9} \sim 10^{-2}$ s，在高频交变电场下产生介电弛豫损耗。

参考文献

[1] COELHO R. Physics of dielectrics for the engineer ［M］. New York：Elsevier Scientific Publishing Company, 1979.

[2] 陆栋, 蒋平, 徐至中. 固体物理学 ［M］. 上海：上海科学技术出版社, 2003.

[3] 李翰如. 电介质物理导论 ［M］. 成都：电子科技大学出版社, 1990.

[4] LI Y, FANG X Y, CAO M S. Thermal frequency shift and tunable microwave absorption in BiFeO$_3$ family ［J］. Scientific reports, 2016, 6：24837.

[5] CAO M S, SONG W L, HOU Z L, et al. The effects of temperature and frequency on the dielectric properties, electromagnetic interference shielding and microwave absorption of short carbon fiber/silica composites ［J］. Carbon, 2010, 48 (3)：788 – 796.

[6] CAO W Q, WANG X X, YUAN J, et al. Temperature dependent microwave

absorption of ultrathin graphene composites [J]. Journal of materials chemistry C, 2015, 3 (38): 10017 - 10022.

[7] FENG G Y, FANG X Y, WANG J J, et al. Effect of heavily doping with boron on electronic structures and optical properties of β - SiC [J]. Physica B: condensed matter, 2010, 405 (12): 2625 - 2631.

[8] WANG L N, FANG X Y, HOU Z L, et al. Polarization mechanism of oxygen vacancy and its influence on dielectric properties in ZnO [J]. Chinese physics letters, 2011, 28 (1): 027101.

[9] ZOU G Z, CAO M S, LIN H B, et al. Nickel layer deposition on SiC nanoparticles by simple electroless plating and its dielectric behaviors [J]. Powder technology, 2006, 168 (2):84 - 88.

[10] ZHOU Y, KANG Y Q, FANG X Y, et al. Mechanism of enhanced dielectric properties of SiC/Ni nanocomposites [J]. Chinese physics letters, 2008, 25 (5): 1902 - 1904.

第 5 章

电介质材料的损耗

在交变电场作用下，电介质材料中慢极化滞后于外电场变化，极化强度与电场强度存在相位差，导致交变电场功率损耗。本章着重介绍了电介质材料的损耗现象，分析了电介质材料的损耗机理，并对一些典型电介质材料的损耗规律进行了模拟。

5.1 电介质材料的电损耗机制

5.1.1 电损耗的宏观描述

电介质材料的电损耗是指在单位体积内消耗交变电场的功率。下面从交变电路中的能量传输过程入手，介绍电介质材料的电损耗功率。

1. 介电损耗功率

在如图 5 - 1（a）所示的电介质材料上加一个正弦交变电场

$$E(t) = E_0\cos(\omega t) \tag{5-1}$$

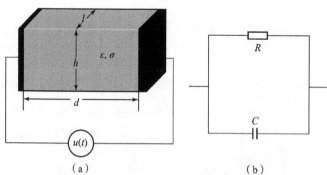

图 5 - 1 交变电场对电介质材料的极化作用

（a）交变电场下电介质材料的介电响应；（b）等效电路

假设材料中的各类感应电偶极矩将以相同的频率随时间变化，因此极化强度也以相同的频率变化。由于每个电子、离子和分子都存在惯性，并且极化过程还受到

周围阻力的作用，极化强度的相位将滞后于电场强度。设滞后的相位是 δ，则极化强度可表示为

$$P(t) = \varepsilon_0 \chi^* E_0 \cos(\omega t - \delta) \tag{5-2}$$

式中，χ^* 是电介质材料的复极化率，可表示为

$$\chi^* = \chi' + \mathrm{i}\chi'' \tag{5-3}$$

当 δ 是复极化率辐角时，式（5-2）可以表示成

$$P(t) = \varepsilon_0 \chi' E_0 \cos\delta \cdot \cos(\omega t) + \varepsilon_0 \chi'' E_0 \sin\delta \cdot \sin(\omega t) \tag{5-4}$$

在单位体积内，交变电场向电介质材料传输的平均功率为

$$W_{\mathrm{P}} = \frac{1}{T} \int_0^T E(t)\,\mathrm{d}P(t) = \frac{1}{2}\varepsilon_0 \omega \chi'' E_0^2 \tag{5-5}$$

其中，式（5-4）的第一项 $\varepsilon_0 \chi' E_0 \cos\delta \cdot \cos(\omega t)$ 在一个周期内的平均能量功率为 0，表明极化率实部起到电容器充放电作用。交变电场的损耗来源于式（5-4）的第二项 $\varepsilon_0 \chi'' E_0 \sin\delta \cdot \sin(\omega t)$，即极化率虚部。

根据电介质材料极化率和介电常数之间的关系[1]，式（5-5）又可以写成

$$W_{\mathrm{P}} = \frac{1}{2}\varepsilon_0 \omega \varepsilon_{\mathrm{r}}'' E_0^2 \tag{5-6}$$

这表明，电介质材料的介电损耗功率与交变电场的输入功率、频率和介电常数虚部成正比。

2. 电导损耗功率

当存在漏电流时，电介质材料中还会出现电导损耗。假设加在电介质材料上的交变电场仍为式（5-1），则根据欧姆定律可得漏电流密度为

$$J(t) = \sigma E_0 \cos(\omega t) \tag{5-7}$$

由于在一个周期 T 内，单位体积中交变电场的平均功率为

$$W_{\mathrm{C}} = \frac{1}{T} \int_0^T J(t)\,\mathrm{d}E(t) \tag{5-8}$$

代入漏电流密度即得[1]

$$W_{\mathrm{C}} = \frac{1}{2}\sigma E_0^2 \tag{5-9}$$

这表明，电介质材料的电导损耗功率与输入功率和电导率成正比，与频率无关。

3. 电损耗功率

在电介质材料中，单位体积内电损耗功率为介电损耗功率和电导损耗功率之和，由式（5-6）和式（5-9）可得电损耗功率为

$$W_{\mathrm{E}} = \frac{1}{2}\varepsilon_0 \omega \left(\varepsilon_{\mathrm{r}}'' + \frac{\sigma}{\varepsilon_0 \omega} \right) E_0^2 \tag{5-10}$$

式（5-10）说明，电导率对电介质材料介电性能的作用，相当于在复介电常

数中引入一个虚数。因此，具有漏电导的电介质材料的复介电常数可以表示为

$$\varepsilon_r^* = \varepsilon_r' - i\left(\varepsilon_r'' + \frac{\sigma}{\varepsilon_0\omega}\right) \tag{5-11}$$

交变电场在电介质材料中的传输还可以用等效电路描述，如图 5-1（b）所示。在这个等效电路中，等效导纳为

$$Y^* = \frac{hl}{d}\varepsilon_0\omega\varepsilon_r'' + \frac{hl}{d}\sigma + i\frac{hl}{d}\varepsilon_0\omega\varepsilon_r'$$

由导纳的实部可以看出电阻与电容并联，其等效电导率为

$$\sigma' = \sigma + \varepsilon_0\omega\varepsilon_r'' \tag{5-12}$$

这部分电流与电压同相位，产生能量损耗。而导纳虚部则由纯电容构成，由于位移电流与电场的相位差是 $\frac{\pi}{2}$，因此这部分不会引起能量损耗，只起到充放电作用。

5.1.2　电损耗的微观机理

电介质材料的电损耗主要来源于电导损耗和介电损耗。从宏观角度看，电导损耗源于载流子（电子）在电场下的定向移动，即传导电流，遵从欧姆定律；介电损耗源于束缚电子在变化电场下的极化，即位移电流。从微观角度看，电介质材料中电荷在交变电场下的输运（形成传导电流）和极化（形成位移电流）行为，反映了电损耗的本质。在电介质材料中，常见的电荷主要有原子核、芯电子、价电子、自由电子、束缚离子和自由离子等。

1. 电导损耗

电介质材料通常不是理想绝缘体，因此不可避免地存在一些自由电子或自由离子。在电场作用下，这些载流子定向迁移产生传导电流，导致电导损耗。由第 3 章可知，电介质材料的电导主要来源于离子电导和电子电导，并且无论是哪一种机制，它们的电导率都可以写成[2]

$$\sigma = qn\mu \tag{5-13}$$

式中，n 为载流子（离子、电子、空穴）的浓度；μ 为载流子的迁移率。因此，电介质材料的电导损耗又分为离子电导损耗和电子电导损耗两种，其电导损耗功率均为

$$W_c = \frac{1}{2}qn\mu E_0^2 \tag{5-14}$$

电损耗角正切值为

$$\tan\delta = \frac{\sigma}{\omega\varepsilon_0\varepsilon_r'} = \frac{qn\mu}{2\pi f\varepsilon_0\varepsilon_r'} \tag{5-15}$$

一般而言，电子或离子浓度以及它们的迁移率都与频率无关。因此，由式（5-15）可知：随电场频率 f 的增高，$\tan\delta$ 呈倒数关系下降，即由漏电流引起的

介质损耗 $\tan\delta$ 与频率 f 呈反比关系。

2. 介电损耗

电介质材料中存在大量的、不能够长程迁移的电荷，如原子核、芯电子、价电子和束缚离子等，它们在交变电场下的介电响应如图 5 – 2 所示[3]。

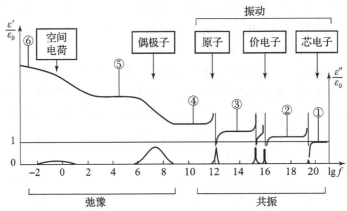

图 5 – 2　交变电场下电介质材料的介电响应

由图 5 – 2 可以看出，全波段下电介质材料的介电响应分为两个类型，分别是出现在 10^{12} Hz 以上频段的共振和出现在 10^{12} Hz 以下频段的弛豫。由式（5–6）可知，无论是弛豫还是共振，都会产生介电损耗。

1）共振损耗

在交变电场作用下，电介质材料中的原子核、束缚离子或电子将偏离平衡位置，同时也会受到周围物质的恢复力作用，从而形成共振效应。电介质材料的共振在红外全紫外的广泛光频范围内产生能量损耗，主要包括：

（1）芯电子共振。由于内层电子具有 10^{19} Hz 数量级的临界频率（X 射线范围），因此高于 10^{19} Hz（或波长小于 1 Å）的交变电场不可能在原子内激励起任何振动，电介质材料不出现极化效应，此时，$\varepsilon_r = \varepsilon_0$；若频率低于内层电子的共振频率，这些电子将受到电场的作用产生振动，从而使电介质材料产生极化，$\varepsilon_r > 1$。

（2）价电子共振。价电子的共振频率为 $3 \times 10^{14} \sim 3 \times 10^{15}$ Hz，即从紫外（0.1 μm）到近红外（1 μm）的光谱范围，当交变电场频率低于 3×10^{14} Hz 时，这些价电子将参与电介质材料的电子位移极化。

（3）原子（离子）共振。分子和原子的振动频率为 $10^{12} \sim 3 \times 10^{13}$ Hz，当交变电场频率高于 10^{12} Hz 时，电介质材料中的原子核或离子实（原子核 + 芯电子）将产生离子位移极化，呈现共振响应。

上述共振过程可以采用谐振模型（见 2.2.1 小节和 2.3.1 小节）描述，这里线性恢复力来源于电荷周围原子受到压迫（或拉伸）所产生的弹性力。

2）弛豫损耗

当交变电场频率低于原子振动频率时，恢复力不再具有弹性，而具有黏滞性的特点。此时，交变电场与电介质材料之间出现一种新型的相互作用关系，对应的介电损耗称为弛豫损耗。在电介质材料中，由于偶极子、热离子和空间电荷受到周围较大的黏滞阻力作用，极化建立时间较长，因此产生极化滞后现象，即电介质材料的极化强度 P 的变化滞后于电场强度 E 的变化，从而会消耗一部分能量。电介质材料的弛豫损耗主要包括以下几种。

（1）偶极弛豫损耗，在极性电介质材料中，极性分子（电偶极子）在电场力矩的作用下做转向运动，在转动过程中将受到分子之间的阻碍作用，类似于物体在一种黏滞性媒介中的转动情况。由于黏滞阻力的作用，偶极子的极化需要较长时间。这种在交变电场作用下产生的弛豫损耗，称为偶极弛豫损耗。偶极弛豫损耗主要出现在 $10^6 \sim 10^9$ Hz，如图 5-2 所示。

（2）界面弛豫损耗。在不同材料界面两侧，材料的介电常数和电导率的差异会产生等效偶极层，形成界面极化。界面极化属于慢极化，通常出现在具有异质结构的电介质材料中。在交变电场下，这类电介质材料在弛豫过程中发生的能量损耗，称为界面弛豫损耗，其响应频段由等效时间常数决定。

（3）空间电荷弛豫损耗。在实际电介质材料中，微观结构分布不均匀将会出现局部空间电荷聚集，形成宏观偶极子。在交变电场作用下，空间电荷每半个周期改变一次正负极性，相当于每半个周期宏观偶极子变换一次方向。这种由空间电荷极化弛豫产生的能量损耗，称为空间电荷弛豫损耗，其响应频段通常较低，主要出现在 10^2 Hz 以下频段，如图 5-2 所示。

共振和弛豫是电介质材料中介电损耗的两个重要类型。从极化类型上加以区别，共振损耗来源于快极化，通常出现在红外以上的光频段；弛豫损耗来源于慢极化，通常出现在红外以下的微波和超声等频段。在极化模型上，共振和弛豫的区别源于在极化过程中受到阻力的性质，当阻力为弹性恢复力时出现共振类型，当阻力具有黏滞性特性时出现弛豫类型。

5.2　电介质晶体的介电损耗

本节通过学习分子晶体、原子晶体和离子晶体等电介质材料中电荷的介电响应，分析电介质晶体的介电损耗机制，并对若干典型晶体的介电损耗进行定量描述。

5.2.1　分子晶体

1. 分子晶体概述

分子之间依靠分子作用力（范德华力或氢键）构成的晶体，称为分子晶体。分子晶体的物理性质由分子作用力的大小决定，一般地，分子的相对分子质量越大，分子间的作用力越大，晶体熔沸点越高，硬度越大。而分子内部的化学键，在晶体状态改变时不会被破坏。

分子晶体主要包括：①所有非金属氢化物；②大部分非金属单质，如卤素、硫、氮、白磷、C_{60} 等；③部分非金属氧化物，如 CO_2、SO_2、P_4O_6、P_4O_{10} 等；④几乎所有的酸；⑤绝大多数有机化合物，如苯、乙酸、乙醇、葡萄糖等。由于分子间作用力很弱，分子晶体具有较低的熔点、沸点，硬度小、易挥发，因此许多分子晶体在常温下呈气态或液态，在低温下它们凝聚成固态分子晶体，如图 5-3 所示。

根据分子是否具有固有偶极子，晶体可以分为非极性分子晶体和极性分子晶体。

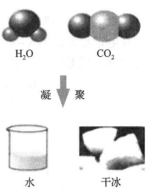

图 5-3　水和二氧化碳分子及其凝聚态

2. 非极性分子晶体的共振损耗

在非极性分子晶体（如干冰）中，由于在其组成中没有离子和极性分子，因此仅存在电子位移极化。根据能带理论，价电子的极化发生在价带和导带之间，称为带间跃迁；芯电子的极化发生在价带内部，称为带内跃迁。下面以价电子极化为例，介绍非极性分子晶体的介电响应及其损耗。

根据电子位移极化模型（见 2.2.1 小节），在交变电场作用下，电子云（负电荷中心）相对原子核（正电荷中心）来回振荡，可以看作谐振子。考虑到电子与晶体中其他粒子（如声子）之间也存在相互作用，使电子能量逐渐消耗，即电子振动过程要受到阻尼力作用。假设电子质量为 m、振动频率为 ω_0、阻尼系数为 Γ，则在频率为 ω 的交变电场作用下，电子的振动方程可以写成

$$m\frac{d^2x}{dt^2} = -m\omega_0^2 x - m\Gamma\frac{dx}{dt} - eE_0 e^{-i\omega t} \tag{5-16}$$

式中，E_0 为交变电场的振幅。解微分方程（5-16）得到电子位移

$$x = -\frac{e}{m}\left[\frac{(\omega_0^2 - \omega^2) + i\Gamma\omega}{(\omega_0^2 - \omega^2)^2 + \Gamma^2\omega^2}\right]E_0 e^{-i\omega t} \tag{5-17}$$

设电子浓度为 N，则电子位移对极化强度的贡献为 $P = -Nex$，根据极化强度和介电常数的关系可得到[4]

$$\varepsilon_r^* = 1 + \frac{Ne^2}{m\varepsilon_0}\left[\frac{(\omega_0^2 - \omega^2)}{(\omega_0^2 - \omega^2)^2 + \Gamma^2\omega^2} + i\frac{\Gamma\omega}{(\omega_0^2 - \omega^2)^2 + \Gamma^2\omega^2}\right] \tag{5-18}$$

式（5-18）是洛伦兹根据经典阻尼振子在高频电场中受迫振动情况获得的，称为洛伦兹模型。采用量子理论，可以得到与洛伦兹模型（5-18）相近的公式。由量子理论，式（5-18）中价电子的固有振动频率与电子基态（价带顶能级 E_V）

和激发态（导带底能级 E_c）之间的带隙大小有关，表示为

$$\omega_0 = \frac{E_c - E_V}{\hbar} \tag{5-19}$$

根据洛伦兹模型，可以得到介电常数的频谱，如图 5-4（a）所示。与实际晶体的介电常数频谱图 5-4（b）相比，洛伦兹模型较好地反映了非极性分子晶体的介电性能。当考虑实际晶体存在多个谐振子时，洛伦兹模型可以修正为[5]

$$\varepsilon_r^* = 1 + \frac{Ne^2}{m\varepsilon_0} \sum_j \left[\frac{(\omega_{j0}^2 - \omega^2)}{(\omega_{j0}^2 - \omega^2)^2 + \Gamma^2\omega^2} + i\frac{\Gamma\omega}{(\omega_{j0}^2 - \omega^2)^2 + \Gamma^2\omega^2} \right] \tag{5-20}$$

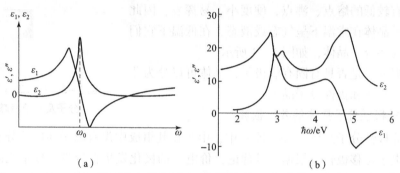

图 5-4　非极性分子晶体介电常数频谱

（a）理论曲线；（b）实验曲线[1]

如上所述，考虑电子与晶体中其他粒子的相互作用后，分子晶体的高频介电常数为复数。由式（5-6）可知，交变电场在分子晶体中消耗的能量为

$$W_P = \frac{Ne^2}{2m} \frac{\Gamma\omega^2}{(\omega_0^2 - \omega^2)^2 + \Gamma^2\omega^2} E_0^2 \tag{5-21}$$

实际上，电子就是通过与分子晶体中的其他粒子间的相互作用而将其从交变电场（光电场）获得的能量传递给晶格，从而导致光电场能量损耗。

3. 极性分子晶体的弛豫损耗

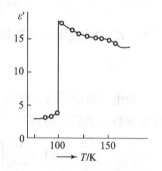

图 5-5　HCl 晶体介电常数的温度特性

在极性分子晶体（如 HCl 晶体）中，除电子位移极化外，还存在正负电荷中心不重合的极性分子。当分子间相互作用比较大时，这些分子偶极子通常难以转向，只有熔融时它们才能发生转向，使其介电常数陡然增大，如图 5-5 所示[1]。

但是，现在已经发现许多极性分子晶体在室温下存在固有偶极矩取向极化，其中很多是较复杂的有机化合物。这些化合物中通常包含较大的极性基团，具有较强的取向极化。在无机分子晶体中，HCl 晶体在 98.7 K 时由正交晶系转变成立方晶系，这时介电常数发生如图 5-5 所示的陡然增

加。从这个温度直至 159 K（熔点），HCl 晶体的介电常数基本按照 $1/T$ 的关系逐渐下降。这是由于晶体结构从正交晶系转变成立方晶系后，HCl 分子可以在晶体中比较自由地取不同方位，从而使偶极子取向极化成为电极化的主要机制。

根据弛豫理论，电矩为 p_r 的固有电偶极子在交变电场作用下的相对复介电常数可以表示为[1,3]

$$\varepsilon_r^* = \varepsilon_\infty + \frac{Np_r^2}{3\varepsilon_0 k_B T(1 + i\omega\tau)} \tag{5-22}$$

式中，N 是单位体积中固有电矩数（固有电矩浓度），ε_∞ 是由电子位移极化决定的高频介电常数，遵循式（5-18）和式（5-20）。τ 为弛豫时间，与晶格热振动频率 ω_0、活化能 U 和温度 T 密切相关，可以表示为[2]

$$\tau = \frac{\pi}{\omega_0} e^{\frac{U}{k_B T}} \tag{5-23}$$

由式（5-22）可知，当 $\omega = 1/\tau$ 时，极性分子晶体的介电常数虚部具有峰值。根据式（5-6）和式（5-22）可得分子晶体弛豫损耗的功率密度为

$$W_P = \frac{Np_r^2}{6k_B T} E_0^2 \frac{\omega^2\tau}{1 + \omega^2\tau^2} \tag{5-24}$$

由此可见，当 $\omega = 1/\tau$ 时，极性分子晶体的弛豫损耗功率也具有最大值。对于大部分含有固有偶极矩的晶体，$\omega = 1/\tau$ 在超高频至微波的频率范围（$10^{-10} \sim 10^{-6}$ s），因此在微波频段产生能量损耗。

5.2.2 原子晶体

1. 原子晶体概述

不存在独立的小分子、相邻原子之间通过强烈共价键结合而成的空间网状结构，称为原子晶体。由于原子之间相互结合的共价键非常强，要打断这些键而使晶体熔化必须消耗大量能量，所以原子晶体一般具有较高的熔点、沸点和硬度。常见的原子晶体有单晶硅、碳化硅、二氧化硅（石英）和金刚石。

在单质晶体（如金刚石、单晶硅等）中，C—C 键、Si—Si 键为非极性共价键，因此不存在固有偶极矩，属于非极性电介质材料。对碳化硅、石英等化合物，当两个电负性差值较大的原子键合时，虽然形成了极性共价键，但在中心对称结构的晶体中并不会出现固有电偶极矩。因此，判断原子晶体是否存在极性，除了看共价键的极性外，还要考虑晶格结构的对称性。

原子晶体中存在多种晶格结构，如图 5-6 所示。最常见的是金刚石结构、闪锌矿结构和纤锌矿结构。其中，金刚石结构和闪锌矿结构都属于立方晶系，晶格结构如图 5-6（a）所示；闪锌矿结构除了由两类不同原子占据晶格的交替位置外，其余与金刚石结构完全相同。纤锌矿属于六方晶系，晶格结构如图 5-6（b）所示。Ga、N 原子的联系为共价键，配位数均为 4。但配位多面体是一个三方单锥，即平行于 Z

轴的 Ga—N 键比另外三根 Ga—N 键要长一些。因此，当共价键具有极性时，晶体中存在固有偶极矩，表现为极性原子晶体。

在碳化硅晶体中，C—Si 是极性共价键。但是，由于具有中心对称结构，立方碳化硅（β-SiC）是非极性电介质材料；而六方碳化硅（α-SiC）则属于纤锌矿结构，不具有中心对称性，是极性电介质材料。下面以它们为例，介绍非极性原子晶体和极性原子晶体的介电损耗。

2. β-SiC 的共振损耗

SiC 是一种独特的材料，已知有超过 200 种晶型。β-SiC 晶体的优化结构如图 5-7 所示，属于立方晶系，具有中心对称性。β-SiC 的晶格常数为 $a = b = c = 0.434\,8$ nm，C—Si 键的布居值为 2.77，具有较强的共价性[6]。

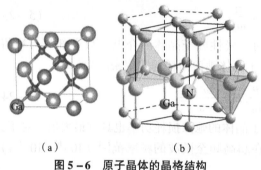
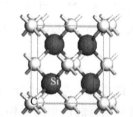

（a）　　　　　　　（b）

图 5-6　原子晶体的晶格结构

（a）立方砷化镓；（b）六方氮化镓

图 5-7　β-SiC 晶体的优化结构

β-SiC 为非极性电介质材料，其介电响应主要出现在光频段，其频谱如图 5-8 所示。

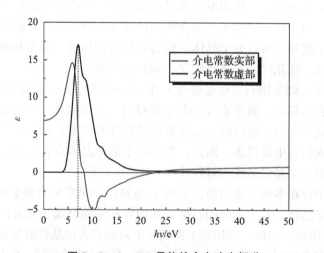

图 5-8　β-SiC 晶体的介电响应频谱

可以看出，在 1.6×10^{15} Hz 附近，β－SiC 产生显著的介电响应，其介电常数频谱曲线与非极性分子晶体介电常数的理论曲线相似［图 5－4（a）］。

根据式（5－6）和图 5－8 数据，可得 β－SiC 晶体的共振损耗功率，如图 5－9 所示。可以看出，β－SiC 的损耗主要发生在 70～248 nm 的深紫外区。与图 5－10 比较，能量为 5～17 eV 的光子极容易被 β－SiC 晶体吸收，并将吸收的能量传递给声子。

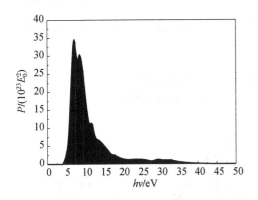

图 5－9　β－SiC 晶体的共振损耗功率　　　　图 5－10　β－SiC 晶体的吸收系数

3. α－SiC 的弛豫损耗

α－SiC 为纤锌矿结构，属于六方晶系，其晶格结构如图 2－23 所示。由于 Si—C 键具有极性，且晶格结构不具有中心对称性，α－SiC 中存在固有偶极子。因此，α－SiC 在交变电场下产生偶极弛豫。由 2.4.3 小节和 4.3.1 小节可知，α－SiC 的相对复介电常数为

$$\varepsilon_r^* = \left(3.97 + \frac{6.33}{1 + \omega^2 \tau^2}\right) - \mathrm{i}\,\frac{6.33}{1 + \omega^2 \tau^2}\omega\tau \tag{5-25}$$

根据文献［7］、［8］，设活化能为 $U = 0.06$ eV，原子振动频率取 10^{12} Hz。由式（5－6）和式（5－25）可得 α－SiC 弛豫损耗的功率密度：

$$W_P = \frac{N p_r^2}{6 k_B T} E_0^2 \frac{\omega^2 \tau}{1 + \omega^2 \tau^2} \tag{5-26}$$

α－SiC 弛豫损耗的数值模拟结果如图 5－11 和图 5－12 所示。由图 5－11 可知，随频率增大，α－SiC 弛豫损耗的功率密度增大。在室温至 900 K，损耗功率随温度升高而减小，在室温以下则随温度升高而增大。比较图 5－11 和图 5－12 可以看出，α－SiC 的弛豫损耗角正切值的频率特性和温度特性与损耗功率密度类似，即随频率增大而增大，在室温以上随温度升高而减小，在室温以下则随温度升高而增大。其区别在于：①300 K 下 $\tan\delta$ 在 13 GHz 有一个峰；②低温（250 K以下）$\tan\delta$ 随频率增加而减小。

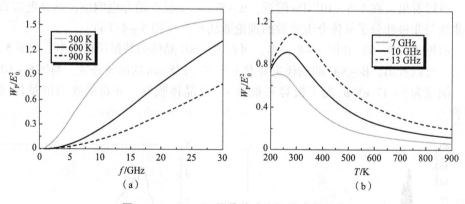

图 5-11 α-SiC 晶体的弛豫损耗功率特性

（a）不同温度下的频率特性；（b）不同频率下的温度特性

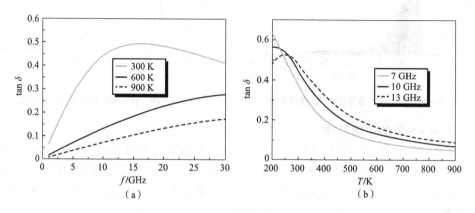

图 5-12 α-SiC 晶体的弛豫损耗角正切值

（a）不同温度下的频率特性；（b）不同频率下的温度特性

5.2.3 离子晶体

1. 离子晶体概述

离子晶体是指由离子化合物结晶形成的晶体，属于离子化合物中的一种特殊形式。离子化合物不能称为分子，它是由正、负离子或正、负离子集团按一定比例通过离子键（静电库仑力）结合而成。离子晶体一般硬而脆，具有较高的熔沸点，在固态时有离子，但不能自由移动，不能导电。

离子晶体有二元离子晶体、多元离子晶体和有机离子晶体等类别，主要如下。

（1）强碱，如 NaOH、KOH、Ba(OH)$_2$ 等。

（2）活泼金属氧化物，如 Na$_2$O、MgO、Na$_2$O$_2$ 等。

（3）除 BeCl$_2$、Pb(Ac)$_2$ 等以外的大多数盐类。

　　理想的离子晶体不含缺陷，晶体中只有电子位移极化和离子位移极化，因此介电响应仅出现在光频段。下面以氯化钠晶体为例，介绍离子晶体的介电损耗。

2. 氯化钠晶体的共振损耗

氯化钠是典型的离子晶体，其形貌与晶格结构如图 5 – 13 所示。

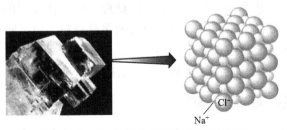

图 5 – 13　NaCl 晶体的形貌与晶格结构

　　由离子位移极化的谐振模型（见 2.3.1 小节）可知，NaCl 晶体的介电响应遵循洛伦兹模型（5 – 18）。NaCl 晶体的静态介电常数为 5.62、光学折射率为 1.544 27，由文献 [9] 可知氯化钠在远红外 172 cm^{-1} 处有吸收峰，代入式（5 – 18）可得

$$\frac{Ne^2}{m\varepsilon_0} = 5.4 \times 10^{26}$$

$\Gamma = 1/\omega_0 = 9.258 \times 10^{-14}$ s，利用式（5 – 18）和式（5 – 21）得到 NaCl 晶体介电响应的模拟结果，如图 5 – 14 和图 5 – 15 所示。

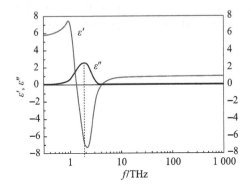

图 5 – 14　NaCl 晶体的介电响应

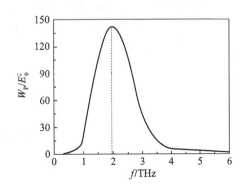

图 5 – 15　NaCl 晶体的共振损耗

　　由图 5 – 14 和图 5 – 15 可以看出，NaCl 晶体介电损耗属于共振类型。由于在模拟计算中没有计入高频介电常数（折射率），因此计算值偏小。在 2.3.2 小节中曾介绍过，在离子晶体中，采用经典的克劳修斯 – 莫索提内电场方程计算出碱卤晶体的介电常数在许多情形下与实验值相差甚远，因此需要对碱卤晶体的极化模型进行各种补充与修正。

5.3 电介质材料的弛豫损耗

5.2 节介绍的原子晶体、分子晶体和离子晶体都是理想的电介质材料，由于大块晶体的制备技术要求和成本都比较高，因此现实中广泛应用的都是非理想电介质材料，如含有杂质缺陷的晶体、非均匀分布的多晶材料、由不同材料（不同相）构成的多相材料以及无定形或玻璃态材料等。下面按照这些实际电介质材料中的弛豫类型，着重介绍它们的介电损耗机制和能量衰减规律。

5.3.1 含缺陷的离子晶体

理想的离子晶体在电场下只产生电子和离子位移极化，在交变电场下仅出现共振响应。但在 1948 年以后，陆续发现了在碱卤晶体中还存在一个附加在电导损耗上的峰值，这说明在碱卤晶体中具有弛豫机制。通过大量的实验研究，目前较为一致的观点认为，离子晶体中的弛豫过程与晶格缺陷有关。

1. 晶格缺陷

离子晶体中常见的晶格缺陷有空位缺陷和杂质缺陷。

1）空位缺陷

碱卤晶体结构一般比较紧密，填隙空间很小，所以占优势的缺陷是空位，一般不易形成填隙离子。在如图 5 – 16（a）所示的 NaCl 晶体中，A 处出现了阳离子（Na^+）空位。由于电平衡被打破，A 处形成了一个负电势源，因此阳离子空位相当于一个负电荷，如图 5 – 16（b）所示。

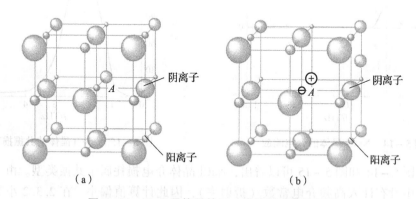

图 5 – 16　NaCl 晶格及其 Na^+ 空位形成的偶极子
（a）NaCl 晶格；（b）Na^+ 空位形成的偶极子

如果晶格的温度足够高，以至于可以使离子相对移动，则在空位附近（A 处）的某个阴离子（Cl^-），受到库仑势作用被挤出原晶格位置，如图 5 – 16（b）所示。这样，Na^+ 空位和 Cl^- 空位耦合在一起形成一个偶极子 p_e，显然它的方向是任意的。

2）杂质缺陷

当不同价态的离子替位基体离子时，也会产生类似的电偶极子。如图 5 – 17 所示，一个碱土金属原子（如 Ca）替换了碱金属原子（如 Na）。这种情况下，它释放了两个电子，使原一价碱金属位置 B 成为过剩正电荷处。由于这个新的阳离子有一个过剩正电荷，因此它可以与一个阳离子空位形成电偶极子，如图 5 – 17（a）所示，也可以与一个填隙负离子形成电偶极子，如图 5 – 17（b）所示。

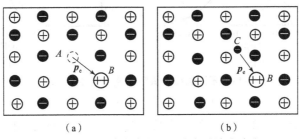

（a）　　　　　　　　　　（b）

图 5 – 17　不等价掺杂形成的杂质缺陷弛豫

（a）Ca 离子与阳离子空位形成的等效偶极子；（b）Ca 离子与填隙负离子形成的等效偶极子

2. 氧空位的弛豫损耗

晶格缺陷在交变电场中的取向极化是一种比较典型的慢极化弛豫。立方氧化锌（β – ZnO）属于离子型共价化合物，通常含有许多氧空位。由第一性原理计算得到 Zn_8O_7 晶体的高频介电常数 $\varepsilon_\infty = 3.5$，高于 β – ZnO 晶体的实验值 2.6[4]。由 4.4.2 小节可知含氧空位 β – ZnO 的复介电常数为

$$\varepsilon_r^* = 3.5 + \frac{4.4}{1 + \omega^2\tau^2} - i\frac{4.4}{1 + \omega^2\tau^2}\omega\tau$$

根据式（5 – 26），其弛豫损耗功率为

$$W_P = 2.2E_0^2 \frac{\omega^2\tau}{1 + \omega^2\tau^2} \tag{5 – 27}$$

考虑到空位缺陷存在断键，将使固有电矩处受到的黏滞阻力减小。设弛豫活化能为 $U = 0.05$ eV（比 α – SiC 略小），则得到含氧空位 β – ZnO 的介电弛豫损耗，如图 5 – 18 所示。

可以看出损耗角正切值随着温度升高，损耗峰位向高频方向移动，且峰值下降。在相同温度下，损耗角正切峰位比介电常数虚部峰位大，对 300 K、600 K 和 900 K，峰位分别移动了 21 – 14.68 = 6.32 GHz，50 – 38.57 = 11.43 GHz 和 70 – 53.34 = 16.66 GHz。与损耗角正切值相比，氧空位弛豫损耗功率频谱呈现高低双稳平台：在厘米波段以下损耗功率处于低稳定状态，随着频率升高损耗功率迅速升高，当达到毫米波段后，损耗功率处于饱和的高稳定状态。并且，随着温度升高，高、低双稳态差值增大，如图 5 – 18（b）所示。

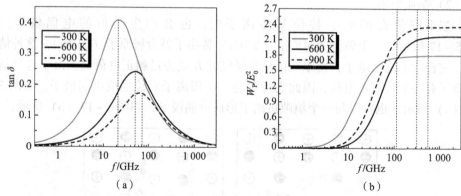

图5-18　不同温度下氧空位弛豫损耗的频率特性

（a）损耗角正切值；（b）损耗功率

不同频率下氧空位弛豫损耗的温度特性如图5-19所示，可以看出损耗角正切值与介电常数虚部类似：随着频率升高，损耗峰位向高温方向移动，且峰值下降；在室温以上，随着温度升高，损耗角正切值减小。氧空位弛豫损耗功率与损耗角正切值有类似的温度特性，即随着温度升高损耗功率下降，且频率越高损耗峰位越向高温方向移动。比较图5-19（a）、（b）可以看出，频率对氧空位弛豫损耗功率温度特性的影响比对损耗角正切值温度特性的影响更明显，并且在高温下频率的影响将趋于消失，说明高温下晶体中黏滞阻力（内摩擦系数）减小，导致能量损耗减小。

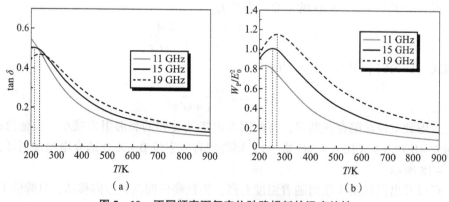

图5-19　不同频率下氧空位弛豫损耗的温度特性

（a）损耗角正切值；（b）损耗功率

5.3.2　非均匀电介质材料

广义的非均质介质是指某一性质（如导电性、热传导、波速等）随空间位置而变化的材料，通常又将某一性质随方向变化的电介质材料称为各向异性介质。在工程上，属于非理想电介质材料的非均匀介质，是指微观结构分布不均匀的物质，如密度不均匀材料、掺杂半导体、含晶格缺陷的晶体等。

1. 空间电荷极化

在非均匀电介质材料中，密度高处的带电粒子（电子、离子等）将向密度低处扩散，从而在原区域产生正负空间电荷。正负空间电荷的出现将阻碍扩散的进程，并最终达到平衡。在外电场的作用下，平衡被打破，从而在非均匀分布区域产生随外电场变化的宏观偶极区。这种由空间电荷形成宏观电偶极矩的现象，称为空间电荷极化。显然，在非均匀电介质中，除空间电荷极化外，电子和离子的位移极化仍然存在。

空间电荷极化通常出现在晶界、相界、晶格畸变和杂质等缺陷处，在外电场作用下，电子运动到此处被捕获（束缚电荷）而形成极化。空间电荷极化建立的过程一般在 10^{-2} s 以上。

2. 空间电荷弛豫损耗

空间电荷极化最典型的实例出现在 PN 结、肖特基结和各种异质结的势垒区，其中肖特基结和异质结涉及多相介质问题，我们将在后面介绍。下面以 PN 结为例，介绍空间电荷的弛豫损耗。

P 型半导体和 N 型半导体的多数载流子分别是空穴和电子，当二者相互接触时，电子（或空穴）将由浓度高的 N 型区（或 P 型区）向浓度低的 P 型区（或 N 型区）扩散，从而在接触区域留下电离的正（或负）离子。这些正负离子（空间电荷）产生一个由 N 区指向 P 区的内建电场，并使载流子产生漂移运动。当扩散与漂移处于平衡时，形成稳定的、由正负空间电荷形成的偶极层，如图 5-20 所示。

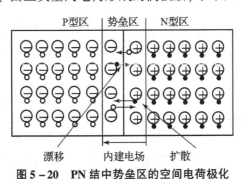

图 5-20　PN 结中势垒区的空间电荷极化

由图 5-21 可知，当给 PN 结加正向电压时，随着内建电场减弱，空间电荷减小，如图 5-21（a）所示；相反，当给 PN 结加负向电压时，空间电荷增大，如图 5-21（b）所示。当给 PN 结加交变电场时，势垒区的空间电荷将随外电场发生变化，产生电容效应[10]。

设施加给 PN 结的交变电压为 $\tilde{V} = V_0 e^{i\omega t}$，则由于等效电容的"充放电"而导致信号出现延迟，这一现象类似于空间电荷的弛豫效应。根据微电子器件原理，势垒电容的延迟时间可表示为[11]

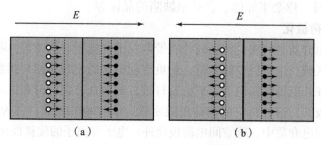

图 5 – 21 PN 结势垒电容示意图

（a）PN 结加正向电压；（b）PN 结加负向电压

$$\tau = (2.5 \sim 4)\frac{k_\text{B}T}{eI_\text{f}}C_\text{T}(0) \tag{5-28}$$

式中，I_f 为 PN 结正向电流强度，$C_\text{T}(0)$ 为平衡 PN 结势垒电容。对突变结，有

$$C_\text{T}(0) = S\sqrt{\frac{e\varepsilon N_\text{a}N_\text{d}}{2(N_\text{a}+N_\text{d})V_\text{D}}} \tag{5-29}$$

对缓变结，则有

$$C_\text{T}(0) = S\sqrt[3]{\frac{e\alpha_\text{j}\varepsilon^2}{12V_\text{D}}} \tag{5-30}$$

式中，V_D 为平衡势垒区电压；N_a、N_d 分别为 P 型和 N 型半导体杂质浓度；α_j 为杂质浓度分布梯度。

由式（5 – 28）可知，对微米尺寸的 PN 结，室温下空间电荷的弛豫时间约为 10^{-6} s，且与频率无关。由 4.6 节空间电荷弛豫数据可得到其损耗功率，如图 5 – 22 所示。

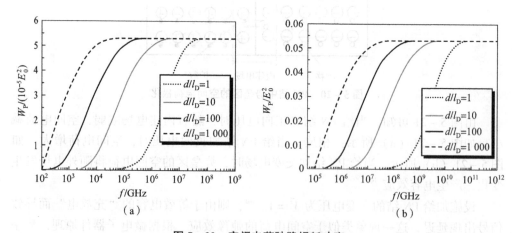

图 5 – 22 空间电荷弛豫损耗功率

（a）微米 PN 结情况；（b）纳米 PN 结情况

可以看出，空间电荷区域的尺寸对弛豫损耗功率有很大影响：在微米尺寸，弛豫峰出现在 MHz 频段，且损耗功率较小。当截面积缩小到纳米尺寸时，PN 电容下降了 3 个数量级，使弛豫时间缩短为 10^{-9} s。此时，弛豫峰出现在 GHz 频段，且损耗功率也相应地提高了 3 个数量级，如图 5 - 22 所示。

5.3.3　无定形玻璃

对于只含形成剂氧化物（如 SiO_2、B_2O_3 等）的纯玻璃，由于键能高、结构牢固，在电场作用下电子位移极化和离子位移极化比较纯粹，但介电常数不高。为了提高介电常数，通常引入碱金属离子，但介质损耗同时也有明显增大。这说明，引入碱金属离子的玻璃中存在其他的弛豫机制，并且产生能量损耗。

1. 无规网络结构

对以共价键结合的玻璃（SiO_2），当处于非晶态时，价键虽能保留几乎与晶态相同的强度，但键长和键角却在平均值附近随机涨落，从而出现价键断开而形成悬挂键的情况，整体上看，原子处于一个无规网络的节点上，如图 5 - 23（a）所示。

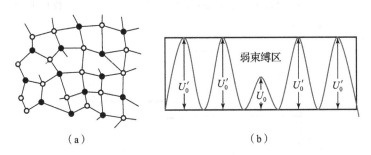

（a）　　　　　　　　　　　　　（b）

图 5 - 23　玻璃的结构和势场分布

（a）玻璃的无规网格晶格；（b）玻璃中弱束缚区的势能分布

当玻璃中引入碱金属氧化物时出现了过剩的氧原子，不是每一个氧原子与两个硅原子相联系，而是一部分氧原子与碱金属的一价原子相联系。这时碱金属原子把一个电子给了最近的氧原子而成为正离子。显然，由于碱金属氧化物的引入，玻璃结构点阵中出现了一价碱金属正离子，原先连续的网状结构在个别点中断，如图 5 - 23（a）所示。在这种情况下，一价离子在所处位置受到的束缚能较弱，因此在附近有较大的移动空间，如图 5 - 23（b）所示。

2. 玻璃的热离子弛豫损耗

由于制造工艺工业的需要，一般玻璃中总存在一些 Na^+、K^+ 等一价碱金属离子甚至 Ca^{2+} 等二价碱土金属离子。设某玻璃中的一价离子 Na^+ 处于弱束缚区的 Si 位置 1 处，如图 5 - 24（a）所示。

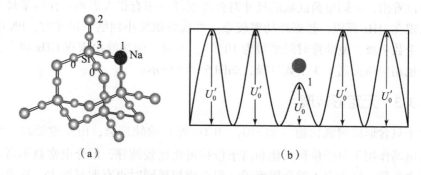

图 5 – 24   玻璃中弱束缚碱金属示意图

(a) 网格中弱束缚 Na 离子；(b) 弱束缚 Na 离子的势能

Si—O 键能为 452 kJ/mol，约为 4.69 eV/bond。设 Na 离子处的束缚远小于 SiO_2 晶体其他处 Si 的束缚能量（约10%），且玻璃中仅含不超过80%的 SiO_2，所以热离子 Na^+ 极化弛豫的活化能取为 0.3 eV。已知玻璃的静态介电常数为 5.5 ~ 7，折射率为 1.5 ~ 1.7，根据上述参数对玻璃中热离子弛豫及其损耗进行数值模拟，其结果如图 5 – 25 和图 5 – 26 所示。

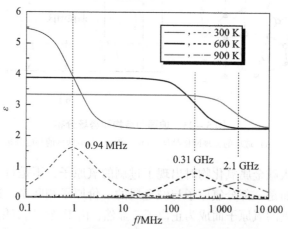

图 5 – 25   玻璃中热离子弛豫对介电响应的影响

注：实线为介电常数实部，虚线为介电常数虚部。

在室温下热离子极化建立的时间较长，因此当交变电场频率较高时，玻璃中弱束缚离子极化来不及建立，使介电常数实部随频率的升高而减小，且温度越高介电常数越小，说明极化率随温度升高而减小，如图 5 – 25 中实线所示。随着温度升高，热离子弛豫过程加快，弛豫峰向高频方向移动，如图 5 – 25 虚线所示。在 300 K、600 K 和 900 K 时，玻璃中的热离子弛豫分别出现在 0.94 MHz、0.31 GHz 和 2.1 GHz 处；另外，随温度升高，极化率将下降，导致介电常数峰值随温度升高而下降。

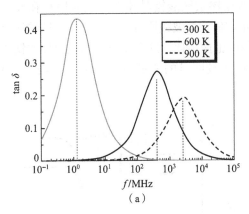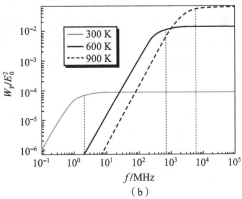

图 5 – 26　玻璃的热离子弛豫损耗

（a）损耗角正切值；（b）损耗功率

比较图 5 – 25 和图 5 – 18（a）可以看出，热离子弛豫与晶格缺陷弛豫的介电响应频谱类似：①室温下（300 K），玻璃中热离子弛豫峰处于 MHz 频段，而 ZnO 中氧空位的弛豫峰处于 GHz 频段；②随着温度升高，两种弛豫峰均向高频方向移动，即它们都受到温度的调控；③温度对热离子弛豫的调控幅度较大，在 600 ~ 900 K 的温区，热离子弛豫主要发生在微波频段。

比较图 5 – 19 和图 5 – 26 也可以发现，热离子弛豫损耗与空位弛豫损耗类似，即随着温度升高，损耗角正切值的峰位向高频方向移动，且峰值下降，如图 5 – 26（a）所示；损耗功率在较低频率下随频率线性增加，随后进入饱和区，如图 5 – 26（b）所示，其中临界频率随温度升高而升高。此外，尽管室温下玻璃的热离子弛豫峰出现在 MHz 频段，但在 GHz 及其以上频段也表现出较强的损耗功率。

3. 钛酸铋掺杂钛酸锶的弛豫损耗

在钛酸锶中加入少量钛酸铋后出现了明显的松弛极化，其机理是锶离子格点可以被半径相近的铋离子（1.2 Å）占据，但由于电价不等（Sr^{2+}，Bi^{3+}），故只有以 2 个 Bi^{3+} 置换 3 个 Sr^{2+} 的方式组合才能维持电性平衡，因此必将出现锶离子空位，导致晶体中靠近锶离子空位的氧八面体发生畸变，八面体中的钛离子变为弱联系离子[2]。

由 4.5.2 小节可知，Bi^{3+} 掺杂钛酸锶晶体的介电常数可以写成

$$\varepsilon_r' = \varepsilon_\infty + \frac{Np_e^2}{3\varepsilon_0 k_B T(1 + \omega^2 \tau_1^2)} + \frac{n_0 q^2 a^2}{12\varepsilon_0 k_B T(1 + \omega^2 \tau_2^2)}$$

$$\varepsilon_r'' = \frac{Np_e^2 \omega \tau_1}{3\varepsilon_0 k_B T(1 + \omega^2 \tau_1^2)} + \frac{n_0 q^2 a^2 \omega \tau_2}{12\varepsilon_0 k_B T(1 + \omega^2 \tau_2^2)}$$

其中，空位活化能取 $U_1 = 0.1$ eV，热离子活化能取 $U_2 = 0.35$ eV，并且假设两种弛

豫对静态介电常数贡献相同。室温下，钛酸铋掺杂钛酸锶晶体在微波频段存在介电弛豫损耗。由图5-27（a）可知，损耗角正切值在微波频段有一个峰，说明钛酸铋掺杂钛酸锶晶体的介电损耗主要来源于Sr空位的弛豫损耗，这个晶格缺陷弛豫导致钛酸铋掺杂钛酸锶晶体在厘米波段至毫米波段产生较明显的能量损耗，如图5-27（b）所示。

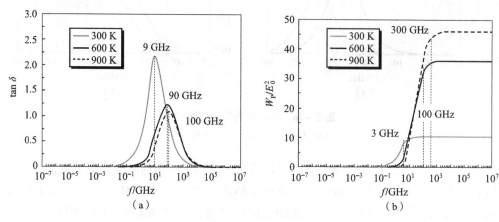

图5-27　钛酸铋掺杂钛酸锶晶体介电损耗模拟

（a）损耗角正切值；（b）损耗功率

5.3.4　高分子聚合物

上述介绍的电介质材料都属于无机材料，现实中还存在一类有机材料——极性高分子聚合物，这是一类在国内外越来越受到广泛关注的电介质材料。下面简要介绍若干极性高分子聚合物的弛豫损耗规律及其分子结构间的联系。

1. 聚合物的极化弛豫

从分子结构特点出发，聚合物大分子的各部分，包括基团、侧链和长短不同的链段等，在某种程度上可以看成彼此独立的运动单元。从这一观点出发，可以把聚合物的弥散现象看成是和大分子中上述各种运动单元的结构和分子量相近的低分子物在电场下显示的性质。例如，酚和醛缩聚前后损耗角正切值的温度特性如图5-28所示，区别在于缩聚成树脂后$\tan\delta$的极值温度T_m向高温移动，且数值略有减小。这说明酚和醛

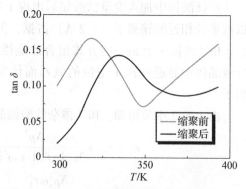

图5-28　酚和醛缩聚前后损耗角正切值的温度特性

缩聚前后在电场作用下的行为存在着某种共性，且缩聚后分子内极性基团与链段的运动受到了分子链中相邻部分与周围邻近链节的牵制，使得弛豫活化能提高，弛豫时间延长导致 T_m 升高。此外，缩聚后能够参与弛豫运动的极性基团和链段必然比单体少，从而导致 $\tan\delta$ 极值下降。

在实际测量中发现，聚合物介电常数的温度特性中往往出现多个峰，这说明在高聚物中存在着多个弛豫机制。其中，高温区的弛豫峰对应的弛豫时间最长，它位于温度谱的高端或频率谱的低端，其他弛豫峰以此类推。

在结晶型聚合物中，晶型与无定形的作用可能同时存在，其弛豫机制表现为：高温区弛豫来源于与结晶区内聚合物分子极性基团或链段振动有关的转动，较低温度下的弛豫则主要决定于无定形区域中分子的弛豫运动，它们常与无定形区域中分子主链上大链段的受阻旋转有关，因而与玻化转变有联系；而最低温区下的弛豫机制往往是由主链或侧链中小链段的弛豫运动引起的。

对于晶态部分，随着温度的升高，聚合物的结晶度下降，极性分子高弹态极化效应将逐步增强，介电常数随温度升高而上升。在玻化温度附近，介电常数有显著的上升。当温度进一步提高时，分子无规则热运动阻碍分子取向的一致性，导致介电常数随温度升高而开始下降，从而在介电常数温度特性曲线上出现峰值。

根据对一些常用高分子聚合物的研究，发现聚氯乙烯、聚乙酸乙烯酯和有机玻璃等都显示上述介电常数的温度特性。其中，两个峰值在聚乙酸乙烯酯中表现得特别明显。由于在近软化点的高温下，聚合物中链的活动性较大，故其转向的弛豫时间并不长，可以认为高温区聚合物的弛豫损耗是由与整个聚合物链的变形有关的偶极矩转向引起的，这符合出现 $\tan\delta$ 最大值的条件；而在低温下，由于聚合物链相互硬性固结，要其发生变形比较困难，因此弛豫损耗只能由与聚合物链变形无关的极性基团转向所引起。此外，由德拜弛豫理论可知，当提高聚合物介电常数温度特性的测量频率时，$\tan\delta$ 温度谱中的峰值也将会相应地移向高温方向。

2. 有机玻璃的弛豫损耗

有机玻璃（polymethyl methacrylate，PMMA）是一种高分子透明材料，由甲基丙烯酸甲酯聚合而成。有机玻璃分为无色透明、有色透明、珠光和压花四种，具有较好的透明性、化学稳定性、力学性能和耐候性，具有易染色和加工、外观优美等优点，如图 5-29（a）所示。

PMMA 由于主链侧位含有极性的甲酯基，属于极性高分子聚合物。由于甲酯基的极性并不太大，因此 PMMA 仍具有良好的介电和电绝缘性能。值得注意的是，PMMA 具有优异的抗电弧性，在电弧作用下，其表面不会产生碳化的导电通路和电弧径迹现象。20 ℃是一个二级转变温度，对应于侧甲酯基开始运动的温度，低于 20 ℃时侧甲酯处于冻结状态，材料的电性能比处于 20 ℃以上时会有所提高。PMMA 的静态介电常数为 3.9～4.1，折射率范围为 1.42～1.69。甲基（ $-CH_3$ ）在 1 380 cm^{-1}

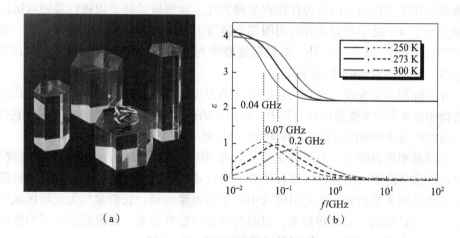

图 5 - 29　有机玻璃及其弛豫响应

（a）有机玻璃；（b）弛豫响应

注：实线代表介电常数实部，虚线代表介电常数虚部。

处有转动吸收峰，对应的弛豫活化能约为 0.17 eV，根据偶极矩取向弛豫理论对
PMMA 中甲酯基产生的介电响应和弛豫损耗进行数值模拟，结果如图 5 - 29 和
图 5 - 30 所示。

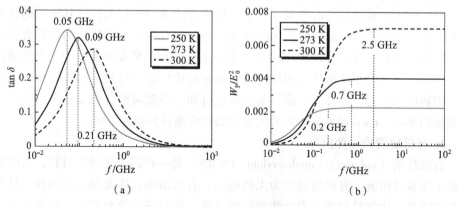

图 5 - 30　有机玻璃中甲酯基的弛豫损耗

（a）损耗角正切值；（b）损耗功率

由图 5 - 29（b）可知，在 20 ℃ 左右的室温下，有机玻璃中极性官能团的弛豫
响应主要发生在 MHz 频段，随着温度升高，弛豫峰向高频方向移动。图 5 - 30 的模
拟结果显示，有机玻璃中甲酯基的弛豫损耗也出现在 MHz 至 GHz 频段。但是在微波
低端，其弛豫损耗功率进入饱和区。

5.4　电介质材料的电导损耗

电介质材料不是理想绝缘体，不可避免地存在一些自由电子或自由离子，它们在电场下做定向迁移产生传导电流，导致电导损耗。本节着重介绍出现在实际电介质材料中的导电机制、电导模型和电导损耗，这些实际电介质包括离子晶体、多晶电介质材料和电介质复合材料等。

5.4.1　离子晶体

无机电介质材料大多数是由离子构成的，按照结构状态它们可以分成离子型晶体和离子型非晶陶瓷两类。

1. 离子晶体中的载流子

离子晶体中，正负离子之间依靠较强的库仑力保持平衡状态。在外加电场条件下，正负离子只会在各自平衡点处形成位移极化，而不会产生定向迁移，因此理想的离子晶体不存在离子电导。但实际晶体中常含有一些杂质和缺陷，它们在外电场力的驱使下，有可能沿电场方向做定向漂移运动并形成电流。

离子晶体主要包括肖特基和弗仑凯尔两类缺陷，这两类缺陷形成的填隙离子与空位在外电场作用下都能够产生定向移动，即它们都可以看作离子晶体中的载流子。考虑到热平衡下空位和填隙离子还存在复合作用，因此在不含杂质的本征离子晶体中，室温下的载流子浓度很低。有关肖特基缺陷和弗仑凯尔缺陷的形成机理，以及对离子晶体电导率的作用详见 3.2.1 小节。

在晶体生长过程中难免会引入一些微量杂质，通常将含有杂质的晶体称为掺杂晶体。当杂质出现在离子格点位置时，称为替位杂质；当杂质处于格点之间时，则称为填隙杂质。

对杂质原子，当它替代正离子（负离子）位置时将失去（获得）价电子，使离子晶体中出现多余电子（空穴），载流子浓度（电子或空穴）增加；而当杂质原子处于晶格间隙位置时，填隙原子通常不易电离形成离子并产生电子（空穴），因此不会增加载流子浓度。

对杂质离子，等价离子替代通常也不会提供额外的载流子，但不等价离子替代可以产生空位（见 5.3.3 小节铋掺杂钛酸锶），这些额外的空位增加了晶体中的载流子；而处于晶格间隙位置的杂质离子提供了离子晶体中导电的载流子。

2. 离子晶体的电导损耗

上述分析说明，离子晶体中的导电机理包括电子电导和离子电导两类。在室温下，电子电导仅出现在原子的替位掺杂晶体中。根据固体输运理论，离子晶体的电子迁移率主要由光学声子散射决定，因此电子电导率可以写成[12]

$$\sigma = 4\pi \sqrt{\frac{N_D N_C}{m^{*3}\hbar\omega_{OPT}}} \cdot \frac{\varepsilon_0\varepsilon_s\varepsilon_\infty}{\varepsilon_s - \varepsilon_\infty}\frac{\hbar^2(e^{\hbar\omega_{OPT}/k_B T}-1)}{\varepsilon_s - \varepsilon_\infty} \cdot e^{-\frac{E_C - E_D}{2k_B T}} \qquad (5-31)$$

式中，N_D 和 E_D 为杂质浓度和杂质能级；ω_{OPT} 为晶体的光学声子圆频率，导带电子的有效状态密度为

$$N_C = \frac{1}{4\pi^2}\left(\frac{2\pi m^* k_B T}{\hbar^2}\right)^{3/2} \qquad (5-32)$$

由式（5-31）和式（5-32）可知，在影响电导率温度关系的三个部分中，$e^{-\frac{E_C-E_D}{2k_BT}}$ 起到主要作用，即随着温度升高电子浓度增加，电导率增大，晶体的电导损耗增强。

离子晶体中主要的导电机理是由空位、填隙离子和杂质离子在外电场下形成的定向移动——离子电流，由 3.2.1 小节可知，离子电导率为[1]

$$\sigma = N\frac{q^2 a^2 \omega_0}{2\pi k_B T}\exp\left(-\frac{E_{sp}/2 + E_M}{k_B T}\right) \qquad (5-33)$$

式中，E_M 为离子跃迁势垒；E_{sp} 为产生正负离子需要的能量，对杂质离子的情况 $E_{sp} = 0$。显然，随着温度的升高，离子跃迁能力增强导致电导率增大，从而增加了离子晶体的能量损耗。

3. 钛酸铋掺杂钛酸锶的电损耗

由图 4-14（b）可知，在 Bi^{3+} 掺杂钛酸锶中将出现 Sr^{2+} 空位，并导致靠近 Sr^{2+} 空位的氧八面体发生畸变，使八面体中的 Ti^{4+} 变为弱联系离子。

1）电导损耗

在电场作用下，Sr^{2+} 空位和 Ti^{4+} 将定向移动并形成离子电流。根据钛酸铋掺杂钛酸锶的热离子弛豫数据，可得

$$N\frac{q^2 a^2}{k_B T} = 177 \times 12\varepsilon_0 = 18\,797 \times 10^{-12}$$

假设 Sr^{2+} 空位和 Ti^{4+} 跃迁受到的束缚势垒都是 0.5 eV，则由式（5-9）和式（5-33）可得 Bi^{3+} 掺杂钛酸锶的离子电导率和电导损耗功率的温度特性曲线，如图 5-31 所示。

可以看出，Bi^{3+} 掺杂钛酸锶晶体的电导损耗与离子电导率的温度特性类似，即随着温度升高，损耗功率呈指数增加。

2）弛豫损耗

Bi^{3+} 掺杂钛酸锶晶体中，除了电子和离子位移极化产生的共振损耗外，还存在 Ti^{4+} 的热离子弛豫以及 Sr^{2+} 空位的缺陷弛豫，Bi^{3+} 掺杂钛酸锶晶体的弛豫损耗如图 5-27 所示。

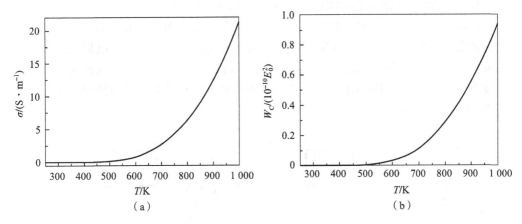

图 5 - 31　掺杂钛酸锶的电导损耗

（a）Bi^{3+} 掺杂钛酸锶的电导温度特性；（b）电导损耗功率的温度特性

3）电导损耗和弛豫损耗

为了比较电导损耗和弛豫损耗，对 Bi^{3+} 掺杂钛酸锶晶体的介电响应进行了数值模拟，结果如图 5 - 32 所示。

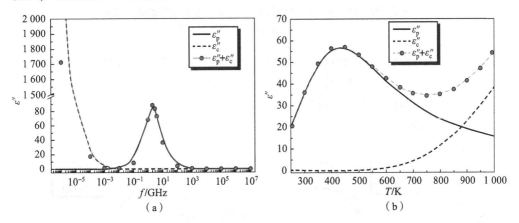

图 5 - 32　Bi^{3+} 掺杂钛酸锶晶体中离子电导对介电响应的影响

（a）300 K 下频率谱；（b）10 GHz 的温度谱

在介电常数虚部中，电导率的贡献随频率升高而减小，因此低频（MHz 及以下）下的介电响应主要由离子电导决定，而高频（0.1 GHz 以上）下则由弛豫机制确定，如图 5 - 32（a）所示。在温度谱中，较低温度（500 K 以下）下，介电常数虚部由弛豫机制确定，随着温度升高弛豫影响逐渐减弱、电导贡献逐渐加大。当达到某一个临界温度（750 K）后，介电常数虚部随温度升高而增大，变化趋势与电导率类似，如图 5 - 32（b）所示。

Bi^{3+} 掺杂钛酸锶晶体的电损耗角正切值的数值模拟如图 5 – 33 所示。由图 5 – 33（a）可知，在微波以下频段，电损耗角正切值随温度升高而增大，离子电导损耗起主导作用，而在微波及以上频段弛豫损耗起主导作用。在电损耗角正切值的温度特性中，随着频率的升高，由弛豫损耗机制为主向电导损耗机制为主的转换温度升高，从 1 GHz 对应的 500 K、5 GHz 对应的 650 K 到 10 GHz 对应的 800 K，如图 5 – 33（b）所示。

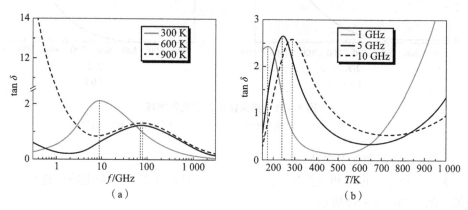

图 5 – 33　Bi^{3+} 掺杂钛酸锶晶体的电损耗角正切值的数值模拟
（a）频率变化曲线；（b）温度变化曲线

Bi^{3+} 掺杂钛酸锶晶体的电损耗功率密度的数值模拟如图 5 – 34 所示。由图 5 – 34 可知，在微波频段，Bi^{3+} 掺杂钛酸锶晶体的弛豫损耗功率远大于电导损耗功率。因此，Bi^{3+} 掺杂钛酸锶晶体的微波损耗功率的频率特性和温度特性主要由 Sr^{2+} 空位的弛豫损耗功率决定。

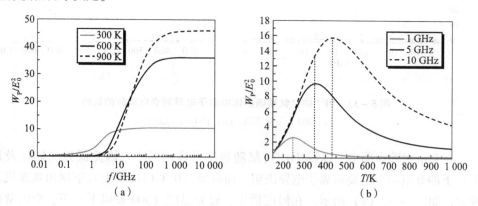

图 5 – 34　Bi^{3+} 掺杂钛酸锶晶体的电损耗功率密度的数值模拟
（a）频率变化曲线；（b）温度变化曲线

5.4.2 多晶电介质材料

由许多杂乱无章排列的晶粒组成的物体称为多晶体，它具有确定的熔点。陶瓷就是将大量晶粒经过成形和高温烧结制成的一类多晶电介质材料，它具有高熔点、高硬度、高耐磨性和耐氧化等优点。大多数陶瓷具有良好的电绝缘性，因此广泛地用于制作各种电压（1～110 kV）的绝缘器件。

1. 多晶体的输运机制

大多数陶瓷属于绝缘体，但也有少数陶瓷具有半导体特性。此外，为了提高一些电介质材料的介电常数和介电性能，往往采用掺杂或两相复合工艺。因此，实际陶瓷材料也存在漏导现象。下面以陶瓷为例，介绍多晶电介质材料的导电机理以及电导损耗。

由如图 5 – 35（a）所示的微观结构可以看出，陶瓷由大量晶粒组成。由于晶粒之间的不连续，电子在不同粒子之间存在跃迁势垒，阻碍着电子的定向移动。因此，多晶体电介质材料的电子输运依靠电子跳跃机制，如图 5 – 35（b）所示。

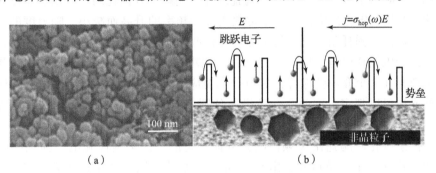

（a）   （b）

图 5 – 35　多晶陶瓷的组织结构和电子输运机制[13]

（a）多晶陶瓷的组织结构；（b）电子输运机制

由文献［14］，多晶陶瓷的电导率可以写成

$$\sigma = \frac{ne^2\nu_{\mathrm{ph}}R^2}{6k_{\mathrm{B}}T}\exp\left(2\alpha R - \frac{U}{k_{\mathrm{B}}T}\right) \qquad (5-34)$$

其中，电子浓度为

$$n = \frac{(2\pi k_{\mathrm{B}}T)^{3/2}}{4\pi^2\hbar^3}(m_{\mathrm{h}}m_{\mathrm{e}})^{3/4}\exp\left(-\frac{E_{\mathrm{g}}}{2k_{\mathrm{B}}T}\right) \qquad (5-35)$$

式（5 – 34）和式（5 – 35）中，m_{e} 和 m_{h} 分别为电子和空穴浓度，R 为晶粒间距，ν_{ph} 为声子频率（原子振动频率），E_{g} 为晶粒的禁带宽度，U 是晶粒间电子跃迁势垒。因此，多晶陶瓷的电导率可以简化为

$$\sigma = AR^2(k_{\mathrm{B}}T)^{1/2}\exp\left(-\frac{E_{\mathrm{g}}/2}{k_{\mathrm{B}}T} - \frac{U}{k_{\mathrm{B}}T}\right) \qquad (5-36)$$

由此可见，多晶陶瓷的电导率随温度升高而增大。对宽禁带多晶材料，由于室温下晶粒提供的电子浓度很小，因此电导率也非常小。

对掺杂多晶材料，晶粒提供的电子浓度为

$$n = \frac{(2\pi k_B T)^{\frac{3}{2}}}{4\pi^2 \hbar^3}(m_h m_e)^{\frac{3}{4}} \exp\left(-\frac{E_C - E_D}{2k_B T}\right) \qquad (5-37)$$

由于杂质电离能大部分与 $k_B T$ 数量级相同，即室温下晶粒就可以提供大量（饱和）的电子，因此，多晶电介质材料电导率的温度特性主要由界面势垒 U 确定。

2. 碳化硅陶瓷的电损耗

碳化硅陶瓷的主要成分是 SiC，它是一种高强度、高硬度的耐高温陶瓷，在 1 200~1 400 ℃下使用仍能保持高的抗弯强度。碳化硅陶瓷还具有良好的导热性、抗氧化性、导电性和高的冲击韧度，可用于火箭尾喷管喷嘴、热电偶套管和炉管等高温下工作的部件。利用它的导热性可以制作高温下的热交换器材料，利用它的高硬度和耐磨性可以制作砂轮、磨料等。

图 5-36 所示为 N 掺杂碳化硅陶瓷的介电响应及其损耗的频率谱和温度谱。可以看出，N 掺杂碳化硅陶瓷的介电常数实部随频率的升高而减小，随温度的升高而增大，而虚部和损耗角正切值与实部具有相似的温度依赖性。这说明，N 掺杂碳化硅陶瓷的介电损耗以电导损耗机制为主。如图 5-36（a）所示，可以看到 N 掺杂碳化硅陶瓷存在 2 个介电弛豫峰，峰位分别对应 10 GHz 和 11 GHz。根据红外傅里叶和拉曼光谱可以判定，这两个弛豫机制分别来源于碳空位和 N 离子掺杂形成的偶极矩[8]。

N 掺杂碳化硅陶瓷在 X 频段的介电损耗是晶格缺陷弛豫和电导损耗共同作用的结果。由 5.3.1 小节可知，由空位和杂质等晶格缺陷产生的弛豫损耗（$\tan\delta$）随温度升高而减小，而电导损耗随温度升高而增大［根据式（5-15）］。在掺杂碳化硅晶粒中，当 ⅤA 族元素 N 的原子替代 ⅣA 族元素 C（或 Si）的原子时，4 个电子与周围 4 个 Si（或 C）形成稳定的共价结构，而多余的 1 个价电子则极易脱离 N 原子的束缚成为自由电子。在外电场作用下，这个自由电子越过多晶界面势垒，形成定向运动的电流，如图 5-35（b）所示。对图 5-36（b）在 10 GHz 和 11 GHz 的数据，根据式（3-27）进行拟合，结果如图 5-37 所示。

由图 5-37 可知，在室温~200 ℃范围内电子跃迁势垒为 0.007~0.01 eV。随着温度进一步升高，电子跃迁势垒呈下降趋势，因此 200 ℃以上温区 N 掺杂碳化硅陶瓷的电导损耗将加速增强。

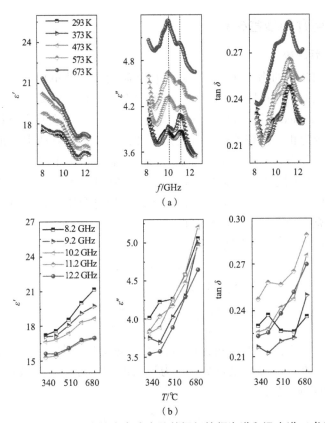

图 5 - 36 N 掺杂碳化硅陶瓷的介电响应及其损耗的频率谱和温度谱 （书后附彩插）

（a） N 掺杂碳化硅陶瓷的介电响应及其损耗的频率谱；（b） N 掺杂碳化硅陶瓷的介电响应及其损耗的温度谱

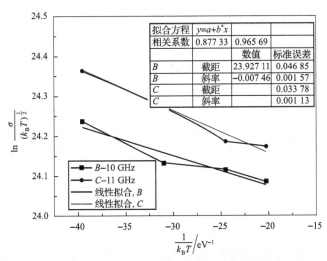

图 5 - 37 N 掺杂碳化硅陶瓷电导活化能的拟合

5.4.3 电介质复合材料

1. 有效介质理论

在研究多相介质的物理性质时，通常将其假设成一种单相介质，并使其性质与多相介质在宏观上具有相同的平均值。这种假设的单相介质就称为该多相介质的有效介质（effective medium），这个理论称为有效介质理论，在复合材料的研究中有广泛的应用。迄今为止，比较流行的有效介质理论主要有麦克斯韦－加内特理论、布莱格曼理论、微分有效介质（differential effective medium, DEM）理论和 Ping Sheng（PS）理论。在 4 个模型中，麦克斯韦－加内特模型和布莱格曼模型是比较成熟的理论，得到了广泛的应用。下面以两种物质混合的电介质复合材料为例，分别讨论低填充和高填充两种情况下的电导损耗。

1）麦克斯韦－加内特模型

基于克劳修斯－莫索提方程和分离变量方法，对于两种不同物质组成的电介质复合材料，其等效介电常数 $\varepsilon_{\text{eff}}^*$ 可以表示为

$$\frac{\varepsilon_{\text{eff}}^* - \varepsilon_{\text{i}}^*}{\varepsilon_{\text{eff}}^* + 2\varepsilon_{\text{i}}^*} = f_{\text{i}} \frac{\varepsilon_{\text{eff}}^* - \varepsilon_{\text{m}}^*}{\varepsilon_{\text{eff}}^* + 2\varepsilon_{\text{m}}^*} \tag{5-38}$$

式中，ε_{m}^* 为基体（复合材料中占比高的物质）的复介电常数；ε_{i}^* 为填料（复合材料中占比低的物质）的复介电常数；f_{i} 为填料的体积分数。对低填充的复合材料，式（5-38）可以近似为

$$\varepsilon_{\text{eff}}^* \approx \left(1 + 3f_{\text{i}} \frac{\varepsilon_{\text{i}}^* - \varepsilon_{\text{m}}^*}{\varepsilon_{\text{i}}^* + \varepsilon_{\text{m}}^*}\right)\varepsilon_{\text{m}}^* \tag{5-39}$$

假设填料的静态介电常数为 ε_{i}、电导率为 σ_{i}，基体为无损耗的绝缘体（静态介电常数为 ε_{m}），则由式（5-39）可得复合材料的电导率

$$\sigma_{\text{eff}} \approx \sigma_{\text{i}} \frac{9f_{\text{i}}\varepsilon_{\text{m}}^2}{(\varepsilon_{\text{i}} + 2\varepsilon_{\text{m}})^2 + \left(\dfrac{\sigma_{\text{i}}}{\varepsilon_0 \omega}\right)^2} \tag{5-40}$$

及其介电常数

$$\varepsilon_{\text{eff}} \approx \varepsilon_{\text{m}} \left[1 + 3f_{\text{i}} \frac{(\varepsilon_{\text{i}} - \varepsilon_{\text{m}})(\varepsilon_{\text{i}} + 2\varepsilon_{\text{m}}) + \left(\dfrac{\sigma_{\text{i}}}{\varepsilon_0 \omega}\right)^2}{(\varepsilon_{\text{i}} + 2\varepsilon_{\text{m}})^2 + \left(\dfrac{\sigma_{\text{i}}}{\varepsilon_0 \omega}\right)^2}\right] \tag{5-41}$$

或简化为

$$\varepsilon_{\text{eff}} \approx (1 + 3f_{\text{i}})\varepsilon_{\text{m}} - \frac{\sigma_{\text{eff}}}{\sigma_{\text{i}}} \tag{5-42}$$

麦克斯韦－加内特模型适用于低填充、球形填料情况，当填充浓度增大时，需要采用修正模型。

2）布莱格曼模型

该模型是布莱格曼于 1936 年提出的，又称为聚集势近似模型。该模型认为，当两种材料 A 和 B 体积相当时，它们具有同等的地位，它们随机地相互连接形成聚合组织结构。设基体和填料的介电常数分别为 ε_m^* 和 ε_i^*，体积分数分别为 f_m 和 f_i，则复合材料介电常数 ε_{eff}^* 的布莱格曼模型可以表示为

$$f_i \frac{\varepsilon_i^* - \varepsilon_{eff}^*}{\varepsilon_i^* + 2\varepsilon_{eff}^*} + f_m \frac{\varepsilon_i^* - \varepsilon_{eff}^*}{\varepsilon_i^* + 2\varepsilon_{eff}^*} = 0 \qquad (5-43)$$

这两个模型适用于以下情况：①只考虑微粒间的偶极作用；②微粒为球形且尺寸相同；③微粒分布随机且均匀；④只存在两相；⑤不考虑局域化效应。严格来讲它们只适用于静态场条件，但是后来研究发现，当满足微粒尺寸远小于电磁波波长时，这两种模型也适用于交变电场。

3）氮掺杂 SiC/SiO_2 的电导损耗

ⅤA 族元素掺杂可以提高 SiC 纳米材料的导电性能，在室温下 N 掺杂 SiC 纳米线的电导率可达 25 S/cm[15]，介电常数为 10.3。SiO_2 是无损耗电介质材料，介电常数为 3.9。采用式（5-40）模拟可得 N-SiC/SiO_2 的电导率，如图 5-38 所示。

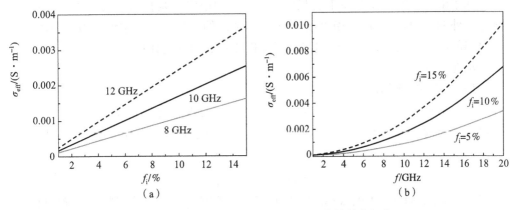

图 5-38　氮掺杂碳化硅纳米复合材料的等效电导率

（a）随填充浓度的关系；（b）随频率的关系

可以看出，N-SiC/SiO_2 的电导率随 SiC 含量的增加而增大，并且随频率升高而增大。由式（5-40）可知，等效电导率来源于 N-SiC 纳米材料对介电常数虚部的贡献，即随着频率升高，SiC 介电常数虚部减小，导致复合材料等效电导率增强，如图 5-39 所示。

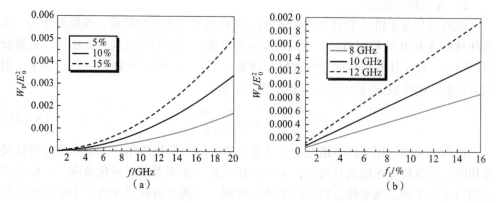

图 5-39 N 掺杂碳化硅纳米复合材料的电导损耗功率

(a) 随频率的关系；(b) 随填充浓度的关系

2. 逾渗理论

有效介质理论一般适用于低填充的复合材料，当导电粒子填充达到一定浓度时，复合材料的电导率将发生突变，称为逾渗现象。逾渗是一种广泛存在的物理现象，既存在于微观世界，又存在于宏观世界。广义的逾渗就是指在一元或多元体系中，体系以外的一种介质通过一定的路径进入体系内的过程。导电逾渗常用来描述电介质材料的电导损耗，其中导电逾渗阈值是指能够起到导电作用所需添加的最低导电粒子填充浓度。

1）导电逾渗阈值

当纳米复合材料由导电填料（电导率为 σ_i）与聚合物基体（电导率为 σ_m）构成时，将会构成逾渗体系。根据逾渗理论[16,17]，复合材料的电导率可以表示为

$$\begin{cases} \sigma_{eff} \propto \sigma_i (f_i - f_c)^t, & f_i > f_c \\ \sigma_{eff} \propto \sigma_m (f_c - f_i)^{-s}, & f_i < f_c \end{cases} \tag{5-44}$$

对三维粒子，$t = 1.6 \sim 2.0$，$s = 0.7 \sim 1.0$。在逾渗阈值 f_c 处，复合材料的电导率可以表示为

$$\sigma_{eff} \propto \sigma_m^u \sigma_i^{1-u} \tag{5-45}$$

式中，$u = \dfrac{t}{t+s}$。

2）多壁碳纳米管/环氧树脂

将不同填充浓度的多壁碳纳米管填充到环氧树脂（epoxy）中制备成 MWCNT/epoxy 电介质复合材料，其电导率如图 5-40 所示，电导率-浓度关系的数值模拟如图 5-41 所示。

由图 5-40 可以看出，MWCNT/epoxy 复合材料电导率的逾渗阈值 f_c 处于 5% 和 8% 之间。如图 5-41 所示，根据数值拟合，复合材料电导率可以写成

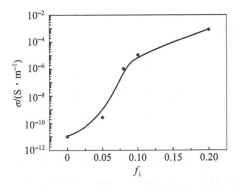

图 5 – 40　MWCNT/epoxy 电导率－浓度
关系的实验数据

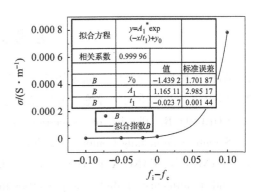

图 5 – 41　MWCNT/epoxy 电导率－浓度关系的
数值模拟

$$\sigma_{\text{eff}} = -1.439 + 1.165\exp\left(\frac{f_i - 0.08}{0.023\ 7}\right)$$

3. 导电网络理论

有效介质理论适用于导电球形粒子、低填充浓度的复合材料情况，逾渗理论虽然适用于任何纳米材料，但当填充浓度偏离逾渗阈值较大时会产生较大误差[18,19]。下面以多壁碳纳米管填充 SiO_2 纳米复合材料为例，利用导电网络模型说明电介质复合材料的导电损耗。

由图 3 – 23 所示的等效电路模型可知，MWCNT/SiO_2 纳米复合材料的电导损耗机制主要有两个：①MWCNT 中电子沿管壁的定向移动——MWCNT 的电导率；②MWCNT之间电子的跳跃——接触电导率。两者都属于电子输运机制（具体见3.5.3 小节），因此 MWCNT/SiO_2 纳米复合材料中出现的是电子电导损耗。

根据电子跳跃模型，随着 MWCNT 之间接触间距减小，接触电导率增大，当MWCNT 电导率不太大时，MWCNT/SiO_2 纳米复合材料中起主导作用的电导损耗机制是 MWCNT 中电子的定向移动；随着填充浓度的下降，MWCNT 之间接触间距增大，接触电导率减小，复合材料中的电导损耗机制逐渐以 MWCNT 之间的电子跳跃为主[20]。

综上所述，在导电纳米材料填充的复合材料中，根据填充浓度不同，研究其电导损耗采用的基本理论有明显的区别：有效介质理论适用于低填充浓度且填充物为电小尺寸的情况，导电网络理论适用高填充浓度且填充物导电性良好的情况，而逾渗理论通常更适用于临界电导率附近。但是，无论采用哪种理论，决定电介质复合材料电导损耗的输运机制主要有两个，即电子的定向移动和电子的跳跃。此外，电介质复合材料电导损耗的定性规律基本一致，都是随着填充浓度的增加和温度的升高，电导损耗增强。

参考文献

［1］陆栋，蒋平，徐至中. 固体物理学［M］. 上海：上海科学技术出版社，2003.

［2］李翰如. 电介质物理导论［M］. 成都：电子科技大学出版社，1990.

［3］COELHO R. Physics of dielectrics for the engineer［M］. New York：Elsevier Scientific Publishing Company，1979.

［4］WANG L N, FANG X Y, HOU Z L, et al. Polarization mechanism of oxygen vacancy and its influence on dielectric properties in ZnO［J］. Chinese physics letters，2011，28（2）：027101.

［5］JIA Y H, GONG P, LI S L, et al. Effects of hydroxyl groups and hydrogen passivation on the structure, electrical and optical properties of silicon carbide nanowires［J］. Physics letters A，2020，384（4）：126106.

［6］FENG G Y, FANG X Y, WANG J J, et al. Effect of heavily doping with boron on electronic structures and optical properties of β－SiC［J］. Physica B，2010，405（12）：2625－2631.

［7］LI S L, LI Y L, LI Y J, et al. Different roles of carbon and silicon vacancies in silicon carbide bulks and nanowires［J］. International journal of modern physics B，2017，31（23）：1750173.

［8］DOU Y K, LI J B, FANG X Y, et al. The enhanced polarization relaxation and excellent high－temperature dielectric properties of N－doped SiC［J］. Applied physics letters，2014，104（5）：052102.

［9］翁诗甫，徐怡庄. 傅里叶变换红外光谱分析［M］. 3 版. 北京：化学工业出版社，2010.

［10］ZOU G Z, CAO M S, LIN H B, et al. Nickel layer deposition on SiC nanoparticles by simple electroless plating and its dielectric behaviors［J］. Powder technology，2006，168（2）：84－88.

［11］ZHOU Y, KANG Y Q, FANG X Y, et al. Mechanism of enhanced dielectric properties of SiC/Ni nanocomposites［J］. Chinese physics letters，2008，25（5）：1902－1904.

［12］叶良修. 半导体物理学［M］. 2 版. 北京：高等教育出版社，2007.

［13］陈星弼，张庆中. 晶体管原理与设计［M］. 2 版. 北京：电子工业出版社，2006.

［14］WANG J J, FANG X Y, FENG G Y, et al. Scattering mechanisms and anomalous conductivity of heavily N－doped 3C－SiC in ultraviolet region［J］. Physics letters

A, 2010, 374 (22): 2286 - 2289.

[15] SONG W L, CAO M S, HOU Z L, et al. High dielectric loss and its monotonic dependence of conducting - dominated multiwalled carbon nanotubes/silica nanocomposite on temperature ranging from 373 to 873 K in X - band [J]. Applied physics letters, 2009, 94 (23): 233110.

[16] LI Y J, LI S L, GONG P, et al. Effect of surface dangling bonds on transport properties of phosphorous doped SiC nanowires [J]. Physica E - low - dimensioned system & nanostructures, 2018, 104: 247 - 253.

[17] LI Y L, GONG P, FANG X Y. Comparative study on transport properties of N -, P -, and As - doped SiC nanowires: calculated based on first principles [J]. Chinese physics B, 2020, 29 (3): 037304.

[18] DANG Z M, YUAN J K, YAO S H, et. al. Flexible nanodielectric materials with high permittivity for power energy storage [J]. Advanced materials, 2013, 25 (44): 6334 - 6365.

[19] NAN C W. Physics of inhomogeneous inorganic materials [J]. Progress in materials science, 1993, 37: 1 - 116.

[20] WEN B, CAO M S, HOU Z L, et al. Temperature dependent microwave attenuation behavior for carbon - nanotube/silica composites [J]. Carbon, 2013, 65: 124 - 139.

第 6 章
微波段介电损耗及应用

前面的章节介绍了电介质的极化、电导、弛豫及其损耗来源，这是电介质材料研发和应用以及诊断电介质材料失效（击穿）的理论基础。损耗是所有电介质材料的共同属性。按照损耗大小，电介质材料主要分为两类：小损耗电介质材料和大损耗电介质材料。本章中，分别介绍这两类电介质材料，剖析介电损耗调控的科学问题。另外，本章在最后还介绍了基于大损耗电介质材料的电磁器件，包括能量转换器、微波衰减器、无线能量输送装置和微波多功能器件等。

6.1　电介质材料损耗涉及的科学问题

6.1.1　小损耗电介质材料

随着器件微小型化、多功能化、高集成化的发展，器件内部金属连线电阻和绝缘介质层电容之间会形成阻容，导致出现延时、串扰、功耗发热等一系列问题，限制了器件性能的进一步提升。为了维持设备正常工作，通常采用小损耗电介质材料作为隔绝层，常见的小损耗电介质有金红石（TiO_2）瓷、层状结构的云母片或者具有耐高温、导热系数大等特性的六方氮化硼（$h-BN$）等材料。这些小损耗电介质材料可以通过降低分子键的极化值、构建多孔隙结构、添加强电负性材料或采用非/低极性的高分子材料等方式获得。因此，它们在电性能方面一般具有低损耗和低漏电流的特点。除此之外，为了确保电介质材料在实际应用中性能的稳定，这些小损耗电介质材料还需要具有高附着力、高硬度、强耐腐蚀性、低吸水性以及高稳定性和低收缩性等化学与热力学特性。

小损耗电介质材料广泛地应用在各类电子元件中，是日常生活中不可缺少的重要材料之一。例如，热轧硅钢生产线的辊道表面容易产生静电，引起轴承过热，从而导致轴承抱死。为了解决这一问题，在辊身端部与外部管路连接处、轴承座与辊道架连接处和辊道与电机连接的联轴器处，使用小损耗电介质材料——环氧树脂，如图 6 - 1 所示。环氧树脂不仅具有优良的物理机械性能、良好的粘接性能以及使用工艺的灵活性等优点，且介电损耗角正切值≤0.004，能够阻止辊道表面产生的静电传导到减速电机上，或者防止静电传导到辊道架上，从而保证电机的正常运转。

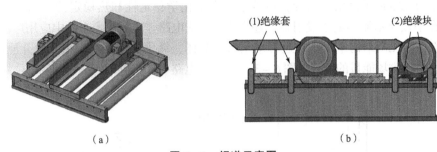

（1）绝缘套　　　　　（2）绝缘块

（a）　　　　　　　　　　　　（b）

图 6 - 1　辊道示意图

（a）模型；（b）剖面图

旋转电机或者变压器中也大量应用了云母、沥青/环氧和油浸纸等小损耗电介质材料，保障重要组件之间不会相互干扰。然而，在这些传统的小损耗电介质材料中，电场分布复杂，局部放电、电晕情况严重，而且还存在易燃、环境污染和毒性等问题，使这些材料的发展和应用受到了极大的限制。近些年，艾波比集团公司（ABB）研发了以交联聚乙烯小损耗电介质材料作为绝缘层制造发电机和变压器的绕组，形成了新型发电机、新型风力发电机和新型变压器，如图 6 - 2 所示。与传统聚乙烯相比，CLPE 的绝缘性、耐热性、硬度、刚度、耐磨性和抗冲击性等性能均有显著提高，其介电损耗大幅度减小，仅为 $10^{-5} \sim 10^{-3}$，且长期工作温度可达 90 ℃，热寿命可达 40 年。此外，它还具有耐强酸碱和耐油以及良好的环境友好性等特点，在供电电网中占有极其重要的地位。

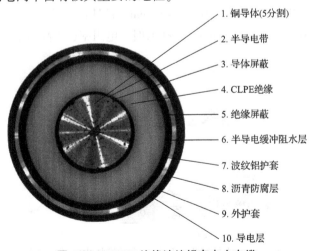

1. 铜导体（5分割）

2. 半导电带

3. 导体屏蔽

4. CLPE绝缘

5. 绝缘屏蔽

6. 半导电缓冲阻水层

7. 波纹铝护套

8. 沥青防腐层

9. 外护套

10. 导电层

图 6 - 2　CLPE 绝缘波纹铝套电力电缆

除了这些聚合物之外，无定形碳氮薄膜、多晶硼氮薄膜、氟硅玻璃等无机小损耗电介质材料的应用也不可忽视。例如，无定形碳氮薄膜具有低介电损耗的特点，特征电阻率高达 10^{17} $\Omega \cdot cm$，击穿场强为 46 kV/mm。它独特的菱形外观和结构内 N 原子与无定形碳网络的结合，显著地增强了化学稳定性和热稳定性。无定形碳氮薄膜在平板显示器的电子发射器、超大规模集成电路等高新技术产品中应用广泛。另外，在微带无源结构中，基片通常采用石英晶体、氧化硅陶瓷等小损耗电介质材料，以减小对电磁场能量的衰减。图 6-3 是在微波电路中广泛应用的两种微带巴伦结构。

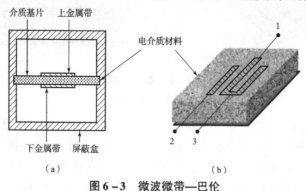

图 6-3 微波微带—巴伦

(a) 双面巴伦；(b) 共面巴伦

1—输入端口；2，3—输出端口

在航空航天等高新技术领域，小损耗电介质材料也发挥着不可替代的作用，如图 6-4 所示。例如，航空航天飞行器的天线罩一般采用低介电损耗角正切值和高机械强度的玻璃纤维增强塑料、陶瓷、玻璃-陶瓷与层压板等材料。其中，六方氮化硼是应用最为广泛的小损耗陶瓷材料之一。它的介电损耗非常小，只有 $(2 \sim 8) \times 10^{-4}$，电击穿强度是 Al_2O_3 的 2 倍，高达 $30 \sim 40$ kV/mm，且具有良好的高温绝缘性，室温下的电阻率为 $10^{16} \sim 10^{18}$ $\Omega \cdot cm$，即使在 1 000 ℃时，电阻率也仍高达 $10^{14} \sim 10^{16}$ $\Omega \cdot cm$。

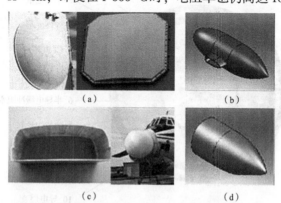

图 6-4 小损耗电介质材料在航天技术领域的应用

(a) 天线罩和天线窗板；(b) 导弹天线罩；(c) 飞机的机载雷达罩；(d) 导弹天线罩

　　总的来说，小损耗电介质材料在我们的生活、生产、高技术领域等方方面面都有非常广泛的应用。这些年来，小损耗电介质材料仍然在不断地发展，如 h – BN 等材料不仅在介电损耗控制方面表现优异，在机械性能和热稳定等方面也有了长足的发展，是一类非常重要和有发展前景的材料。

6.1.2　大损耗电介质材料

　　电子科学和信息工程的高速发展，极大地推动了电介质材料在隐身飞机、雷达探测等军事科学技术领域的应用。同时，电介质材料的研发也推进了微波吸收与屏蔽材料科学技术的发展，催生了新型吸波屏蔽材料在新概念通信、传感与成像等各类民用高新技术领域的研究和发展。随着 5G 时代的推进，新型电介质材料及微波功能器件，特别是微波高频器件，受到了越来越多的关注。与小损耗电介质材料相比，这类新型电介质材料主要是利用损耗特性来实现各种各样的功能。例如，军事隐身战斗机就是利用大损耗电介质材料来削减雷达辐射波的特征信号，使得敌方雷达探测系统没法捕捉其飞行轨迹。图 6 – 5 是美国诺斯罗普·格鲁门公司、波音公司联合麻省理工学院共同研制的 B – 2 隐身轰炸机的雷达吸波表面示意图。B – 2 轰炸机的机体边缘呈现一种带状结构，在这个结构的三角楔内部是蜂窝状玻璃纤维等轻质材料。这些轻质材料通过从外表面顶部向基部递增碳材料填充浓度构建出一种阻抗从机身结构尖锐边缘处开始下降，直到其后部导电表面逐渐降为 0 的特殊雷达吸波表面。这种设计能够利用碳材料大介电损耗的特性，吸收入射电磁波，减少边缘衍射和边缘波散射，并通过吸收电流减少行波反射。B – 2 隐身轰炸机实现了对厘米波、分米波以及米波雷达的全波段隐身。

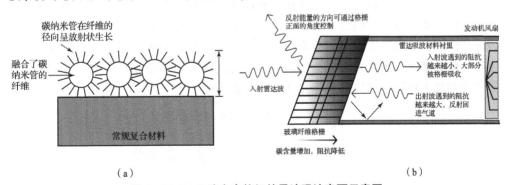

（a）　　　　　　　　　　　　　　　　（b）

图 6 – 5　B – 2 隐身轰炸机的雷达吸波表面示意图

（a）碳基介电损耗复合材料；（b）减小飞机表面雷达散射界面的技术

　　除了应用于军事领域外，大损耗电介质材料也广泛应用于消费电子、汽车电子等民用领域。以电脑为例，高效介电损耗材料通常被做成形状、大小、厚度不等的贴片，黏附在其液晶显示模组、键盘、CPU（中央处理器）、存储器等电子元部件表面，减小微波辐射对周围器件以及元器件彼此之间的干扰/串扰，从而保证器件的正常运行，如图6-6所示。在有机发光二极管模组中，高效介电损耗材料还能防止闪屏的出现。

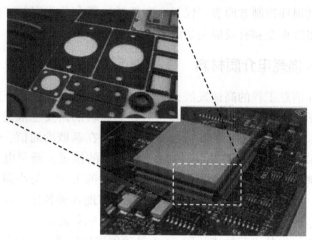

图6-6　芯片中的高导热电磁屏蔽垫片

此外，由于微波频率高、穿透力强、传输距离远、方向性好以及不受空间气象条件变化影响等特点，微波介电损耗技术在高新技术领域也取得了令人瞩目的成绩，如图6-7所示。例如，"自驱动"电磁能量转换器可以将微波辐射能量转换成可利用的电能，为日渐匮乏的能源提供一个新的补充；微波制动器实现了无接触式驱动，且相对于非接触式光驱动，表现出更强的穿透力，可以同时驱动多个物体；在光学智能窗户和红外隐身系统中，利用多功能介电损耗材料可以将微波衰减能力集成到光学、热和红外绝缘设备中，使其在未来的智能生活中具有更广泛的应用；柔性多功能微传感器、可穿戴的射频无线通信器、新型太赫兹检测器等新型电磁器件，与传统器件相比，表现出更快的响应速度、更高的强度、更大的稳定性、更强的灵敏度和更低的噪声等更加优异的性能，在5G时代的快速信息反馈、无线、遥感以及对多变和恶劣环境的适应能力等方面更具有竞争力。

图6-7　面向未来智能生活的新型微波衰减器件[1]

由此可见，各式各样新型微波大损耗电介质材料的相继问世，为新一代电子技术的研发提供了新的研究思路与理论支持，也为世界智能产业发展注入了新的活力。

6.1.3　损耗调控及新型功能材料

智能技术是影响全球经济结构、深刻改变人类生产生活和思维模式最重要的科学技术之一。例如，2018 年，智能机器人与轮滑演员一起为平昌冬奥会闭幕式献上了"北京 8 分钟"的精彩演出；2020 年，云计算、大数据、智能机器人等智能技术在抗击新冠肺炎等重大人类疫情防控中做出了巨大的贡献。毫不夸张地说，智能技术正在拓展人类的能力，增强人类的智慧，引领人类社会的重大变革，成为推进新一代科技革命的决定性力量。同时，它也为生物医疗、电子信息、清洁能源、机械工程以及电磁功能等众多领域带来了新的发展机遇。如何加快发展新一代人工智能，抓住新一轮科技革命和产业变革机遇成为世界各国瞩目的焦点战略问题。

电介质材料是一种重要的国防战略材料，利用介电损耗材料研发电磁功能材料是智能材料和器件发展的重要方向之一。其中，发展电介质材料介电损耗的调控策略是关键的研究内容。近年来，浓度、异质结构、组分、厚度、掺杂、形状/维度等多种调控策略不断地推陈出新。例如，曹等人率先揭示了"电介质基因"对介电损耗的重要影响，并通过"电介质基因"剪裁，实现了石墨烯分散体系高温介电损耗的高效调控[2]；温等人的实验结果表明，减小二维层状石墨结构的厚度，即将多层石墨烯纳米片（graphene nanosheets）的厚度进一步减薄制备单层或少层石墨烯，可以将介电损耗提高 5~10 倍，如图 6-8 所示[3]；王等人提出了"限域剪裁"策略，通过调整石墨烯上磁性纳米晶 Fe_3O_4 沉积量，可以将磁性石墨烯的介电损耗能力提高 7~8 倍[4]。

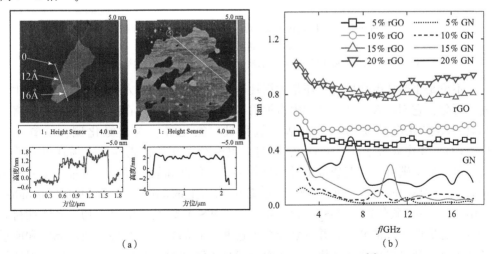

（a）　　　　　　　　　　　　　　（b）

图 6-8　通过剪裁石墨烯层厚调控介电损耗性能[2]

（a）rGO 和 GN 的原子力量显微镜测试结果；（b）不同浓度 rGO 的介电损耗

介电损耗实时调控和智能调控等方面的研究，也得到了长足的发展。土耳其科学家科卡巴斯等人利用石墨烯电容器构建了电压可调的智能雷达吸波表面，如图 6-9 所示，当电压从 0 V 增加到 2 V 的时候，电磁波损耗能力从 -3 dB 提高到 -45 dB[5]。中国科学家曹小组设计了温度可驱动的智能微波衰减器[6]。当温度从 323 K 调控到 673 K 时，La 掺杂 $BiFeO_3$ 的介电损耗能力提高了约 100%，弛豫峰发生了约 1.1 GHz 的红移，从而将微波衰减能力从 -11 dB 提高到 -39 dB，将吸收峰从 12.3 GHz 移动到 9.1 GHz，并且将 X 频段 -10 dB 有效带宽从 0 GHz 大幅增长到约 2 GHz。大损耗电介质材料的实时和智能调控是研发未来智能器件最重要的技术之一，将支撑未来高新技术产业的持续发展和国家安全保障能力的快速提升。

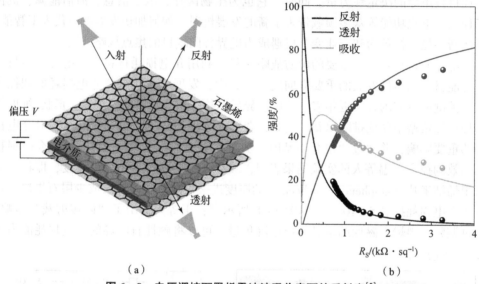

（a）
（b）

图 6-9　电压调控石墨烯雷达波吸收表面的反射率[5]

（a）石墨烯基雷达波吸收表面示意图；
（b）实验（散点）和计算（实线）的波反射，透射和吸收随石墨烯电阻的变化图

不论是小损耗电介质材料还是大损耗电介质材料，都与人类社会的生产与生活密不可分，它们在人类文明进程中占据着极其重要的位置。在随后的各节中，将介绍典型小损耗电介质材料，包括二氧化硅、氮化硅、六方氮化硼、氮氧化硅（Si_2N_2O）和焦硅酸钇（$Y_2Si_2O_7$）；同时，也介绍了几类代表性的大损耗电介质材料，包括低维碳材料、宽禁带半导体材料——碳化硅和氧化锌、二维过渡金属碳氮化合物（MXenes）、二维过渡金属硫化物（transferring metal dichalcogenides，TMDC）——二硫化钼（MoS_2）和二硫化钨（WS_2）以及导电聚合物、多铁性材料和金属有机框架（MOFs），并分别介绍了这些材料的微结构特性、微波响应和能量转换机制、介电损耗演变规律等，从而为同行了解"材料结构-微波响应-损耗调控"三者之间的内在联系提供初步的基础，为今后高效和可调的大损耗电介质材料

研发奠定重要的理论基础。

6.2　小损耗电介质材料的高温介电性能

小损耗电介质材料是航空航天领域的重要材料之一，主要应用于制备导弹天线罩、引导雷达天线罩、航天飞机天线罩、卫星天线罩、移动通信基站天线罩等各式各样的天线罩，以保护导弹、雷达、飞机、卫星、移动通信基站等设备在使用过程中不受外部环境的影响[7]。随着社会的不断进步，服役环境越来越复杂，在恶劣条件下的服役要求越来越苛刻，对天线罩的各项性能提出了更高的要求。例如，导弹天线罩在使用过程中不仅需要具有优异的透波性能，以保障信号的正常传输从而实现精确制导，还需要承受较高温度的热冲刷，以保护导弹内部构件免于损伤。作为结构、功能一体化的导弹天线罩，应拥有透波和耐高温等优异的综合性能。因此，研究小损耗电介质材料的高温介电性能对推动小损耗电介质材料的应用具有非常重要的意义。

本节将以几类典型的小损耗电介质材料为基础，包括 SiO_2、Si_3N_4、BN，从极化和损耗机制出发，介绍图 6 – 10 所示的电介质材料高温介电性能及其演变规律。

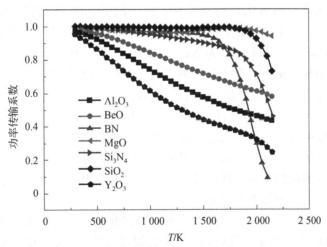

图 6 – 10　几种小损耗电介质材料热透波性能比较 （$f = 10$ GHz）[8]

6.2.1　二氧化硅

SiO_2 是一种应用广泛的重要热透波材料，其中，石英玻璃是 SiO_2 用于工程热透波材料的主要形式。它具有由硅氧四面体 （SiO_4） 通过共有顶角互相连接而构成的三维空间网络结构，如图 6 – 11 所示[8]。在四面体中，一个 Si 原子居于四面体的中心，4 个 O 原子居于四面体的 4 个顶角处。四面体中的 Si—O 键长为 1.62 Å，单胞边长为 2.65 Å，Si—O—Si 的键角为 109°28′，而 O－Si－O 的键角则不固定，通常在 α－石英中为 144°，而在 β－石英中约为 160°。在硅氧四面体中，Si 与 O 之间的结合键不仅是纯离子键，还有一定比例的共价键，共价键与离子键比例相当。因此，SiO_2 既存在离子位移极化，又存在电子位移极化。

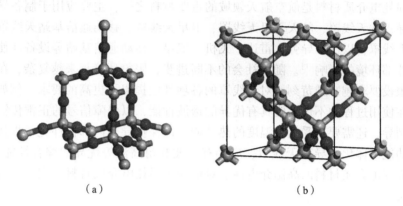

（a）　　　　　　　　　　　　　　　（b）

图 6－11　SiO_2 三维空间网络结构

（a）SiO_2 晶体结构；（b）超晶胞结构

SiO_2 是一类典型的氧化物热透波材料，室温下 SiO_2 玻璃的介电常数为 3.8 ~ 3.9[8-14]。图 6－12 展示了一个石英玻璃试样的高温介电性能，其密度为 2.19 g/cm^3，主要杂质离子（微成分）为 Na^+、Ca^{2+}、Al^{3+}、Mg^{2+}、K^+、Li^+，这些微成分的总浓度为 169.7 μg/g。随着温度的升高，石英玻璃试样的 ε' 和 ε'' 呈现上升的趋势。ε' 在熔融温度以前变化不大，达到熔融温度后呈增加趋势；ε'' 在熔融温度以前很小，基本在 10^{-4} ~ 10^{-3} 量级，熔融后呈快速上升趋势。这是因为，当 SiO_2 开始熔融以后，随着温度的升高，熔体黏度下降，杂质离子的活化能减小；同时，熔体中产生大量的缺陷、偶极子（带电荷的悬挂键），也对总损耗产生较大贡献。其低温段介电损耗的实验测试值略高于理论计算值，这主要是因为受到结合水的影响，这个问题在复合材料上反映得更为明显。

图 6－12 中插图是石英玻璃和熔融 SiO_2 高温介电性能的比较。两者的 ε' 差别不大，而熔融 SiO_2 的 ε'' 高于石英玻璃，且随着温度的升高，差别更加显著。这是因为熔融 SiO_2 相比石英玻璃更加致密[8]。

石英玻璃的总介电损耗主要来源于弛豫损耗、电子电导损耗和杂质离子电导损耗，其中，电子电导损耗的贡献很小（10^{-7} 量级）。当主要杂质离子 Na^+ 为 20 μg/g 时，固态 SiO_2 在低温区（1 200 K 之前）的总损耗以弛豫损耗为主（10^{-4} 量级），且随着温度的升高，杂质离子电导损耗贡献迅速增加，呈指数增加趋势，其理论计算数据如图 6－13 所示[8]。

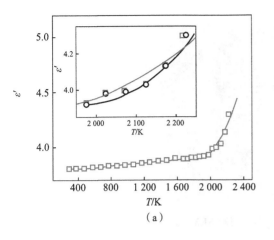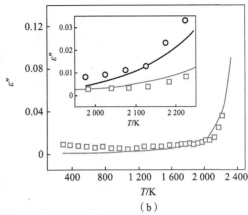

（a）　　　　　　　　　　　　　　　　　（b）

图 6 – 12　SiO₂ 高温介电常数[8]

（a）实部；（b）虚部

注：插图中，"□/○"代表实验测试数据，

"—"代表理论计算数据；深色代表熔融 SiO₂，浅色代表石英玻璃。

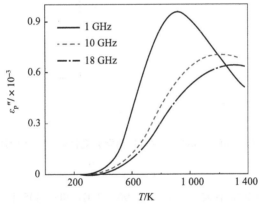

图 6 – 13　钠离子掺杂 SiO₂ 高温弛豫损耗的理论计算数据[8]

对于 SiO_2 陶瓷抗冲击强度不足，通常使用表面涂层增强、纤维增强、有机硅树脂增强等方法解决这一问题[9-14]。图 6 – 14 是 SiO_{2f}/SiO_2 复合材料的扫描电子显微镜（scanning electron microscope，SEM）图[9,10]。该复合材料就是利用三维编织机将 SiO_2 纤维编织成 2.5 维编织体来增强 SiO_2 陶瓷的强度。SiO_{2f}/SiO_2 复合材料主要由纤维相组成，增强相纤维束为立体结构编织，少量的基体浸渗其中，纤维的直径为 $8 \sim 10~\mu m$。

图 6 – 15 为美国麻省理工学院获得的 SiO_{2f}/SiO_2 复合材料 AS – 3DX（进行过防潮处理）的实验测试数据，测试范围为室温 ~ 1 268 K。SiO_{2f}/SiO_2 复合材料在被测

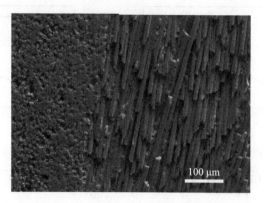

图 6 – 14　SiO_{2f}/SiO_2 复合材料 SEM 图[9,10]

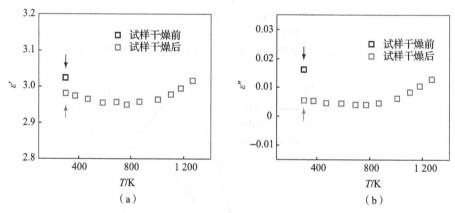

图 6 – 15　SiO_{2f}/SiO_2 复合材料高温介电性能　($f = 10\ GHz$)[8]

（a）介电实部；（b）介电虚部

温度区间，ε' 和 ε'' 的变化不大，保持在 2.98～3.01 和 0.005 4～0.012 8 范围[8]。可以看到由于吸潮，被测材料在干燥前介电常数和介电损耗明显偏大。

6.2.2　氮化硅

氮化物体系热透波材料一般属于典型的共价键原子晶体，高温下直接分解气化，其固相热电行为主要取决于材料禁带宽度和气化温度，禁带宽度越窄、气化温度越高，则介电损耗的变化幅度越大。

Si_3N_4 是综合性能最好的氮化物结构陶瓷之一。它具有四种结构相：无定形 Si_3N_4、三角晶系 $\alpha - Si_3N_4$、六方晶系 $\beta - Si_3N_4$ 和高压立方晶系 $\gamma - Si_3N_4$，如图 6 – 16 所示[8]。常压下，当温度高于 2 151 K 时，Si_3N_4 会直接分解。$\beta - Si_3N_4$ 为高温稳定型，属于强共价键化合物，具有高强度、高模量的优点，介电常数和介电损耗比较低，且在很大的温度区间内变化不大，是一种非常重要的热透波材料。

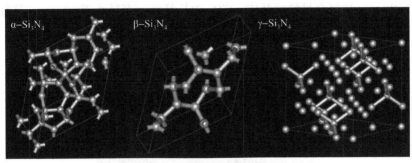

图 6-16 氮化硅晶体结构

图 6-17 是频率为 10.4 GHz 时，不同密度的热压 Si_3N_4 的介电常数温度响应曲线。介电常数实部 ε' 处于 2.5~8 范围，随着温度增加略有上升，但变化幅度很小；介电常数虚部 ε'' 在低温区很小，当温度升高到 1 600 K 以上时快速增大，这主要是由电子电导损耗引起的。另外，Si_3N_4 的禁带宽度相对较宽（5.3 eV），在达到其快速热分解温度 2 150 K 时，表面高温会造成透波率一定幅度的下降。此时，密度为 3.2 g·cm^{-3} 的热压 Si_3N_4 的 ε' 约为 3.6。密度对热压 Si_3N_4 的 ε'' 高温演变趋势有明显影响，由图 6-17（b）插图可知，密度越小，热压 Si_3N_4 虚部高温突变的转变温度越大。

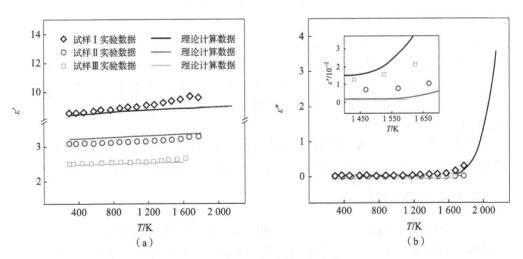

图 6-17 不同密度氮化硅的高温介电损耗[8]

（a）介电实部；（b）介电虚部

注：试样 I、试样 II、试样 III 的密度分别是 3.2 g/cm^3、1.48 g/cm^3 和 1.15 g/cm^3（$f=10.4$ GHz）。

与 SiO_2 相似，利用熔融石英纤维复合也是增强 Si_3N_4 力学强度的有效手段之一，研究表明 SiO_2/Si_3N_4 复合材料具有优异的抗热冲击性、低的热膨胀系数和较高的机械性能。图 6 – 18 为 SiO_2/Si_3N_4 复合材料的 SEM 图[15]。Si_3N_4 大部分为球形，直径为 70～100 nm，是复合材料的基体；SiO_2 为长纤维，直径小于 10 μm，是复合材料的增强体。

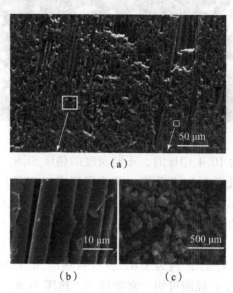

图 6 – 18 SiO_2/Si_3N_4 复合材料的 SEM 图[15]

(a) SiO_2/Si_3N_4 复合材料；(b) SiO_2 纤维束；(c) Si_3N_4 基体

图 6 – 19 为 SiO_{2f}/Si_3N_4 复合材料的高温介电性能。SiO_{2f}/Si_3N_4 复合材料在 1 300 ℃ 时 $\tan\delta$ 小于 0.001，说明在常温下，SiO_2/Si_3N_4 复合材料是一种典型的小损耗高温透波材料[15]。然而，在高温下，SiO_2/Si_3N_4 复合材料表现出复杂的介电特性，ε' 和 $\tan\delta$ 在室温～200 ℃ 时迅速下降，在 200～500 ℃ 时缓慢下降，在 1 200 ℃ 以上时逐渐升高。

应该指出，SiO_2/Si_3N_4 复合材料的介电性能不仅取决于两种主要成分（石英纤维和 Si_3N_4），还取决于碱金属离子、羟基、水团簇等其他次要成分。

6.2.3　六方氮化硼

氮化硼具有两种晶体结构：六方氮化硼和立方氮化硼（c – BN）。在微波领域，h – BN 研究较为广泛。它具有类似石墨的层状结构，密度为 2.27 g/cm^3，没有明显的熔点，在 101.3 kPa 氮气中，于 3 273 K 升华；而在真空中，于 2 073 K 就开始迅速分解。六方氮化硼的结构如图 6 – 20 所示[8]。

图 6 – 21 是 h – BN 高温介电常数和介电损耗角正切的温度特性，温度范围为室温～1 500 ℃。h – BN 的介电实部 ε' 非常低，随温度的升高逐渐增大，在 1 500 ℃ 时，ε' 为 4.87[16]。h – BN 在高温下的介电损耗行为也非常特殊，$\tan\delta$ 在 1 000 ℃ 以

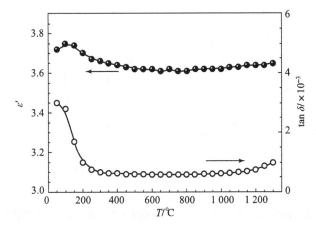

图 6 – 19　SiO$_2$/Si$_3$N$_4$ 复合材料的高温介电性能（$f=9.0$ GHz）[15]

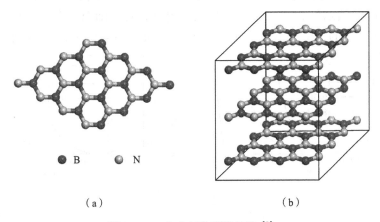

（a）　　　　　　　　　　　　　　（b）

图 6 – 20　六方氮化硼的结构[8]

（a）类石墨烯结构；（b）类石墨结构

下非常低；当升高温度超过 1 000 ℃时，随着温度升高，tan δ 出现了快速的增长；在 1 500 ℃时，tan δ 的值比室温下高出 20 倍。h – BN 高温下的高损耗主要是由热激发下的介质电导造成的，如图 6 – 21 中插图所示[16]。

h – BN 的弛豫损耗随温度变化存在明显峰值，峰值出现在 10^{-4} 量级，峰值的位置与频率有关。随着频率的升高，弛豫损耗的峰值向高温区移动，如图 6 – 22 所示[8]。

h – BN 的另外一个重要的损耗来源就是电导损耗，与 SiO$_2$ 相同，存在电子电导损耗和离子电导损耗，但是 h – BN 禁带宽度及随温度的变化与二氧化硅不同。图 6 – 23（a）所示是 h – BN 高温电子电导损耗。在高温区域，h – BN 的电子电导损耗随着温度的升高而急剧上升，如图 6 – 23（a）插图所示；而在低温时，其电子电导损耗值非常小，远远低于 h – BN 的弛豫损耗[8]。在 1 500 K 时，电子电导的损耗值

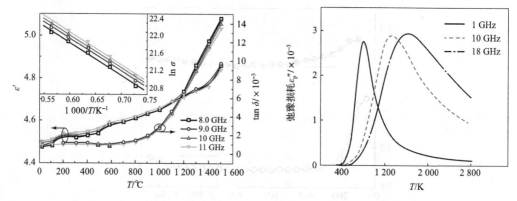

| 图 6-21 h-BN 的高温介电性能[16] | 图 6-22 h-BN 高温弛豫损耗随温度的变化[8] |

达到 10^{-3} 数量级，只有在温度高于 2 000 K 以后，损耗值才出现几个数量级的增长。图 6-23 （b）所示是 h-BN 高温杂质离子电导损耗，随温度升高，杂质离子电导损耗同样是增加的，但增幅小于电子电导损耗，如图 6-23 （b）插图所示[8]。

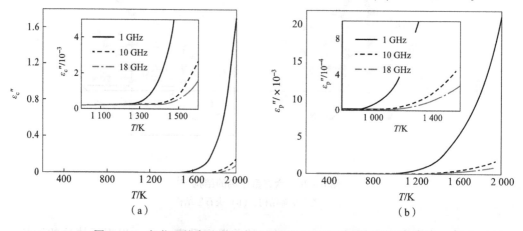

图 6-23 氮化硼的高温电子电导损耗和高温杂质离子电导损耗[8]

（a）高温电子电导损耗；（b）高温杂质离子电导损耗（杂质离子含量 1 000 pg/g）

除此之外，h-BN 中还存在本征缺陷电导损耗。h-BN 本征缺陷主要包括间隙离子（N 间隙离子）和替代原子（N 原子替代 B 原子）。然而，h-BN 本征缺陷电导损耗高温时仅为 10^{-5} 量级，因此在研究时通常可以忽略不计。

6.2.4 氮氧化硅

氮氧化硅是 $SiO_2 - Si_3N_4$ 体系中的一种化合物，属于正交晶系，是通过（SiN_3O）四面体相互连接组成的三维结构，每个晶胞包含 4 个 Si_2N_2O 或 Si_2NO_2 分子，晶胞参数为 $a_0 = 8.834$ Å、$b_0 = 5.473$ Å、$c_0 = 4.835$ Å，如图 6-24 所示[8]。Si_2N_2O 具有

许多优良性能，如较低的理论密度（2.81 g/cm³）、较高的硬度和优良的介电性能等。Si_2N_2O 没有明显的熔点，在真空中，当温度高于 1 473 K 时开始分解为气态 SiO、气态 N_2 和固态 Si_3N_4；在常压下，当温度高于 1 873 K 时，分解变得更加显著，高于 1 973 K 时开始急剧分解。

Si_2N_2O 的禁带宽度（5.97 eV）大于 Si_3N_4（5.3 eV），因而在分解前具有比 Si_3N_4 更小的高温介电损耗。Si_2N_2O 的介电损耗包括弛豫损耗和电导损耗，如图 6 – 25（a）所示，随着频率的升高，其损耗峰向高温方向移动[8]。电导损耗是 Si_2N_2O 介电损耗的另一个重要组成部分。中低温区时，介电损耗的贡献主要来自弛豫损耗；而当温度高于

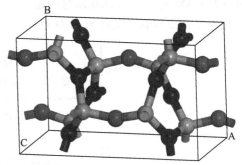

图 6 – 24　Si_2N_2O 晶体结构（书后附彩插）

1 200 K 后，电子电导损耗和杂质离子电导损耗（主要杂质为 Li^+、K^+、Na^+、Ca^{2+}、Mg^{2+}、Fe^{3+}，总浓度为 500 μg/g）都急剧增大，如图 6 – 25（b）所示[8]。另外，从图 6 – 25 可以看出，Si_2N_2O 的总损耗受频率的影响很大，并随其增大而减小。受电子电导损耗和杂质离子电导损耗的影响，当温度高于 1 200 K 时，Si_2N_2O 的损耗值急剧增大。

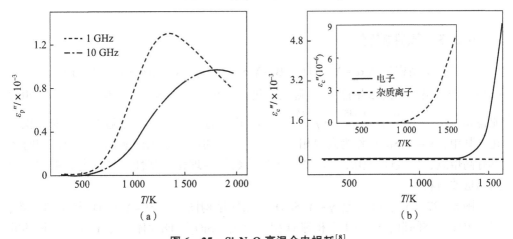

图 6 – 25　Si_2N_2O 高温介电损耗[8]

（a）高温弛豫损耗；（b）电导损耗（$f = 10$ GHz）

实际 Si_2N_2O 材料的组成比较复杂，不同的杂质离子及不同的杂质离子浓度都会对其热电行为产生很大的影响。例如，当采用 Li_2O 作为烧结助剂时，测得的 ε'（6.1）比理论计算值（5.63）高约 8%，这主要是由于掺杂了 Li^+ 的 Si_2N_2O 能带宽度减小，导致介电常数增加。

图 6-26 是以 Y_2O_3 为烧结助剂在较低温度下通过热压法合成的实际 Si_2N_2O 材料的高温介电性能，Y_2O_3 的理论密度为 79.4%，其结构中的主要杂质为 Li^+、K^+、Na^+、Ca^{2+}、Mg^{2+}、Fe^{3+}[8]。由于使用 Y_2O_3 为烧结助剂，杂质总浓度从 1 450 μg/g 升高到 5 900 μg/g。测试数据与理论计算数据有比较明显的差异，这是因为杂质成分比较复杂也影响了实际 Si_2N_2O 材料的高温介电性能。

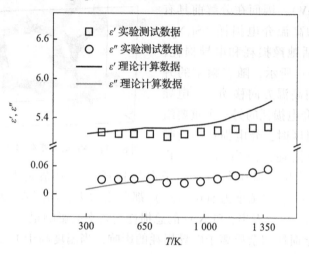

图 6-26　氮氧化硅高温介电常数[8]

6.2.5　焦硅酸钇

焦硅酸钇晶相包括 $\alpha - Y_2Si_2O_7$、$\beta - Y_2Si_2O_7$、$\gamma - Y_2Si_2O_7$ 和 $\delta - Y_2Si_2O_7$ 等多种晶型（按低温相到高温相排序）。随着温度的变化，这些多型体能相互转化（z 相为亚稳相）$\alpha \xrightarrow{1\,225\,℃} \beta \xrightarrow{1\,445\,℃} \gamma \xrightarrow{1535\,℃} \delta$，而且这些多型转变伴随着很大的体积变化。其中，$\gamma - Y_2Si_2O_7$ 作为高温相，在一个很大的温度范围内能保持稳定，同时还具有高熔点、低线性热膨胀系数和低导热系数等物理化学特性，是一类非常重要的高温透波材料。

图 6-27（a）、（b）是 $\gamma - Y_2Si_2O_7$ 的晶体结构图[17]。$\gamma - Y_2Si_2O_7$ 是单斜晶系，属于 $P21/c$ 空间群，Si 与 4 个相邻 O 相连形成 $[SiO_4]$ 四面体，且 Y 与 6 个相邻的 O^{2-} 离子之间形成 $[YO_6]$ 八面体。两个相邻的 $[SiO_4]$ 四面体共用一个 O，形成 $[Si_2O_7]$ 焦硅酸盐结构和线性 Si—O—Si "桥"。$\gamma - Y_2Si_2O_7$ 晶体结构中存在两种类型的原子间成键：$[SiO_4]$ 四面体的 Si—O 键和 $[YO_6]$ 八面体中的 Y—O 键。

王等人发现 Y—O 键比 Si—O 键弱很多，容易被伸展和收缩。随着温度的升高，Y—O键变得更弱，导致一些 Y—O 键伸长或断裂，所以刚性的 $[Si_2O_7]$ 焦硅酸盐和 Y^{3+} 离子在高温下更容易旋转或移动。由于 [100] 面和 [010] 面是最常见的弱

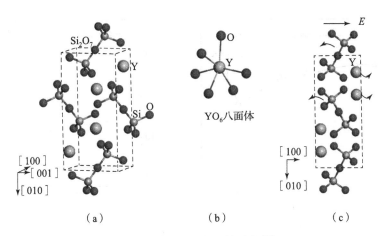

图 6 - 27　焦硅酸钇晶体结构[17]

（a）$\gamma - Y_2Si_2O_7$ 晶体结构；（b）YO_6 八面体结构；（c）$\gamma - Y_2Si_2O_7$ 中热激发的原子群随电场方向移动示意图

晶面，当任一平面垂直于电场时，热激发的原子群（刚性的 $[Si_2O_7]$ 焦硅酸盐和 Y^{3+} 离子）将很容易随电场方向移动，如图 6 - 27（c）所示[17]。热激发的原子群的局部运动实际上是由结构缺陷的运动引起的，在电磁场中会引起结构弛豫极化，然而激发原子团的质量较大，随电磁场的运动比单个离子慢，因此弛豫时间（τ_0）较长，大于 10^{-12} s。另外，$\gamma - Y_2Si_2O_7$ 中不存在离子电导，即使在较高的温度下，仍然具有较低的介电损耗。

图 6 - 28 所示为焦硅酸钇的高温介电性能频率特性，其微波段电介质极化主要是由离子位移极化和离子松弛极化两部分组成的[18]。介电常数是 $\gamma - Y_2Si_2O_7$ 和其中杂质（碱金属离子 Na^+ 和 K^+）在电磁波作用下同时发生极化所产生的。在 298 K 或 773 K 时，ε' 和 ε'' 随着频率的增加而都呈现下降趋势；在 1 273 K 时，ε' 和 ε'' 在 15.8 GHz 处出现拐点，而后数值增大。这说明介电性能受离子松弛极化的影响明显。

图 6 - 29 为焦硅酸钇介电性能的温度特性[17,19]。升高温度到 1 800 K 时，$\gamma - Y_2Si_2O_7$ 的 ε' 从 4.8 增长到 5.8，呈一定斜率单调上升；ε'' 在 $10^{-3} \sim 10^{-2}$ 之间时，在 1 273 K 出现的峰值，主要是由于 $\gamma - Y_2Si_2O_7$ 中存在碱金属离子 Na^+、K^+ 所造成的（纳米 SiO_2 原材料纯度不高，或在复合工艺过程中，掺杂进入碱金属或碱土金属离子，使 $\gamma - Y_2Si_2O_7$ 非晶结构发生变化）。这一现象说明，$\gamma - Y_2Si_2O_7$ 介电损耗在 1 273 K 的峰值是由热离子极化弛豫引起的。一方面，随温度升高，离子的热运动加剧，当振动能大于束缚能时产生热离子极化；同时，极化的离子数目增加，导致弛豫损耗增大。另一方面，碱金属离子受热影响，离子的动能增加，无规则运动加剧，削弱了电场作用下碱金属离子的规律振动，使介电损耗降低。两者的综合影响使 $\gamma - Y_2Si_2O_7$ 的 ε'' 在 1 273 K 出现峰值。

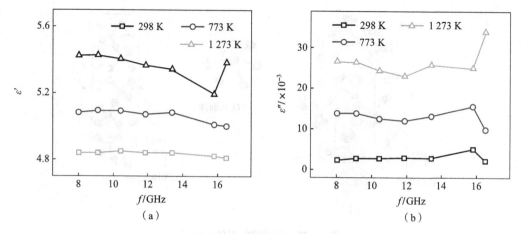

图 6-28 焦硅酸钇的高温介电性能频率特性[18]

（a）介电常数实部；（b）介电常数虚部

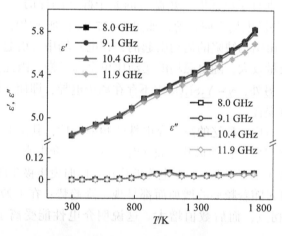

图 6-29 焦硅酸钇介电性能的温度特性[17,19]

6.3 低维碳材料及电导损耗调控

大损耗电介质材料在航空航天等高新技术领域占据着非常重要的地位，与小损耗电介质材料不同的是，大损耗电介质材料主要利用自身对微波能量的转换来实现吸波、屏蔽、传感和探测等各式各样的功能。因此，了解大损耗电介质材料的微波损耗机制对研发新型电介质功能材料具有极其重要的意义。同时，大损耗电介质的调控策略对于支撑微波器件技术发展意义重大。

本节将从低维碳材料、碳化硅、氧化锌、MXenes、过渡金属及其化合物、多铁性材料、导电聚合物、金属有机框架等实际材料的特性出发，阐述大损耗电介质材料的微波介电性能的演变规律，从而揭示实际材料中的微波响应机制及性能调控策略。最后，从实际大损耗电介质材料延伸至微波器件及其应用。

6.3.1　晶体结构与电子性能

碳材料，尤其是低维碳材料，是大损耗电介质材料的研究热点之一。在过去的 30 年中，低维碳材料发展迅速，如碳纳米球、碳纳米管、石墨烯等，都是由单层石墨层状结构演变而来的，如图 6 – 30 所示。其中，石墨烯中最为典型的二维晶体是碳家族中发展最快的碳材料。

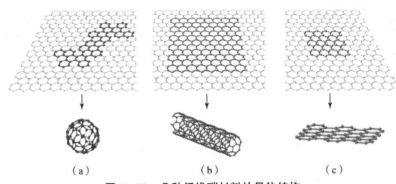

（a）　　　　　　　　（b）　　　　　　　　（c）

图 6 – 30　几种低维碳材料的晶体结构

（a）富勒烯；（b）碳纳米管；（c）石墨烯

石墨烯是单原子厚度的二维晶体，具有由六边形排列的碳原子构成的周期蜂窝状点阵结构。其中，sp^2 杂化的碳原子通过 σ 键键合，每个碳原子未杂化的 p 轨道形成贯穿整个晶体的大 π 键。石墨烯厚度仅为 0.35 nm，C—C 键长度为 0.142 nm。这种独特的结构使得石墨烯具有比表面积大、机械强度高、高载流子迁移率 $[15\ 000\ cm^2/(V \cdot s)]$ 等优点[20-24]。

分布在石墨烯顶部和底部表面的 π 电子能高速运动，行为类似于无静止质量的狄拉克粒子。在传输过程中，电子受到晶格（声子）和其他自由电子散射，如图 6 – 31（a）所示[25]。石墨烯上存在两种通道：一种是由电子间散射决定的表面通道；另一种是层间通道，层间通道的载流子以平均热运动速度有方向性地运动，迁移率较小，如图 6 – 31（b）所示[25]。因此，石墨烯的厚度是影响其电导率 σ 的重要因素。随着石墨烯厚度的减小，σ 从 10^3 增长到 10^6。值得注意的是，厚度对电导率的高温演变趋势也有影响。由于温度对单层石墨烯电子费米速度的影响可以忽略不计，单层石墨烯的 σ 对温度不敏感；在少层或多层石墨烯中，随着温度的升高，载流子热迁移加快，σ 增大，如图 6 – 31（c）所示[25]。

石墨烯结构中的另一个重要特征就是缺陷。在石墨烯被发现之前，大多数研究人员认为，在有限的温度下，热力学涨落不允许存在任何二维晶体。然而，室温条

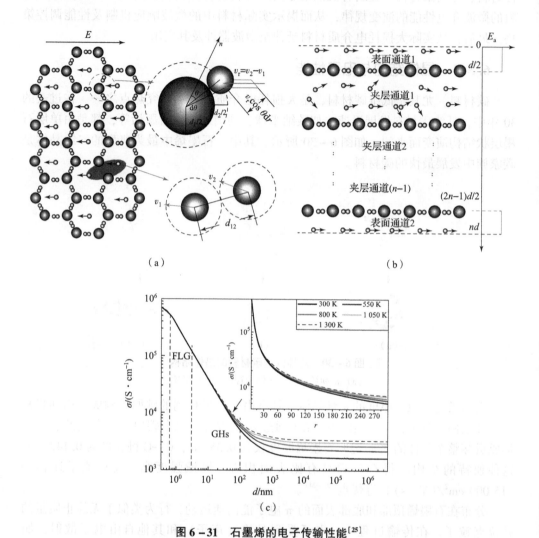

（a）

（b）

（c）

图 6 – 31 石墨烯的电子传输性能[25]

（a）电子散射；（b）电子传输通道和电子散射机理；（c）电导率随石墨厚度的变化

件下，二维单层石墨烯的出现颠覆了这一观点，其原因是石墨烯在纳米尺度的微变形。法索利诺等人和海姆等人分别通过蒙特卡罗模拟和透射电镜证实了石墨烯存在固有波纹结构[26,27]。除此之外，在真实三维空间中，石墨烯还存在拓扑缺陷、空位、边缘（或裂纹）、吸附杂质等其他缺陷，如图 6 – 32 所示，这些缺陷结构会造成石墨烯电荷的不对称分布，从而导致偶极子的形成[28,29]。

图 6 - 32　石墨烯缺陷和基团处的电荷差分密度[28]

（a）缺陷；（b）基因

6.3.2　一维碳材料与电子输运机制

低维材料的晶体结构和电子结构决定了电导损耗是其介电损耗的重要组成部分，因此，了解电磁场下低维碳材料中电子输运及电导损耗机制具有非常重要的意义。经过长期的理论和实验研究，科研人员提出了电荷跳跃模型（electronic hopping model，EHM）、聚集诱导电荷输运（aggregation - induced charge transport，AICT）模型、导电网络方程式等模型和公式来描述低维碳材料中的电子输运机制[30-32]。

最早提出电荷跳跃模型是用来解释一维碳纳米纤维（CNFs）中的电荷输运现象。中国科学院的成会明院士研究团队发现 M70 CNFs 是由短程有序的石墨层状结构组成的，如图 6 - 33 所示。石墨层与层之间存在接触电阻，CNFs 上电子不能通过电子离域的方式在大 π 键上进行快速的迁移[33]。

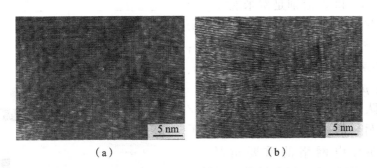

（a）　　　　　　　　　　　　（b）

图 6 - 33　M70 CNFs 的高分辨透射电子显微镜图[33]

（a）排列有序的长石墨稀薄片；（b）少量错误取向的微晶

曹团队在研究 CNFs/SiO₂ 复合材料的高温介电性能时发现，随温度的升高，其 ε' 和 ε'' 表现出增大的趋势，如图 6 - 34 所示。他们认为这一现象与低维碳复合材料随温度升高而增强的电子传导有关，并提出了电荷跳跃模型[30,31]。

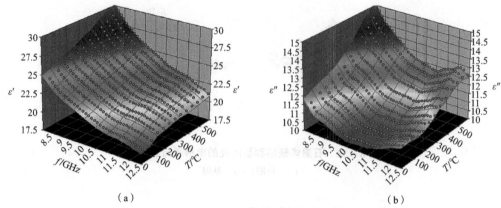

图 6 – 34　CNFs/SiO₂ 复合材料的高温介电性能

(a) ε'; (b) ε'' [31]

　　图 6 – 35 为基于实际 CNT 材料给出的电子输运示意图[30]。CNTs 的内层呈石墨层状结构，提供了丰富的电子传导通道，而表层呈非晶碳结构，存在着大量的缺陷势垒。在 MWCNT 非晶态层中，电子通过吸收电磁能和热能，跃迁到更高的能级，其中一些处于高能态的电子能够跳过表面缺陷势垒，从而在非晶态层中进行远距离传输，产生电流。CNTs/SiO₂ 复合材料的电导率可以用戴维斯·莫特模型描述：

$$\sigma(T) = eN(E_c)k_B T\mu_c \exp\left(-\frac{E_c - E_F}{k_B T}\right) + \sigma_{hop}\left(\frac{k_B T}{E_c - E_A}\right)^s C\exp\left(-\frac{E_A - E_F + W}{k_B T}\right)$$

(6 – 1)

式中，E_F、E_c 和 W 分别是费米能级、导带底能级和活化能；$N(E_c)$ 是 E_c 的态密度；k_B 是玻尔兹曼常数；e 是电子电荷；σ_{hop} 是基态跳跃电导；E_A 是初始能级；s、C 是常数；μ_c 是平均迁移率；T 是温度。

　　曹团队研究了不同填充浓度 CNTs/SiO₂ 复合材料的高温介电性能，发现了 CNTs 局部导电网络的重要贡献[32]。图 6 – 36 为 CNTs/SiO₂ 复合材料的高温电导率，其温度范围为 100 ~ 500 ℃。当 CNTs/SiO₂ 复合材料在这个温度区间，且填充浓度较低（5 wt%）时，σ 变化不大，

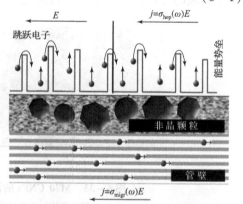

图 6 – 35　基于实际 CNT 材料给出的电子输运示意图[30]

保持在 1.5 S/m 左右；填充浓度较高（10 wt%）时，随温度的升高，σ 从 5.2 S/m 增长到 7.0 S/m。曹等利用聚集诱导电荷输运模型成功地解释了这一现象。事实上，在 CNTs/SiO₂ 复合材料中，CNTs 相互搭接形成局部导电网络，电子通过迁移、跳跃

和隧穿等方式在 CNTs 导电网络中做取向运动。网络电阻由迁移电阻和接触电阻串联而成。根据导电网络方程，网络电导率（σ_{network}）由较小的接触电导率（σ_{contact}）决定，因此，改善局部导电网络或升高温度都可以有效地提高 σ_{network}。

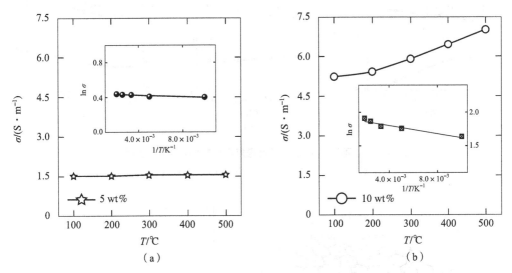

图 6 – 36　CNTs/SiO$_2$ 复合材料的高温电导率[32]
（a）填充浓度为 5 wt%；（b）填充浓度为 10 wt%

6.3.3　石墨烯与"电子 – 偶极子"协同竞争作用

石墨烯被誉为"黑金"，是典型的低维碳材料，受到业界的高度关注。在石墨烯晶体结构中，碳原子的 sp^2 杂化使其具有高载流子迁移率和电导率；大的比表面积更有利于构建导电网络，使其具有高的导电损耗。另外，石墨烯还易引入缺陷和基团或构建异质结构，可以有效地诱导极化中心的生成，增强弛豫损耗。因此，石墨烯在制备高效、可调、高温大损耗电介质材料方面具有突出的优势[2-5,28,34-40]。

曹团队最先研究了石墨烯/SiO$_2$ 复合材料高温介电性能，图 6 – 37 是石墨烯填充浓度分别为 4 wt%、8 wt% 和 12 wt% 的石墨烯/SiO$_2$ 高温介电性能，可以看出，ε' 随填充浓度的增加或温度的升高而增大，但 ε'' 却表现出不同的温度演变规律[34]。当填充浓度较低（4 wt%）时，ε'' 随温度的升高而减小；提高填充浓度，ε'' 的温度系数逐渐从负值转变为正值；当填充浓度为 8 wt% 时，石墨烯/SiO$_2$ 复合材料的 ε'' 在温度超过 373 K 后，基本保持不变，即对温度不敏感。

根据石墨烯的结构特性，介电弛豫和电荷传输是介电损耗的两个主要来源。从图 6 – 38 可以看出，石墨烯/SiO$_2$ 复合材料的弛豫时间（τ）随温度的升高而缩短，表明高温下缺陷和基团处产生的偶极子被活化，滞后现象得以改善，弛豫损耗（ε''_{p}）减小；而电导率（σ）则增大，电导损耗（ε''_{c}）增大。其原因是高温下更多

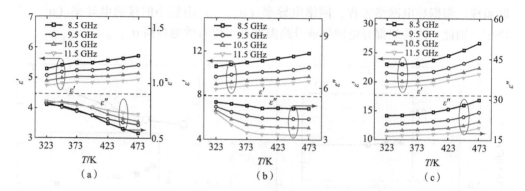

图6-37　不同填充浓度石墨烯复合材料的高温介电性能[34]

（a）填充浓度为4 wt%；（b）填充浓度为8 wt%；（c）填充浓度为12 wt%

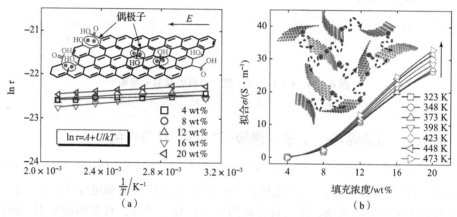

图6-38　不同填充浓度石墨烯复合材料（书后附彩插）

（a）高温弛豫时间；（b）高温电导率[34]

的电子被激发，跳过缺陷、基团或者接缝处的势垒，在石墨烯导电网络中进行远距离传输[34]。另外，当石墨烯填充浓度小于8 wt%时，石墨烯/SiO$_2$复合材料的σ随填充浓度的增加略微上升；当石墨烯填充浓度超过8 wt%时，σ呈指数形式急剧上升，20 wt%时其高温σ接近33 S/m。

　　事实上，研究大损耗电介质材料的介电损耗问题，其本质就是研究电磁能量转换问题。高温下，电子和偶极子对电磁能量转换的贡献，形成了一种"竞争-协同"的作用关系，相关物理图像如图6-39所示[2]。从图中可以看出，电子和偶极子之间的"竞争-协同"作用存在4个区域。

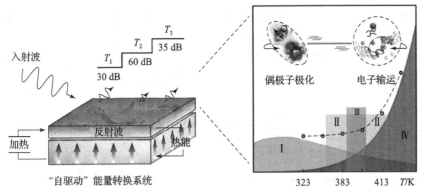

图 6 - 39　"电子 - 偶极子"协同竞争模型

区域 Ⅰ（弛豫主导区），由于温度过低或导电网络搭建情况不理想，ε_c'' 可以忽略不计，ε_p'' 主导着电磁能量转换的温度演变规律，ε'' 表现出负温度系数。

区域 Ⅱ（协同竞争区），随着温度的升高或导电网络的逐渐完善，ε_c'' 不断增大，而 ε_p'' 不断减小，两者对 ε'' 都有重要贡献，且相互竞争。

区域 Ⅲ（平衡区），高温下 ε_c'' 和 ε_p'' 演变规律对电磁能量转换的影响基本持平，ε'' 对温度不敏感。

区域 Ⅳ（输运主导区），ε_c'' 主导着电磁能量转换温度演变规律，ε'' 表现出正温度系数。

6.3.4　电导损耗调控

目前，低维碳材料在电导损耗调控方面的研究已经取得了重要的进展。通过维度、尺寸和构型剪裁、掺杂原子/异质原子、植入缺陷或基团、构建异质结构等晶体/结构工程，可以灵活地调整低维碳材料的电子传输行为，调控电导损耗。下面将举例说明。

尹等人以 SiO_2 为模板，通过改进的 Stöber 法、热解法和刻蚀法，获得了类红细胞状介孔碳空心微球，并研究了再碳化温度对介电损耗的影响，如图 6 - 40 所示[41]。当再碳化温度为 650 ℃时，ε'' 在测试温度范围（300 ~ 525 K）内为 2.6 ~ 7.0；而当再碳化温度提高到 1 050 ℃时，ε'' 增长到 9.5 ~ 20。这可以归因于在更高的再碳化温度下，介孔碳空心微球的结晶度更好，缺陷减少，电子传输能力更强，电导损耗增强。

卢等人将 CNTs 与 ZnO、CdS 纳米颗粒等宽带隙半导体结构结合构建 CNT 异质结构，研究发现 ZnO（CdS）与 CNTs 之间的异质界面会造成空间电荷的积累，产生界面极化，增强弛豫损耗，但 ZnO 和 CdS 也会破坏 CNTs 上的导电通道，减小电导损耗[42-44]。

温等人通过剪裁二维层状石墨结构的厚度高效调控电导损耗、弛豫损耗和介电

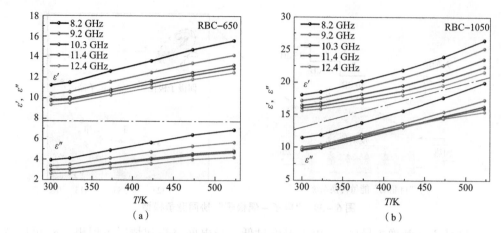

图 6-40　类红细胞状介孔碳空心微球高温介电性能[41]　（书后附彩插）

(a) RBC-650；(b) RBC-1050

损耗，如图 6-41 所示[3]。GN 的厚度大约为 5 nm，而 rGO 的厚度仅为 1 nm 左右。二维层状石墨结构的厚度减小，其复合材料的介电损耗提高了 5~10 倍，σ 提高了 2~10 个数量级。这是因为石墨烯厚度减小，比表面积变大且电荷传导能力增强，更易于在复合材料中形成导电网络，从而提高 σ，增强电导损耗；另外，引入的缺陷与基团可以提供更多的弛豫损耗，且薄而柔韧的波纹状石墨烯还能增加微波的传播路径，增强散射损耗。

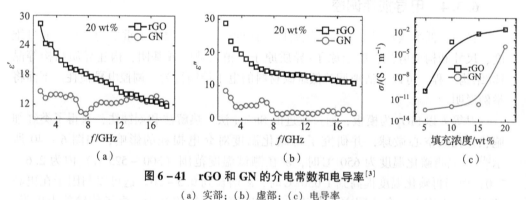

图 6-41　rGO 和 GN 的介电常数和电导率[3]

(a) 实部；(b) 虚部；(c) 电导率

6.4　碳化硅及弛豫损耗

6.4.1　碳化硅

SiC 是一种典型的半导体，由硅原子和碳原子致密排列的两个亚晶格组成。其中，硅原子和碳原子的杂化是 sp³，每个硅（碳）原子通过 σ 键与 4 个最近的相邻碳（硅）原子连接，如图 6 – 42 所示，碳原子位于四面体的中心[45-54]。SiC 有约 250 个晶形，最为典型的是具有闪锌矿结构的 3C 或 β – SiC 和具有纤锌矿结构的 α – SiC。只有 3C – SiC、2H – SiC、4H – SiC、6H – SiC 和 15R – SiC 结构能在室温下稳定存在。SiC 是一种间接带隙半导体，β – SiC 和 α – SiC 组成的带隙分别为 2.4 eV 和 3.3 eV。

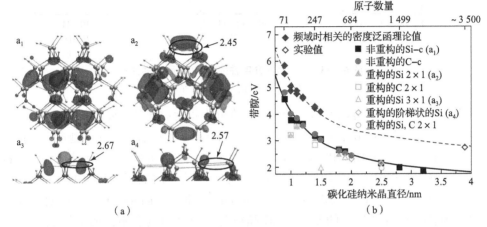

图 6 – 42　SiC 纳米晶体尺寸及其带隙[45]

（a）SiC 晶体；（b）尺寸和带隙

SiC 作为第三代宽带隙半导体材料，具有宽带隙、高临界击穿电压、高热导率、高载流子饱和漂移速度等特点，在高频、大功率、耐高温、抗辐照的电介质损耗及功能材料和器件等方面具有广阔的应用前景。其介电损耗性能主要来源于偶极子的极化弛豫。通过掺杂异质原子，可以调节 SiC 的能带结构，增强电导损耗。另外，它具有 β – SiC 和 α – SiC 构象之间的热驱动互变特性，没有体积效应，且晶格内碳原子和硅原子之间主要是通过共价键相连。因此，SiC 具有良好的高温强度、耐受性和低膨胀系数，是一类优秀的高温电介质材料。

6.4.2　多重偶极子极化

SiC 天然含量较少，多为人造。常见的制造方法是将石英砂与焦炭混合，加入食盐和木屑，放置于电炉中加热至 2 000 ℃ 左右高温，再经过各种化学工艺流程后，制得 SiC 微粉[55-57]。图 6 – 43 所示为 SiC 高温介电性能，测试的频段为 8.2 ～ 12.4 GHz，测试的温度范围为 373 ～ 773 K[56]。随温度的升高，SiC 的 ε'、ε'' 和 tanδ 略有增加，分别从 12.65 ± 1.15 提高到 13.5 ± 1.5、从 1.4 ± 0.3 提高到 1.7 ± 0.3、从 0.11 ± 0.02 提高到 0.13 ± 0.01。随着频率的升高，ε' 减小，而 ε'' 和 tanδ 在 8.9 GHz 和 10.9 GHz 附近分别有一个弛豫峰。

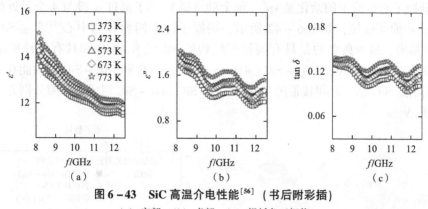

图 6 - 43 SiC 高温介电性能[56]（书后附彩插）

（a）实部；（b）虚部；（c）损耗角正切值

从图 6 - 44（a）可以看出，SiC 的 ε_p'' 在介电损耗中起到重要作用，但随着温度的升高，ε_p'' 从 0.755 ± 0.215 减小到 0.485 ± 0.115[56]。SiC 有两个介电弛豫：弛豫Ⅰ和弛豫Ⅱ，分别位于 8.9 GHz 和 10.9 GHz，主要来自缺陷偶极极化和界面极化。缺陷偶极子是由 SiC 晶格中碳空位周围的电荷不对称分布所产生的，如图 6 - 44（b）所示；界面偶极子的产生可以用类电容结构（capacitor - like structure，CLS）模型来解释，即由于缺陷结构或者尺寸的差异，SiC 晶粒与晶粒之间具有不同的极性或电导率，形成一种 CLS，导致空间电荷在界面处积累，产生界面偶极子。另外，根据以往的文献，晶界区域的 τ 比晶体内区域的 τ 大得多，其响应频率在较低的频率范围，因此 SiC 之间的界面极化导致弛豫Ⅰ，而 SiC 内部缺陷极化导致弛豫Ⅱ，如图 6 - 44（c）所示。

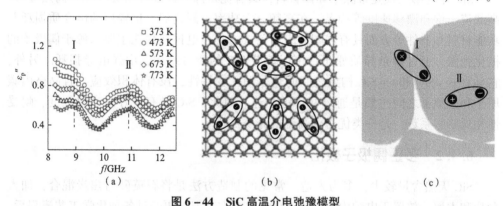

图 6 - 44 SiC 高温介电弛豫模型

（a）高温弛豫损耗；（b）缺陷偶极弛豫；（c）界面弛豫示意图[56]

6.4.3 碳化硅结构剪裁及弛豫损耗调控

宽带隙半导体 SiC 中，弛豫损耗起到非常重要的作用，为了提高 SiC 弛豫损耗，进一步增强高温介电损耗能力，将 SiC 与 NiO 结合构建 NiO 纳米环@SiC 是一个有效的途径。图 6 - 45 为 NiO 纳米环@ SiC 制备流程示意图及其透射电镜图，可以看出，NiO 纳米环均匀沉积在 SiC 表面[57]。

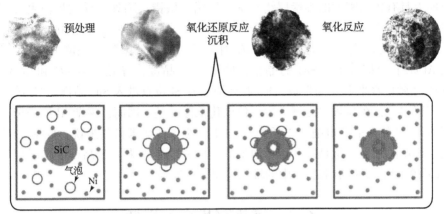

图 6 - 45　NiO 纳米环@ SiC 制备流程示意图及其透射电镜图[57]

从图 6 - 46 看出，NiO 纳米环@ SiC 的 ε_p'' 存在 4 个弛豫峰，分别位于8.5 GHz、9.9 GHz、10.9 GH 和 11.8 GHz（分别标识为Ⅲ、Ⅳ、Ⅴ和Ⅵ）[56,57]。NiO 纳米环@ SiC 多重弛豫产生的原因包括 NiO 纳米晶中的缺陷极化、SiC 晶粒中的缺陷极化和 NiO - SiC 的界面多极化。其中，弛豫Ⅴ与弛豫Ⅱ频率相同，表明 NiO 纳米环@ SiC 中的弛豫Ⅴ来源于 SiC 内部缺陷偶极极化；NiO 的活化能略小于 SiC 的活化能，可以判断弛豫Ⅵ来源于 NiO 内部缺陷偶极极化；弛豫Ⅲ和弛豫Ⅳ来源于 NiO 与 NiO 之间、NiO 与 SiC 之间的多重界面。比较图 6 - 44 与图 6 - 46 可以看出，沉积 NiO 纳米环后引入了更多的介电弛豫，介电损耗增大，ε_p'' 最大值超过 3。另外，NiO 纳米环@ SiC 的 σ 随温度的升高而增大，对 NiO 纳米环@ SiC 高温介电损耗的增大也起到了重要的推动作用。

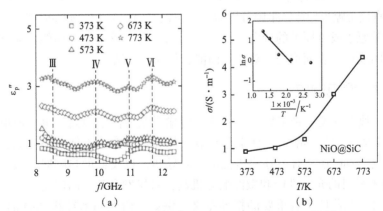

图 6 - 46　NiO@ SiC 的高温弛豫损耗和高温电导率[56,57]

（a）高温弛豫损耗；（b）高温电导率

除了构建异质结构，剪裁 SiC 维度、晶粒尺寸与晶体结构等晶体/结构工程也可以高效调控 SiC 的介电弛豫损耗。例如，制备一维 SiC 纳米线或纤维，由于在其生长方向上具有较高密度的堆垛层错和孪晶层错，层错缺陷处的异质界面也会积累空间电荷，从而产生大量的界面偶极子，因此，一维 SiC 纳米线具有更强的弛豫损耗。

掺杂 Al 或 Fe 等元素也能调控 SiC 纳米材料的介电弛豫损耗能力[58,59]。例如，掺杂 Al 原子会扩大 β – SiC 的晶格，降低其结晶度，导致 α – SiC 和高 Al 含量 Al₄SiC₄（微量水平上）的形成，同时 Al 原子在 Si 位点进入 SiC 晶格，Al$_{Si}$ 缺陷周围产生束缚空穴，在高频率区域产生空位极化弛豫损耗。因而，掺杂 Al 原子极大地改善了 β – SiC 粉末的介电弛豫损耗[58]。对于一维 SiC 纳米材料来说，Fe 原子掺杂则起到了相反的效果。这是因为 SiC 纳米晶须的介电弛豫来源于高密度堆垛层错，当 Fe 原子掺杂后，SiC 纳米晶须中的堆垛层错密度有所下降[59]。

6.5　氧化锌及介电损耗

6.5.1　氧化锌

ZnO 是 Ⅱ – Ⅵ 族化合物半导体，具有三种晶体结构：六方纤锌矿、立方闪锌矿以及八面体岩盐结构，如图 6 – 47 所示；在室温下，主要是六方纤锌矿结构。锌原子和氧原子通过 sp³ 杂化键合。立方闪锌矿结构 ZnO 只能在具有立方结构的衬底上稳定生长，而八面体岩盐结构 ZnO 可以在相对较高的压力下获得。

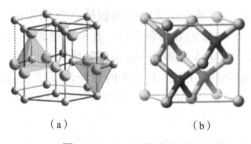

（a）　　　　　　　　（b）

图 6 – 47　ZnO 晶体结构

（a）六方纤锌矿结构；（b）立方闪锌矿结构

它们都是直接带隙半导体，带隙分别为 3.29 eV、3.04 eV 和 3.44 eV[60,61]。ZnO 纳米晶表面的锌原子或氧原子的价电子是不饱和的，具有较大的表面能，能够通过吸附原子或基团或进行表面重构来降低表面能，从而稳定结构。

6.5.2　介电响应

ZnO 是典型的宽紧带半导体，载流子传输受杂质离子散射、电子散射、声子散射、位错缺陷散射等影响。ZnO 中存在氧空位和锌填隙等本征缺陷，能够提供较强的弛豫损耗。ZnO 还具有良好的热稳定性和导热性以及低的热膨胀系数。因此，研究 ZnO 纳米材料的介电性能和微波响应机制，对研发高效、高温稳定、性能可调的介电损耗材料和器件具有重要的指导意义。例如，研究纳米针状 ZnO 的介电性能，可以发现其 ε' 和 ε'' 随温度的升高而增大，表明 ZnO 还是一类高温电介质材料，如

图 6-48 所示[62]。另外，ε'' 上两个弛豫峰表明，除了氧空位和锌填隙等本征缺陷产生的偶极极化外，ZnO 之间的界面极化对介电性能也有重要贡献。

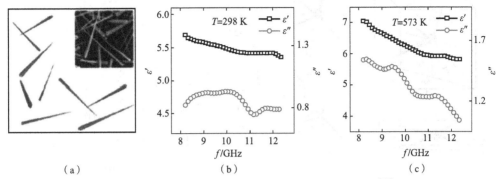

（a）　　　　　　　（b）　　　　　　　（c）

图 6-48　不同温度下 ZnO 纳米针介电性能频率特性[62]

（a）ZnO 纳米针结构示意图和 SEM 图；（b）298 K 下 ZnO 纳米针介电性能；（c）573 K 下 ZnO 纳米针介电性能

曹和房等人研究了准一维 ZnO 纳米针的微波介电性能，并建立了微电流模型来解释笼状 ZnO 中的介电响应行为。对于入射 ZnO/SiO$_2$ 的微波，能量分为两个部分。其中，水平方向的能流为耗散能流，而竖直方向的能流为衰减能流。微波能量通过微电流损耗被衰减，如图 6-49 所示，通过该模型计算的反射率损失（reflection loss，RL）与实验结果具有较好的相关性，但仍存在偏差[63]。

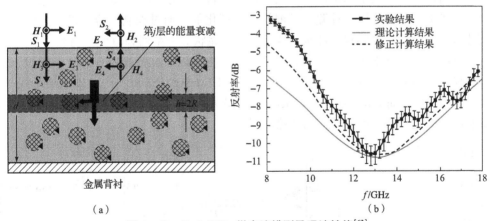

（a）　　　　　　　　　　　　　　　（b）

图 6-49　ZnO/SiO$_2$ 微电流模型及吸波性能[63]

（a）理论模型；（b）理论计算结果和实验结果

在微电流模型的基础上，房和曹对四针状 ZnO 的复合材料 ZnO/SiO$_2$ 进行了更深入的实验研究和理论分析，建立了四重响应模型和总耗散功率方程，如图 6-50 所示[64]。ZnO/SiO$_2$ 的微波介电性能由界面散射、微电流、介电弛豫和微天线共同决定，在 8~12 GHz 范围内，上述能量转换公式计算结果与实验结果基本一致。在 ZnO/SiO$_2$ 中，界面散射和微电流损耗起主要作用。

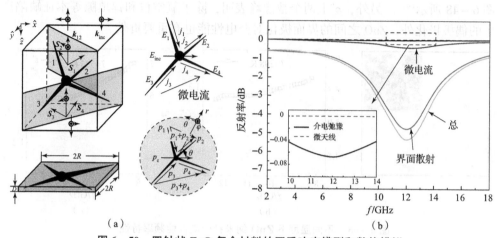

图 6 – 50　四针状 ZnO 复合材料的四重响应模型和数值模拟

（a）界面散射、微电流、介质弛豫和微天线响应模型；（b）吸波性能[64]

6.5.3　介电性能及性能调控

ZnO 的纳米结构种类繁多，包括纳米带、纳米螺旋（或纳米弹簧）、纳米棒、纳米梳、纳米环、纳米管、纳米线、纳米针、纳米笼和纳米弓等，是纳米结构最丰富的材料之一，且其纳米结构对合成方法和条件十分敏感。例如，利用燃烧法，在高温环境下，以锌粉等为锌源、以铜粉等为催化剂，通过控制反应条件，可以制备薄片状、四脚状、多脚状、针状、线状以及类笼状等一系列 ZnO 纳米材料[62,65-71]。

这些 ZnO 纳米材料的介电性能普遍较弱，但可以通过剪裁 ZnO 维度、形貌、结构、尺寸和填充浓度等，调控其介电性能，如图 6 – 51 所示[69-71]。ZnO 纳米线/聚酯的 ε' 约为 2，而 ZnO 纳米晶须/聚酯的 ε' 最大可达 3.2 左右。另外，相比 ZnO 纳米颗粒，类笼状状 ZnO 的 ε'' 有了小幅的提升。

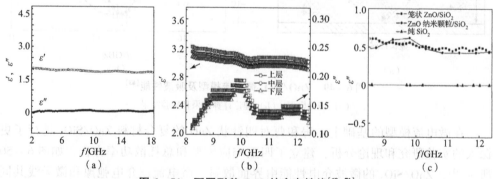

图 6 – 51　不同形貌 ZnO 的介电性能[69-71]

（a）ZnO 纳米线/聚酯；（b）ZnO 纳米晶须/聚酯；（c）类笼状 ZnO/SiO₂

另一个调控策略是构建 ZnO 基纳米异质结构。例如，采用原子层沉积技术制造了同轴多界面空心 Ni－Al₂O₃－ZnO 纳米线，如图 6－52 所示[72]。其独特的多层核壳结构，赋予了 ZnO 基纳米线多重界面极化以及多重内反射和散射等响应特性，从而使得 ZnO 基纳米线具有高效的介电损耗性能。同时，这个结构对 ZnO 壳的厚度很敏感。因此，通过改变原子层沉积循环周期，可以精准地剪裁 ZnO 壳的厚度，大幅度提高介电损耗能力，获得高效选频吸波材料。当循环周期增加到 100 次，反射损耗增大约 10 倍，最高可达 －50 dB。

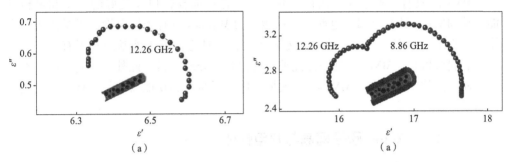

图 6－52　异质结构调控 ZnO 介电性能[72]

(a) Ni－Al₂O₃；(a) Ni－Al₂O₃－150ZnO

除此之外，利用石墨烯包覆 ZnO 空心球，也能够获得优异的介电损耗性能[73]。这可以归因于石墨烯的包覆，其在降低材料密度的同时，还能够促进导电网络的构建并引入异质界面，有效增强电导损耗和弛豫损耗。最佳 RL 在 $d=2.2$ mm 时，达到 －45.05 dB。在此基础上，进一步修饰 ZnO 纳米球，制备石墨烯包覆的 ZnO－Ni－C 核壳结构[74]。这一结构进一步强化了界面极化损耗，并通过引入磁性介质改善阻抗匹配，从而将 RL 增加到 －59 dB。

6.6　MXenes：原子层剪裁调控"电子－偶极子"协同作用

6.6.1　MXenes

作为新兴的二维纳米材料，MXenes 逐渐引起研究人员的注意。MXenes 根据 F端基的位置，有三种主要的构型：Ⅰ 型，F 基团位于 3 个相邻 C 原子之间的空位上方；Ⅱ 型，F 基团位于最上层 C 原子上；Ⅲ 型，F 基团位于 C 原子一侧的空位，如图 6－53 所示[75]。F 端基的位置和空间排列影响 MXenes 的性质。例如，（Ⅰ－，Ⅱ－，Ⅲ－）Ti₃C₂F₂ 是非磁性介质，而单层 Ti₃C₂ 具有磁性；Ⅰ－Ti₃C₂F₂ 和 Ⅲ－Ti₃C₂F₂ 是窄带隙半导体，Ⅱ－Ti₃C₂F₂ 表现出金属性[76]。

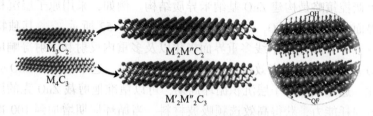

图 6-53　MXenes 晶体结构[75]

MXenes 具有元素组成可调性、载流子传输各向异性以及良好的光学和机械性能。纯 MXenes 具有金属导电性，而功能化的 MXenes 具有半导电性，受基团类型和排列的影响。它们都具有好的电荷传输能力，并且它们的表面基团和固有缺陷都能够引起偶极极化。MXenes 是一类优秀的大损耗电介质材料。此外，它们的微波响应可以通过晶体工程调控，MXenes 在大损耗电介质材料和功能器件领域具有广阔的应用前景。

6.6.2　MXenes 原子剪裁与介电性能

2011 年，由高果奇及其团队成员率先制备 MXenes，并将其引入微波介电材料领域[77]。他们使用氢氟酸（HF）腐蚀剂，在室温下刻蚀新型可加工陶瓷材料 Ti_3AlC_2，选择性破坏 MAX 中脆弱的 M—A 金属键以刻蚀主族元素 A，从而得到多层堆叠状 MXenes 材料 Ti_3C_2，如图 6-54（a）所示[77,78]。但是，HF 具有强腐蚀性，制备过程较为烦琐且危险。2014 年，研究人员进一步发展了 HCl 和 LiF 作为腐蚀剂的刻蚀制备方法，如图 6-54（b）所示[78,79]。这种方法所制备出的 MXenes 在微观上具有更薄的层片结构、更宽的层间距和结合水。另外，一定温度下二氟化盐溶液 NH_4HF_2、$NaHF_2$、KHF_2 等也可以作为 MAX 材料刻蚀腐蚀剂[80]。还有一种方法是剥离制备法，主要分为超声波处理和插层法。二甲基亚砜（DMSO）、四丁基氢氧化铵（TBAOH）等可以作为插层剂，对 $Ti_3C_2T_x$ 进行插层，然后采用超声波辅助处理成功剥离制得单层 MXenes[80]。

图 6-55 为 $Ti_3C_2T_x$MXenes/石蜡复合材料的介电性能。由图可以看出，ε'、ε''和 $\tan\delta$ 随频率的提高呈现减小的趋势，而 ε'' 和 $\tan\delta$ 存在弛豫峰，表明 $Ti_3C_2T_x$MXenes/石蜡复合材料中存在介电弛豫。另外，随填充浓度的增加，介电性能快速增强。$Ti_3C_2T_x$MXenes 填充浓度为 80 wt% 时，$\tan\delta$ 最大接近 0.7，说明 $Ti_3C_2T_x$MXenes 是一类非常优秀的大损耗电介质材料[81]。

从图 6-56 可以看出，$Ti_3C_2T_x$MXenes/石蜡复合材料中存在三种介电弛豫，主要是由 MXenes 的缺陷和基团以及 MXenes 之间的界面产生的偶极子引起的[81]。事实上，其介电损耗不仅来源于介电弛豫，还来源于高效的电子电导。σ 在 MXenes 浓度为 20 wt% 时很小，基本在 10^{-6} 数量级，而后随 MXenes 浓度的增加快速上升。

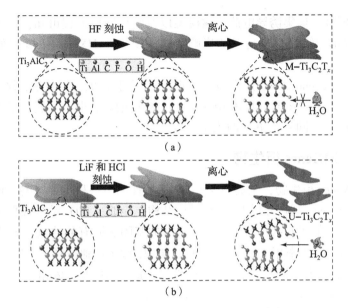

图 6-54　Ti₃C₂Tₓ MXenes 合成示意图[78]

（a）多层；（b）超薄

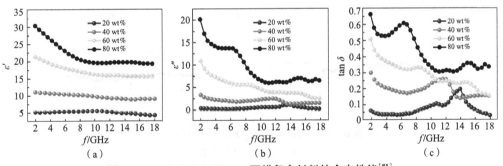

图 6-55　Ti₃C₂Tₓ MXenes/石蜡复合材料的介电性能[81]

（a）实部；（b）虚部；（c）损耗角正切值

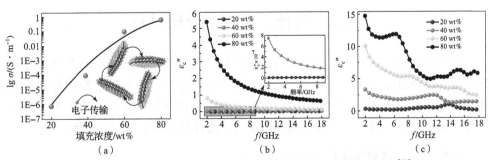

图 6-56　Ti₃C₂Tₓ MXenes/石蜡复合材料电导损耗和弛豫损耗[81]

（a）电导率浓度特性；（b）电导损耗频率特性；（c）弛豫损耗频率特性

由电子跳跃模型、聚集诱导电荷传输模型以及电导网络方程可知，这主要是由于受到 MXenes 局部网络的搭建情况的影响。这一现象在 MXenes 浓度较低的时候较为明显。

另外，当 MXenes 浓度小于 40 wt% 时，ε_c'' 几乎为 0，ε_p'' 在介电损耗中占据主导地位；而当 MXenes 浓度大于 40 wt% 时，ε_c'' 快速增大，电子与偶极子在介电损耗调控中存在一种"协同 – 竞争"的关系。

6.6.3　MXenes 衍生物

研发 MXenes 衍生物，是提高 MXenes 适应性的另一种重要策略。例如，退火处理多层 Ti_3C_2MXene 制备分层 C/TiO_2 异质结构，能够将 TiO_2 纳米颗粒嵌入排列良好的二维碳板中，如图 6 – 57 所示，由于表面的基团和固有的缺陷，异质结构的 ε' 和 ε'' 均表现出明显的频率相关性，且 ε'' 在 6 GHz 附近出现弛豫峰。分层 C/TiO_2 异质结构在 $d = 2.2$ mm 时，实现了最佳的吸收性能，最大 RL 为 – 36 dB[82]。

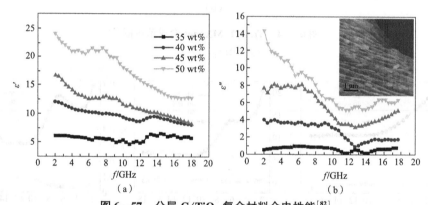

图 6 – 57　分层 C/TiO_2 复合材料介电性能[82]

(a) 实部；(b) 虚部

注：插图为分层 C/TiO_2 的 SEM 图。

6.7　其他大损耗电介质材料

多铁性材料、导电聚合物、金属有机框架、过渡金属、过渡金属合金、过渡金属氧化物以及过渡金属硫化物等大损耗电介质材料在微波功能领域发挥着重要的作用，研究这些大损耗电介质材料的介电性能调控策略对研发微波雷达表面、微波屏蔽器、微波开关、微波传感器等高效微波功能器件具有非常重要的指导价值。

6.7.1　多铁性材料

多铁性材料集成了铁电、铁磁和铁弹性中的两个或多个特性，呈现出独特的微波响应特性[6,83,84]。BiFeO$_3$ 由于高的居里温度和高的奈耳温度,成为多铁性材料中较为出众的一种高损耗微波衰减材料。例如,单相 BiFeO$_3$ 纳米颗粒的 σ 具有正温度系数,介电损耗能力随温度的升高而增强,但由于高温下劣化的介电弛豫占据主导地位,其高温下微波吸收能力降低[83]。

1. 多铁性材料的晶界工程

掺杂 BiFeO$_3$ 是增强多铁性材料介电损耗、提高其微波吸收能力的重要策略之一[83,85,86]。一个重要的原因是,掺杂能够实现对 BiFeO$_3$ 晶体结构的剪裁,如图 6–58 所示[83]。例如,掺杂 Nd 可以增加 BiFeO$_3$ 晶界数量,产生有序畴结构并改变电子的耦合状态,将偶极子类型转变为难以极化和旋转的晶界偶极子,从而削弱 BiFeO$_3$ 的极化弛豫,降低介电损耗能力。除了 Nd 之外,碱土金属原子 Ca 等元素的掺杂也能起到相似的作用[86]。

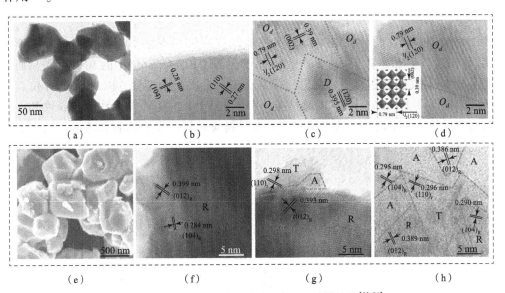

图 6–58　BiFeO$_3$ 和 Nd 掺杂 BiFeO$_3$ 的微结构[83,86]

(a) BiFeO$_3$ 的 TEM 图;(b)、(c) BiFeO$_3$ 的 HR–TEM 图;(d) BiFeO$_3$ 的 HR–TEM 图和模型;
(e) Nd 掺杂 BiFeO$_3$ 的 SEM 图像;(f)、(g)、(h) Nd 掺杂 BiFeO$_3$ 的 HR–TEM 图

2. 掺杂 BiFeO$_3$ 的弛豫及反常热频移

目前,不论是材料还是器件都向着超大规模集成、小型化和多功能化方向发展,因此研究多铁性材料的高温介电性能是一项重要的研究课题。研究发现,La 或 Nd 掺杂的 BiFeO$_3$ 存在反常热频移现象,如图 6–59 所示,La(或 Nd)掺杂的 BiFeO$_3$ 介电弛豫峰随着温度的升高向低频移动,这与德拜弛豫理论正好相反[6]。

从图 6–60 可以看出,在 BiFeO$_3$ 晶体结构中,O 空位(V$_O$)附近的 Bi 和 Fe 位置处存在孤电子对,会出现电荷不对称分布,产生偶极子,从而在 ε_p'' 曲线上表现出

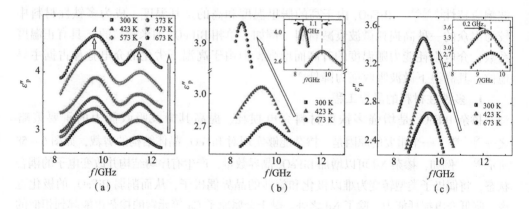

图 6-59 BiFeO₃ 及其 La、Nd 掺杂结构的弛豫损耗性能[6]

(a) BiFeO₃；(b) La 掺杂 BiFeO₃；(c) Nd 掺杂 BiFeO₃

两个弛豫峰[6]。这时候，BiFeO₃ 的晶格振动受线性项支配，介电弛豫对温度不敏感。当 La（或 Nd）掺杂后，La 或 Nd 原子会替代 BiFeO₃ 晶格中的 Bi 原子，从而削弱了 Bi-6s 和 O-4p 的轨道杂化，减少了 BiFeO₃ 晶格的畸变，因此只有 Bi 位点会出现本征偶极子。在 BiFeO₃ 的晶格振动中，非线性项将起重要的作用，导致 BiFeO₃ 家族的反常热频率现象。这一研究成果为材料应对复杂多变的服务环境提供了更多可能性。

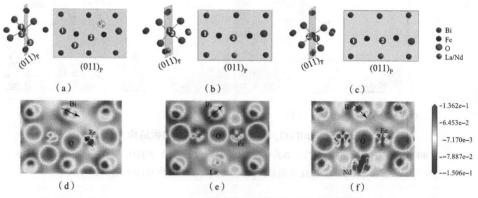

图 6-60 BiFeO₃ 及其 La、Nd 掺杂晶体结构和电荷差分密度[6]（书后附彩插）

(a) BiFeO₃ 晶体结构；(b) La 掺杂 BiFeO₃ 晶体结构；(c) Nd 掺杂 BiFeO₃ 晶体结构；
(d) BiFeO₃ 电荷差分密度；(e) La 掺杂 BiFeO₃ 电荷差分密度；(f) Nd 掺杂 BiFeO₃ 电荷差分密度

6.7.2 导电聚合物

导电聚合物是一类大损耗电介质材料。在导电聚合物中，sp^2 杂化的碳原子与相邻两个 sp^2 杂化碳原子 pz 轨道相互重叠，为电子迁移提供了通道，因而电子可以沿聚合物骨架进行自由运动。其能带结构可以分为成键轨道带（π）和反键轨道带（π*）。其中，已占有电子的能级最高的轨道称为最高占据分子轨道（HOMO），而未占有电子的能级最低的轨道称为最低未占分子轨道（LUMO）。二者之间为高分子聚合物的禁带（E_g）。但是，仅通过共轭实现电荷传输的导电聚合物的电导率 σ 是很小的。

掺杂是提高导电聚合物 σ 最常用的办法之一。导电聚合物的掺杂是通过氧化还原反应实现的，即将聚合物转化为一个由聚合物阳离子（或阴离子）及其反离子组成的离子复合物[87]。掺杂能够产生更多的载流子，包括自由基和无自旋正负电荷、极化子和双极化子等。其中，双极化子的形成在热力学上是更有利的。随着掺杂能级的增强，双极化子能级重叠，最终形成两个连续的带，从而增大了聚合物的带隙。另外，增加掺杂能级，双极化子带将分别与 HOMO 和 LUMO 结合，产生与金属类似的部分填充的能带。掺杂导电聚合物中的导电机理也可以用孤立子传输理论来解释[87]。掺杂会产生孤立子，这些孤立子会通过与邻近电子配对进行自由移动。同样，孤立子的形成会在带隙中产生新的局域电子态。随着掺杂能级的增加，带电孤立子会形成孤立子带。它们分别与 HOMO 和 LUMO 结合，从而产生金属导电性。

导电聚合物以其轻质、耐腐蚀、易加工、可调的导电性等优点，广泛应用于制备高效大损耗电介质材料和微波功能器件。目前的研究主要集中在聚 3，4 – 乙烯二氧化噻吩（PEDOT）[88,89]、聚苯胺（PANI）[90-93] 和聚吡咯（PPy）[94-96]。

1. 聚 3，4 – 乙烯二氧化噻吩

PEDOT 是一种多噻吩衍生物，具有高导电性、可见透明度、电化学活性、中等带隙和良好的环境稳定性，是一种被广泛研究的导电聚合物。在研发高效微波损耗材料的时候，常用 PEDOT 包覆 Fe_3O_4 微球等磁性介质，从而在集成磁性材料的同时保持高效的电荷传输能力，并引入强的界面极化能力。例如，秦（Y. Qin）团队 YAN 等人采用氧化分子层沉积技术，制备了 PEDOT 厚度精准可控的 Fe_3O_4 – PEDOT 纳米线，如图 6 – 61 所示[89]。PEDOT 壳层厚度与沉积循环周期成正比，厚度增长速率为约 8.0 nm/20 次。Fe_3O_4 – PEDOT/石蜡复合材料（50 wt%）的 ε' 和 ε'' 随沉积循环周期的增加而增大，当循环周期为 60 次时，ε' 为 11.9～17.3，ε'' 为 4.9～7.0；最大 RL 可达 –55dB，带宽为 4.34 GHz，匹配厚度缩小至 1.3 mm，表明调控 PEDOT 壳层厚度可以大幅度增强介电损耗能力、减小匹配厚度并拓宽 –10 dB 有效吸收带宽。

2. 聚苯胺

PANI 作为一种经典的导电聚合物，已经被广泛地用于构建异质结构。例如，柔性、轻型和导电的纤维素纳米纤维/PANI 纸，由于 PANI 与纤维素纳米纤维分子间的氢键作用导向，PANI 呈层状取向生长，从而使纤维素纳米纤维/PANI 纸在较薄的厚度下就能够获得较大的 σ 和 ε''，获得强的电导损耗和介电损耗，如图 6 – 62 所

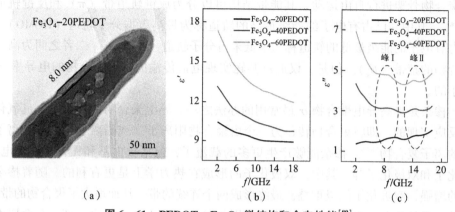

图 6-61 PEDOT-Fe₃O₄ 微结构和介电性能[89]

（a）TEM 图；（b）实部频率特性；（b）虚部频率特性

示[90]；采用插层原位聚合法制备石墨烯/PANI 异质材料，PANI 和石墨烯之间的特殊相互作用能够提高对微波能量的吸收[91]；在 α-MoO₃ 纳米线表面生长 PANI 纳米棒，制备支化型 PANI/α-MoO₃ 异质纳米线，可以增加额外的界面极化，从而增强介电损耗能力，减少匹配厚度[92]；构建磁性石墨烯@PANI@多孔 TiO₂ 三元异质结构，在 $d=1.5$ mm 时，最大 RL 可以增加到 -45 dB[93]。

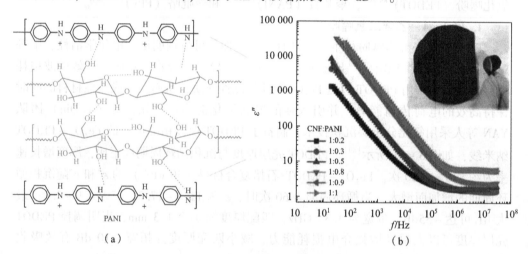

图 6-62 PANI 分子式和 CNF/PANI 介电性能[90]（书后附彩插）

（a）分子式；（b）介电性能频率特性

3. 聚吡咯

PPy 通常用于提高微波吸收体的能量转换效率。例如，引入 PPy 制备 PS@PPy@Ni 核壳微球（PS 为聚苯乙烯），其最大 RL 为 -20 dB，带宽可以拓宽到 4.59 GHz[94]；将 PPy 与 PANI 结合，构建 PPy@PANI 核壳结构，改变 PPy 与 PANI 之间的比例，可以显著提高介电损耗能力，如图 6 – 63 所示[95]。在 Ag 纳米线表面沉积 PPy，制备同轴 Ag@PPy 纳米线，调控 Ag 与 PPy 之间的比例，可以将 RL 提高到 – 66 dB，同时，带宽增加到 4.12 GHz[96]。

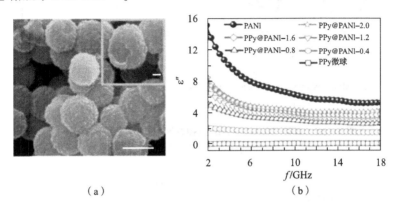

（a）　　　　　　　　　　　（b）

图 6 – 63　PPy 改性 PANI 形貌和介电损耗[95]

（a）PPy 改性 PANI 的 SEM 图；（b）介电常数虚部频率特性

6.7.3　金属有机框架

金属有机框架由金属离子（或金属簇结点）和有机连接基元组装而成，它们之间的配位键为设计形状、组分、结构等各异的 MOFs 提供了可能性，如菱形十二面体 ZIF – 67、凹面多面体 POM@ZIF – 67、类立方体 Cd – Fe – Fe$_4$[Fe（CN）]$_3$ 和空心 M$_x$Co$_{3-x}$S$_4$ 多面体等[97-101]。MOFs 因其结构、组分可设计性能，在催化、能量转化、传感、微波衰减等领域表现出显著的发展潜力，受到了科研界和工业界的广泛关注。

金属离子和有机配体组成的 MOFs，可以充当制造纳米孔碳及其异质结构的模板或前体。例如，以空心核壳结构 Ni – MOFs 为模板，经过热退火处理后，可以制备具有分层核壳结构的 NiO/Ni/GN@Air@NiO/Ni/GN 异质材料，如图 6 – 64 所示[102]。这种结构中存在多重界面极化和多重散射，因此介电损耗能力显著增强。另外，随着退火温度的升高，介电和磁性能都会进一步增强。厚度为 1.7 mm 时，其吸波性能可达 – 34.5 dB；当厚度为 2.0 mm 时，有效带宽可以覆盖 6 GHz，且 RL 为 – 22.5 dB。

另一类热点研究方向是制备 MOFs 衍生纳微建筑。例如，将沸石咪唑酯骨架结构金属有机框架 ZIF – 67 与 MWCNTs 进行杂化，Co – C 十二面体沿磁场方向拉伸 MWCNTs，获得 Co – C/MWCNTs 纳米建筑阵列，可以有效地改善其介电损耗能力，从而实现高效微波吸收，RL 为 – 48 dB，如图 6 – 65 所示[101]；结合 GO 纳米片上原位生长 Co – MOFs 以及煅烧过程，可以构建零维和二维杂化建筑，在 $d = 4$ mm 时，

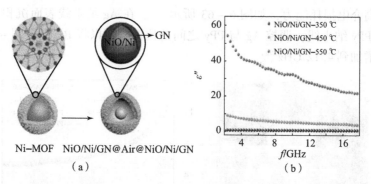

图 6 - 64 NiO/Ni/GN@Air@NiO/Ni/GN 制备及介电损耗[102]

（a）制备示意图；（b）介电常数虚部频率特性

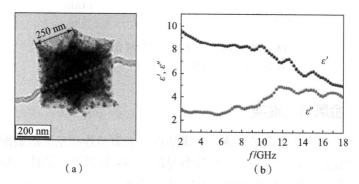

图 6 - 65 ZIF - 67 衍生 Co - C/MWCNTs 结构及其介电性能[101]

（a）TEM 图；（b）介电性能

最佳 RL 达到 - 52 dB，带宽为 5.84 GHz[103]。这些工作表明，构造 MOFs 衍生纳微建筑是将来设计高效介电损耗材料和微波功能器件的一种非常有前途的策略。

6.7.4 过渡金属

1. 过渡金属纳米（或微米）颗粒

作为典型的铁磁性金属，铁、钴、镍等纳米（或微米）颗粒因具有高居里温度、高导电率、高饱和磁化强度以及良好的环境稳定性等特点，受到广泛关注[104-106]。但是，它们的大涡流会导致磁导率变差，因而在微波功能材料和器件中的应用受到限制。杂化是一种非常有效的解决方案。例如，将 Co 金属与磁性 CoO 混合制备微孔 Co@CoO 核壳纳米粒子，它们间的多重界面可以有效提高介电损耗，并获得较低的磁损耗，从而使得有效带宽覆盖大约 4 GHz[107]。此外，C 或 SnO₂ 等非磁性材料也可以有效地提高微波吸收和屏蔽性能[108,109]。

2. 过渡金属纳米（或微米）链、管和线

将过渡金属纳米（或微米）粒子组装成一维纳米链、管和线，可以提高矫顽磁力、磁各向异性和磁态稳定性，增强其介电损耗和磁损耗能力[110-113]。例如，曹等人合成了 Co 纳米链复合材料，并提出了等效电路模型来解释中空 Co 纳米链的微波响应机制，如图 6-66 所示[114]。以 Co 纳米链复合材料为传输线，两个调谐环（LRC 和 RC）因其特殊的结构，会产生两个介电共振峰。ε'' 和 μ'' 之间的反向变化趋势是由于电容（C）领先或滞后于电感（L）90°。这项工作为解释界面效应奠定了坚实的基础。另外，过渡金属纳米（或微米）链集缺陷和界面极化、电子输运、共振以及涡流等多种微波响应行为于一体，高温下降低的介电常数和磁导率可以相互补偿，从而获得优秀的微波吸收性能。在 $T = 373$ K 时，最大 RL 可达到 -50 dB[115]。

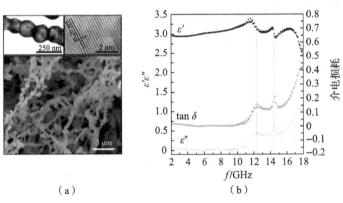

图 6-66　Co 纳米链形貌、结构及介电性能[114]

（a）SEM 图和 TEM 图；（b）介电性能

3. 过渡金属纳米（或微米）片

与上述两种过渡金属材料相比，过渡金属纳米（或微米）片具有更大的比表面积、更多的活性位点等优势。特别是它们较大的形状各向异性可能会突破 Snoek 极限，从而增大 GHz 频段的磁导率。例如，厚度为 500～1 000 nm、边长为 5 μm 的六角形 Fe 微米片，具有介电弛豫、自然共振和交换共振等多种响应模式，能够高效地衰减微波能量[116]。其最大 RL 为 -15.3 dB，且 -10 dB 有效带宽可以覆盖 4.4 GHz。

4. 过渡金属分级结构或纳微建筑

过渡金属分级结构或纳微建筑因其结构上的卓越优势，激发了研究人员极大的兴趣。例如，利用电场诱导和电化学还原的方法，可以构建树枝状 α-Fe 纳米材料。树枝状 α-Fe 纳米材料的多晶结构能够带来多种响应模式，可以获得 -32.3 dB 吸波性能[117]；利用玫瑰状的烷氧基铁作为模板，可以制造分层的玫瑰状多孔 Fe@C 结构[118]。由于 Fe@C 具有高比表面的多孔和分层结构，其反射和散射得到大幅度增强，它们在 $d = 1.48$ mm 时，具有 -71.5 dB 吸波性能。

6.7.5　过渡金属合金

由两种或两种以上金属组成的合金，具有更低的熔点、更优异的可加工性、更强的刚性、更好的耐久性以及耐腐蚀性等金属特性。过渡金属合金可以通过结合每种组分的优势来改善其微波衰减能力。例如，二维 FeCo@C 纳米薄片表现出取向正效应，如图 6-67 所示，取向排列的二维 FeCo@C 纳米薄片复合材料的 ε' 和 ε'' 明显高于非取向排列的二维 FeCo@C 纳米薄片复合材材料，当 $d=2.1$ mm 时，最大 RL 增加到 -48.2 dB[119]；CoNi@SiO$_2$@TiO$_2$ 微球具有类似三明治的结构，在 $d=2.1$ mm 时，RL 可以达到 -58 dB[120]。虽然过渡金属合金已经被充分证明可以作为高效微波损耗材料，但其机理仍不明确。

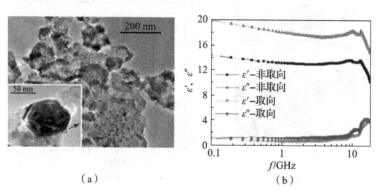

图 6-67　FeCo@C 纳米片形貌、结构及介电性能[119]
(a) SEM 和 TEM 图；(b) 介电常数频率特性

与过渡金属相似，利用低维过渡金属合金构建分级结构或纳微建筑也受到广泛的关注。例如，叶片状或晶粒状树枝形 Co$_x$Fe$_{1-x}$ 纳米合金通过改变电场强度和离子浓度梯度，可以调节吸波性能，最大 RL 为 -59.1 dB[121]。

6.7.6　过渡金属氧化物

1. 过渡金属氧化物纳米（或微米）颗粒

过渡金属氧化物是最常见的过渡金属化合物之一，具有铁电性、铁磁性和铁弹性等多种物理性质。氢化 TiO$_2$ 可提高其介电性能，如图 6-68 所示[122]。在氢化 TiO$_2$ 纳米晶体中，界面偶极的集体运动发生在锐钛矿-金红石和晶体-无序结构的界面处，有效放大了其微波响应，大幅增强介电损耗能力。另外，中空过渡金属氧化物可以提高介电常数和磁导率，在 $d=4$ mm 时，可以获得 -40 dB 高效吸波性能，且带宽能够达到 3.5 GHz[123]。

2. 过渡金属氧化物纳米（或微米）纺锤体、环、棒、纤维和线圈

准一维过渡金属氧化物，如纳米（或微米）纺锤体和环具有显著的微波吸收潜

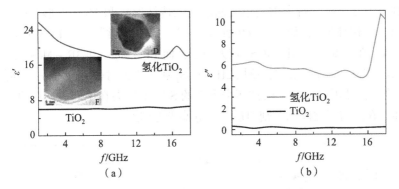

图 6 - 68　氢化和纯 TiO₂ 的介电性能[122]

（a）介电实部；（b）介电虚部

力。例如，β - MnO₂ 纳米棒表现出良好的高温介电损耗能力[124]；部分结晶 TiO₂ 纳米管由于处在非晶相和晶相边界处的界面，介电损耗显著增强[125]。

另外，构造异质结构还可以进一步提供一维过渡金属纳米材料的微波吸收性能。例如，中空 γ - Fe₂O₃@ C@ α - MnO₂ 纳米纺锤体具有偶极分布空腔，可以将 - 10 dB 的有效带宽拓展到 9.2 GHz[126]；Co/CoO 纳米纤维 RL 可达 - 48.4 dB，且带宽为 4.2 GHz[127]。

3. 过渡金属氧化物纳米（或微米）片

二维过渡金属氧化物具有较大的平面各向异性和较高的各向异性场，在微波损耗调控方面表现出更大的潜力。例如，Fe₃O₄/C 核壳纳米片，由于尺寸和形状各向异性的共同影响，介电常数在很大程度上取决于各向异性，而磁导率几乎不变[128]。在高频下，由于强的自然共振和界面极化，最大 RL 可以达到 - 43.95 dB。

4. 过渡金属氧化物分级结构和纳微建筑

与过渡金属材料相似，构建过渡金属氧化物分级结构或者纳微建筑在改善介电损耗和微波衰减性能方面也发挥着不可替代的作用。例如，中空海胆状 α - MnO₂ 纳米材料有柱状纳米管、正方形纳米管和正方形纳米棒三种形态的"海胆刺"，其中，正方形纳米棒团簇具有更高的介电损耗能力和最低的磁损耗，从而具有最优的阻抗匹配，在 d = 1.9 mm 时，最大 RL 为 - 41 dB[129]；分层枝蔓状能够有效提高 Fe₃O₄ 和 γ - Fe₂O₃ 的微波吸收性能，RL 最高能够达到 - 50 dB，有效带宽覆盖约 7 GHz（2 ~ 9 GHz）[130]；丝状 NiO 的最大 RL 达到 - 65.1 dB，且 10 GHz 带宽为 3 GHz[131]。

6.7.7　过渡金属硫化物

1. 二硫化钼

过渡金属硫化物是过渡金属化合物的另一个重要成员。二硫化钼是典型的二维过渡金属硫化物。MoS₂ 具有三种构型，即 1T（正方，每个重复单元一层，八面体)、2H（六方对称，每个重复单元两层，三棱柱形）和 3R（菱形对称，每个重复单元三层，三棱柱形），如图 6 - 69 所示[132,133]。其晶格常数为 3.1 ~ 3.7 Å，层间间隔约为 6.5 Å。在室温下，2H - MoS₂ 较为稳定，而 1T - MoS₂ 和 3R - MoS₂ 处于亚稳态。天然的 2H - MoS₂ 是分层结构，单层 2H - MoS₂ 属于六方对称 $P6_3/mmc$ 空间群。它由 3 个原子层组成，其中 Mo 原子层被两个重叠的 S 原子层夹在中间，层中原子通过强共价键相连，在层与层之间原子则通过弱的范德华力相连。

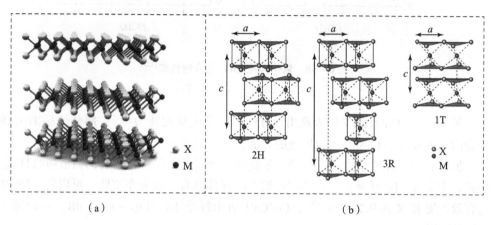

(a)   (b)

图 6 - 69　过渡金属硫化物晶体结构[132,133]

(a) 层状结构图；(b) 不同构型结构示意图

与石墨烯类似，二维 MoS₂ 的介电损耗能力对厚度十分敏感，如图 6 - 70 所示[134]。将 MoS₂ 剥落成单层，会带来更大的比表面积、额外的缺陷和更高的 σ，因而介电常数和磁导率提高到两倍，且微波吸收能力增强到 4 倍，达到 - 38.42 dB。

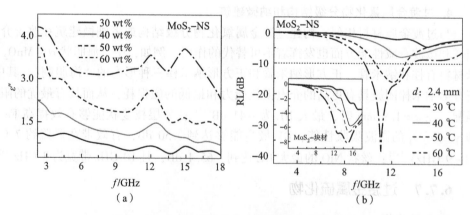

(a)   (b)

图 6 - 70　MoS₂ 纳米片介电性能及吸波性能[134]

(a) 介电常数虚部；(b) 反射率损失

另外，在二维 MoS_2 上进行改性也能够进一步提高它的介电损耗能力。例如，将 MoS_2 纳米片生长在 CNTs 表面进行改性[135]。独特的一维 – 二维异质结构有效地将带宽扩展到 5.4 GHz，是二维 MoS_2 带宽的 1.3 倍。这些研究表明，MoS_2 在介电损耗性能方面具有显著的可设计性，在微波功能器件领域具有极大的应用潜力。

2. 其他过渡金属硫化物

CuS 和 ZnS 等过渡金属硫化物，在介电损耗材料和微波功能器件中也有广泛的应用。例如，类似海胆的 $ZnS/Ni_3S_2@Ni$，具有 – 27.6 dB 吸收性能和 2.5 GHz 有效带宽[136]。臂对称树突 PbS 具有高介电常数和低渗透阈值，在 2 wt% 填充浓度下，RL 可达 – 36.7 dB[137]。CoS_2 – 石墨烯具有 – 56.9 dB 的优异 RL 和 4.1 GHz 的有效带宽[138]。它们还具有高效的电磁屏蔽潜力。例如，中空 $Cu_{1.8}S$ 纳米立方体的 σ 可达 22.9 S/m。在 $d = 1$ mm 时，最大屏蔽效能（shielding effectiveness，SE）可达 30 dB，且 20 dB 有效 SE 带宽覆盖 16 GHz（2~18 GHz）。这些工作表明，过渡金属硫化物在高效介电损耗材料和微波功能器件方面具有极大的潜力。

6.8　微波介电性能和电磁器件

晶体和电子结构主导着微波响应与能量转换，并进一步影响了微波介电性能和器件的功能。它们在微波器件的物理特性参数和工作原理的研究中起着重要作用。在本节中，我们介绍几种以材料高损耗介电性能为基础构建的微波功能器件，旨在展示微波介电材料和器件的前景。

6.8.1　能量转换器件

绿色环境与可持续发展是当今人类现代化、信息化快速发展进程中的一个重要课题。然而，电子设备的普及带来的不仅仅是难得的机遇，还有严峻的挑战。在我们周围，微波辐射所产生的能量正成为生命体健康的杀手，这一影响在动物、昆虫和植物中尤为明显。例如，国际野生生物保护学会就警告说，微波辐射会破坏鸟类和昆虫的方向感与移动能力并影响植物的新陈代谢，这将对地球的生态平衡造成严重威胁。特别是 5G 通信时代已经到来，信息大爆炸可能会使这一问题越来越严重。为了解决这一严重的问题，许多研究者致力于开发更高效的微波衰减材料。

曹及其团队成员提出了一个新的研究方向——微波能量转换[2]。其先进的理念是收集并再利用这些废弃的微波能量而不仅仅是衰减这些能量，这被认为是治理电磁污染最理想的方法之一。曹团队设计了一款新颖的能量转换器件——自功率微波纳米发电机，如图 6 – 71 所示[2]。该纳米发电机由两部分组成，上部为带有局部三维石墨烯网络的石墨烯/SiO_2 大损耗电介质材料，下部为 N 型和 P 型的热电材料。他们通过剖析石墨烯/SiO_2 复合材料结构与电磁响应之间的关系，首次提出了"材

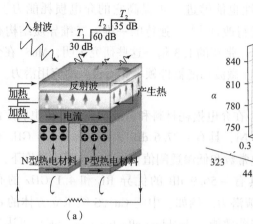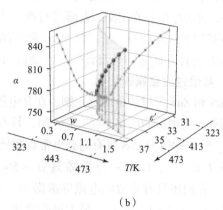

（a） （b）

图 6 – 71 自功率微波纳米发电机[2]

（a）结构示意图；（b）填充浓度为 19 wt% 石墨烯/SiO$_2$ 复合材料 α 随 w 和 ε' 变化的三维图

料基因"的概念，即在二维纳米复合材料中，电子和偶极子是决定材料高温介电损耗特性的两个关键因素。另外，在二维纳米复合材料中，由于交叉堆积导电网络组装具有良好的可定制性，因此可以通过调节填充比例实现石墨烯/SiO$_2$ "材料基因"的精准调控，从而在收集微波能量并将其转换为电能的同时，还能够利用自身余热进一步提高转换效率。其表现为，当电子输运贡献的介电损耗与偶极极化贡献的介电损耗的比值（$w = \varepsilon''_c / \varepsilon''_p$）超过 0.2 时，用于表征微波能量转换效率的衰减常数（α）随温度的升高而增大。

另外，石墨烯还可以作为微波加热器，如图 6 – 72 所示。化学气相沉积法合成的石墨烯具有极高的晶体完整性、高导电性以及大规模的特点[139]。这种大型石墨烯加热器可以通过自由电子在石墨烯轨道上运动产生的振荡磁矩来吸收微波能量，并将其耗散为热能。四层堆叠的石墨烯制备的大型石墨烯加热器在 70 W 的微波功率下，可以在 20 s 内加热到 60 ℃ 的饱和温度，使用的时间仅为焦耳加热的 1/3。其因具有加热速度快、制作简单等优点，在智能加热窗和挡风玻璃除雾领域具有广阔的应用前景。

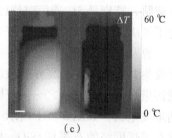

（a） （b） （c）

图 6 – 72 石墨烯微波加热器[139]

（a）微波辐照前；（b）微波辐照后附有石墨烯微波加热器的瓶子；（b）红外热成像

综上所述，微波能量可以作为一种产生补充能源的驱动力。例如，用于产生电能的自功率微波纳米发电机以及用于产生热能的微波加热器等。更重要的是，这种新兴的微波能量转换设备具有更好的性能，包括更快的响应速度、更高的转换比等，有望在民用、商业和军事领域得到更广泛的应用。

6.8.2 微波衰减器件

在高度信息化和数字化的现代社会中，微波辐射会影响电子设备的正常工作，导致不可预测的财物损失，甚至对国防信息安全造成威胁。因此，赋予电子设备抵抗微波辐射的能力是一个新的研究趋势。

1. 多功能微波器件

如今，电子设备都向着三维/超大规模集成和微小型化方向发展，构建多功能微波器件成为非常重要且有意义的课题之一。例如，通过交联反应合成的三维聚合物水凝胶在做成窗口的同时，可以实现光学透明度的智能切换，如图 6-73 所示[140]。交联反应使三维凝胶具有良好的结构稳定性和柔韧性，还可以调节水分子的迁移率。当温度从室温降低到 0 ℃ 以下（-20 ℃）时，三维凝胶将从无定形态稳定转变为多晶态，从而具有散射光波的能力。同时，聚合物上的偶极子对电磁波的敏感性减弱，从而抑制了分子位移，稳定了介电常数。在 550 nm 处，光学透明度从约 100% 变为约 16%，-10 dB 带宽扩大到 15~40 GHz，覆盖了 5G 频带的一个分支（24.25~40 GHz）。

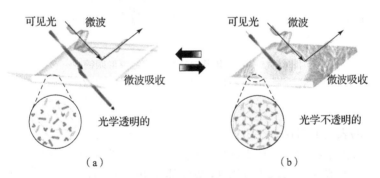

图 6-73 三维聚合物水凝胶智能窗[140]

（a）聚合物水凝胶非晶相；（b）聚合物水凝胶多晶相

另一项工作是利用冰隔离诱导自组装手段的气凝胶型微波衰减器，可以集高效微波衰减、隔热和红外隐身等多种功能于一体，如图 6-74 所示[141]。在 $d=1.5$ mm 和 $f=16.4$ GHz 时，其 RL 高达 -59.85 dB，检测到的温度能够保持在 ~45.4 ℃，并且，在红外辐射下，覆盖区域的颜色仍旧为紫色。

此外，微波衰减器件还能集成到各种电子设备中。例如，通过涂覆石墨烯，可以将电磁屏蔽器与智能隐形眼镜融合在一起，如图 6-75 所示[142]。石墨烯/聚甲基

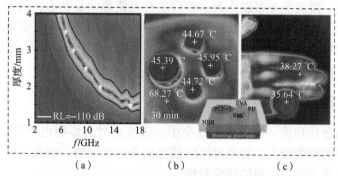

图 6 - 74　气凝胶型微波衰减器[141]（书后附彩插）

（a）RL 随频率和厚度变化的三维投影图；（b）30 min 后的热红外图像；

（c）将 PCF - 3 放在手上 30 min 后的热红外图像

PCF - 3—聚丙烯腈/碳纳米管/四氧化三铁；PVA—聚乙烯醇泡沫；PU—聚氨酯泡沫；

PVC—聚氯乙烯泡沫；NBR—丁腈橡胶板

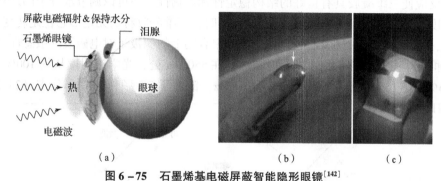

图 6 - 75　石墨烯基电磁屏蔽智能隐形眼镜[142]

（a）石墨烯基电磁屏蔽智能隐形眼镜模型图；（b）发光二极管/石墨烯隐形眼镜图像；

（c）工作电压为 9 V 时，发光二极管/石墨烯隐形眼镜开启时的图像

丙烯酸甲酯的表面电阻仅为 593 Ω/sq，且在 550 nm 处的透光率高达 97.7%。同时，它还具有良好的生物相容性和生物稳定性。一方面，当微波入射时，在轨道运动中的电子会产生振荡的磁矩，从而吸收微波能量并将其消散为热能，以最大限度地减少微波辐射对眼睛的伤害；另一方面，还可以在隐形眼镜上构建电子电路，如带有石墨烯电极的微发光二极管系统等。更重要的是，它还可以将水蒸气的蒸发率降低 ~30%[142]。

另一个例子是将涂 Ag 的纤维、橡胶以及热电 - 压电纳米发电机相结合，制备一种能够屏蔽微波辐射的纳米发电机，如图 6 - 76 所示[143]。作为孕妇的防护服，它可以在屏蔽微波辐射的同时检测孕妇的健康；而作为键盘膜时，它可以屏蔽电脑的辐射对工作人员的伤害，并且在敲击键盘约 200 s 后，能够将电容器充电至 3 V[143]。

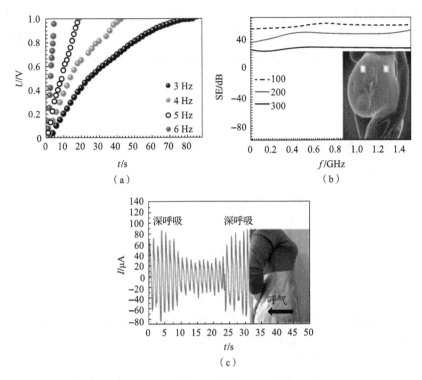

图 6 - 76　多功能电磁屏蔽纳米发电机[143]

（a）电压 - 时间曲线；（b）屏蔽效能；（c）电流 - 时间曲线

2. 智能微波衰减器件

智能微波衰减器件也是研制新型微波衰减器（例如微波吸收器和屏蔽器）的热点课题之一，它可以根据变化的服务环境灵活地改变微波响应。一个重要的智能调控机制是土耳其科学家科卡巴斯等人提出的，他们通过六边形石墨烯电容器、固体垫片和铝箔背面组成了一个电压可调控的主动伪装系统，如图 6 - 77 所示[5]。

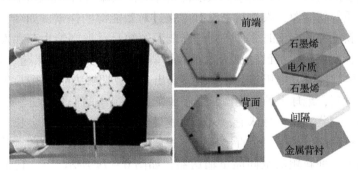

图 6 - 77　电压可调雷达表面[5]

电压可调雷达依靠石墨烯电极电荷密度的静电调节来控制对微波的反射。最强的反射在0 V时实现，而当电压调节到1.5 V时，可以将反射强度抑制1 000倍。另外，它还可以组装像素器件，该器件可以通过控制电压配置来塑造不同的反射图像，从而实现在雷达下的主动伪装，如图6-78所示[5]。

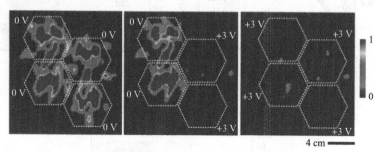

图6-78   电压可调雷达表面反射图像[5]   （书后附彩插）

另一个重要的调控机制是曹团队提出的热驱动调控微波吸收。他们通过La/Nd原子掺杂$BiFeO_3$，成功地构建了具有灵敏频率响应的热驱动微波吸收器[6]。由于La掺杂$BiFeO_3$的非线性晶格振动，当温度从300 K调至673 K时，吸收峰的频率会发生约3.2 GHz的红移。同时，这种热驱动微波吸收器还具有器件架构简单、可设计性强以及材料成本低廉等优点。

结合上述智能微波衰减器件的两个主要发展方向可以总结出偶极极化、电荷传输（例如电子或离子传输）、磁响应等丰富的电磁响应模式以及结构可设计性等优势，使得高效介电损耗材料在设计多功能或者智能微波衰减器件等方面具有无限的潜力，这为适应5G时代的下一代智能设备指明了方向。

6.8.3   空间能量输送

能源产业一直是世界经济发展的支柱，是引领未来各国经济发展的动力之一，也是国际竞争的焦点。从古至今，从植物到煤炭，从煤炭到原油，从原油到太阳能、风能、生物质等新能源，人类从来没有停止过对新能源的探索。如今，世界正处于传统能源与新能源的交汇时刻，特别是在能源短缺日益加剧给生存和发展带来严峻挑战的时候，发展新能源已经成为数千万科研人员关注的热点课题。新能源设备，如太阳能电池、风力发电机等，相继被研发出来，以期解决能源短缺的问题。然而，我们应该注意到，地球上的新能源只是宇宙能量中很小的一个部分，浩瀚的太空中蕴藏着无尽的宝藏，仅在月球上，储存的能量就可以满足人类社会长达1万年的需求。对此，曹团队提出了一个直接从太空中获取能量的新研究方向，并通过分子修补工程展示了一种新颖的空间能量输送器，如图6-79所示[144]。它是由下方的热转换模块和上方的导电模块组成的。

其中，P型和N型的半导体产生一个内建电磁场。当微波能量传播进去时，电

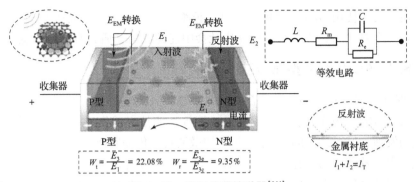

图 6-79　空间能量输送器[144]

子-空穴对被激发，定向迁移到导电模块的内部界面，从而产生电流（I_1）。同时，由于电导、弛豫和磁效应等微波响应机制的影响，部分能量被转换为热能，然后通过塞贝克效应，在热转换模块中形成温差电流（I_2），三种机制的转换效率如图 6-80（a）~（c）所示。该设备不仅能够收集转换后的热能，还可以收集材料内部存储的微波能量。由于充分利用吸收的微波能量，其效率提高到约 9.35 倍，如图 6-80（d）所示[144]。

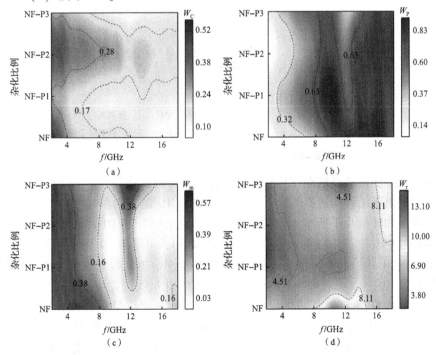

图 6-80　空间能量输送器中电磁波传播与能量转换机制[144]（书后附彩插）

（a）电荷传输转换电磁能量的效率 W_C；（b）偶极弛豫转换电磁能量的效率 W_P；

（c）磁效应转换电磁能量的效率 W_m；（d）在材料内部存储的电磁能量与转换的电磁能量的比值 W_r[144]

简而言之，使用 GHz 频段的微波进行长距离能量传递，实现从外太空获取巨大能量，是当今时代的趋势，对解决现代社会中能源供需矛盾具有重要的意义。

6.8.4 5G 频段新型微波功能器件

5G 时代是通信技术的一场革命，也是一场将人类与信息紧密结合在一起的技术革命。人工智能、物联网、大数据和云计算等智能技术的发展带动了人类社会的又一次蓬勃发展。值得注意的是，5G 频段的微波具有传输距离远、无线传输、强大的抗干扰能力以及较高的工作频率、峰值功率和平均功率等特点。研究 5G 频段新型微波功能器件是推动下一代电子设备朝着智能化、多功能化、无线和微型/微型化方向发展的最重要环节之一。

高效介电损耗材料因其响应模式的多样化、组分和结构的灵活可变性等特点，在微波功能器件的设计和制备中具有独特的优势。例如，将具有缺陷和基团的石墨烯纸刻画成多瓣且对称的花状图案，将其与高透波、高柔韧性的硅胶、石墨烯薄膜和热电转换系统组成多层结构，可以实现柔性多功能微传感器，如图 6 – 81 所示[28]。

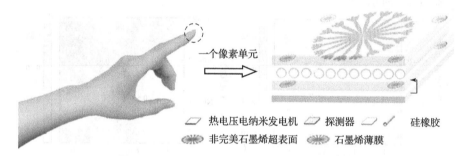

图 6 – 81 柔性多功能微传感器结构示意图[28]

柔性多功能传感器的温度传感、压力传感和屏蔽性能如图 6 – 82 所示[28]。这种石墨烯图案由于结构的边界效应，可以在 2 ~ 20 GHz 范围内获得等离子体共振效应。它可以收集和转换几乎所有入射微波的能量，在 $f = 17.29$ GHz 和 $T = 323$ K 时，吸收效率超过 99%。其电磁屏蔽效能高达 – 41.4 dB，可屏蔽 99.99% 的微波辐射，有效带宽（ > 20 dB，商业标准）覆盖约 8 GHz。此外，其吸收峰对压力和温度都敏感，可以作为输出信号。吸收峰频率的变化与温度的变化呈线性关系，关系式为 $\Delta f(\text{Hz}) = 5.84 \times 10^6 \Delta T(\text{K})$，且吸收峰增量的变化与压力的变化也呈现线性关系，关系式为 $\Delta A/A_0 = 0.699 \Delta h/h_0$。与传统传感器相比，这种新型微传感器在 5G 时代的快速信息反馈、无线、遥感以及对多变和恶劣环境的适应能力等方面更具竞争力。

此外，在无线通信器、THz 检测器等方面，5G 频段新型微波功能器件也呈现出多样化的发展。例如，将两根对称的可拉伸单壁 CNT – MXene（S – MXene）和一个绝缘体间隔，可以制造一种可穿戴的射频无线通信器，如图 6 – 83 所示[145]。S –

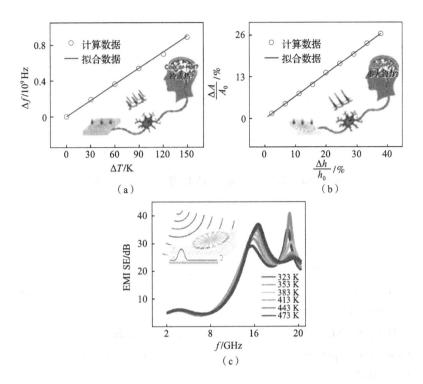

图 6 - 82　柔性多功能传感器的温度传感、压力传感和屏蔽性能[28]（书后附彩插）

（a）$\Delta f - \Delta T$；（b）$\Delta A / A_0 - \Delta h / h_0$；（c）不同温度下，EMI SE 频率特性

MXene 偶极天线能够在谐振频率和单轴应变之间保持稳固的线性关系。另外，在 150% 的单轴应变下，该通信器能够获得不受影响的 <0.1% 反射功率，同时具有机械稳定的无线传输能力以及微波辐射屏蔽能力，其 EMI SE（电磁干扰屏蔽效能）高达 30 dB。

　　二维 MXene $Ti_3C_2T_y$ 高效介电损耗材料可以制备成 THz 检测器件，如图 6 - 84 所示[146]。在跨越可见光范围的波长的超快光脉冲下，这种检测器件不仅具有光诱导太赫兹选择透过性，还具有高效微波辐射屏蔽能力。

　　综上所述，5G 频段新型微波功能器件，如柔性多功能微传感器、无线通信器和光控 THz 检测器等的研发为新一代

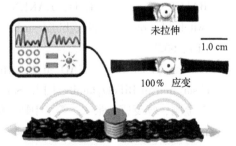

图 6 - 83　可穿戴的射频无线通信器[145]

电子器件的发展提供了无限的可能性，在智能家居、智能工厂、虚拟现实以及无人驾驶汽车等高科技未来生活中具有广阔的发展前景。

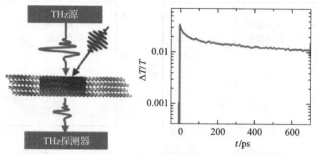

图 6-84　二维 MXene $Ti_3C_2T_y$ 基 THz 检测器件[146]

参考文献

[1] WANG X X, CAO W Q, CAO M S, et al. Assembling nano – microarchitecture for electromagnetic absorbers and smart devices [J]. Advanced materials, 2020, 32 (36): 2002112.

[2] CAO M S, WANG X X, CAO W Q, et al. Thermally driven transport and relaxation switching self – powered electromagnetic energy conversion [J]. Small, 2018, 14 (29): 1800987.

[3] WEN B, WANG X X, CAO W Q, et al. Reduced graphene oxides: the thinnest and most lightweight materials with highly efficient microwave attenuation performances of the carbon world [J]. Nanoscale, 2014, 6 (11): 5754 – 5761.

[4] WANG X X, MA T, SHU J C, et al. Confinedly tailoring Fe_3O_4 clusters – NG to tune electromagnetic parameters and microwave absorption with broadened bandwidth [J]. Chemical engineering journal, 2018, 332: 321 – 330.

[5] BALCI O, POLAT E O, KAKENOV N, et al. Graphene – enabled electrically switchable radar – absorbing surfaces [J]. Nature communications, 2015, 6 (1): 6628.

[6] LI Y, FANG X Y, CAO M S. Thermal frequency shift and tunable microwave absorption in $BiFeO_3$ family [J]. Scientific reports, 2016, 6: 24837.

[7] 李金刚, 曹茂盛, 张永, 等. 国外透波材料高温电性能研究进展 [J]. 材料工程, 2005 (2): 59 – 62.

[8] 李仲平. 热透波机理与热透波材料 [M]. 北京: 中国宇航出版社, 2013.

[9] 房晓勇, 曹茂盛, 侯志灵, 等. SiO_2/SiO_2 复合材料高温介电性能演变规律及温度特性研究 [J]. 材料工程, 2007 (3): 28 – 30.

[10] 熊兰天, 金海波, 曹茂盛, 等. 烧蚀条件下 SiO_2/SiO_2 复合材料中防潮剂的演变行为研究 [J]. 材料工程, 2007 (2): 11 – 14.

[11] CAO M S, JIN H B, LI J G, et al. Ablated transformation and dielectric of SiO_2/ SiO_2 nanocomposites dipped with silicon resin [J]. Key engineering materials, 2007, 336 - 338: 1239 - 1241.

[12] YUAN J, CUI C, HOU Z L, et al. The multiscale modeling and data mining of high temperature dielectrics of SiO_2/SiO_2 composites [J]. Journal of Harbin Institute of Technology, 2007, 14 (2): 202 - 205.

[13] 曹茂盛, 张亮, 李金刚, 等. 硅树脂/二氧化硅高温相变及介电性能研究 [J]. 材料科学与工艺, 2006, 14 (4): 420 - 423.

[14] 张亮, 金海波, 曹茂盛. SiO_2陶瓷复合材料高温介电性能研究 [J]. 稀有金属材料与工程, 2007, 36 (S3): 515 - 518.

[15] HOU Z L, ZHANG L, YUAN J, et al. High - temperature dielectric response and multiscale mechanism of SiO_2/Si_3N_4 nanocomposites [J]. 中国物理快报 (英文版), 2008, 25 (6): 2249 - 2252.

[16] HOU Z L, CAO M S, YUAN J, et al. High - temperature conductance loss dominated defect level in h - BN: experiments and first principles calculations [J]. Journal of applied physics, 2009, 105: 076103.

[17] CAO M S, HOU Z L, YUAN J, et al. Low dielectric loss and non - Debye relaxation of $\gamma - Y_2Si_2O_7$ ceramic at elevated temperature in X - band [J]. Journal of applied physics, 2009, 105: 106102.

[18] 张亮, 曹茂盛. $\gamma - Y_2Si_2O_7$陶瓷材料介电性能研究 [J]. 黑龙江大学自然科学学报, 2008, 25 (3): 309 - 311.

[19] HOU Z L, CAO M S, YUAN J, et al. Temperature frequency dependence and mechanism of dielectric properties for $\gamma - Y_2Si_2O_7$ [J]. Chinese physics B, 2010, 19 (1): 017702.

[20] CASTRO NEYO A H, GUINEA F, PERES N M R, et al. The electronic properties of graphene [J]. Review of modern physics, 2009, 81 (1): 109 - 162.

[21] NOVOSELOV K S, GEIM A K, MOROZOV S V, et al. Two - dimensional gas of massless dirac fermions in graphene [J]. Nature, 2005, 438 (7065): 197 - 200.

[22] GEIM A K, NOVOSELOV K S. The rise of graphene [J]. Nature materials, 2007, 6 (3): 183 - 191.

[23] LEE C, WEI X D, KYSAR J W, et al. Measurement of the elastic properties and intrinsic strength of monolayer graphene [J]. Science, 2008, 321 (5887): 385 - 388.

[24] BALANDIN A A, GHOSH S, BAO W Z, et al. Superior thermal conductivity of single - layer graphene [J]. Nano letters, 2008, 8 (3): 902 - 907.

［25］ FANG X Y, YU X X, ZHENG H M, et al. Temperature – and thickness – dependent electrical conductivity of few – layer graphene and graphene nanosheets ［J］. Physics letters A, 2015, 379 (37): 2245 – 2251.

［26］ FASOLINO A, LOS J H, KATSNELSON M I. Intrinsic ripples in graphene ［J］. Nature materials, 2007, 6 (11): 858 – 861.

［27］ MEYER J C, GEIM A K, KATSNELSON M I, et al. The structure of suspended graphene sheets ［J］. Nature, 2007, 446 (7131): 60 – 63.

［28］ CAO M S, WANG X X, ZHANG M, et al. Variable – temperature electron transport and dipole polarization turning flexible multifunctional microsensor beyond electrical and optical energy ［J］. Advanced materials, 2020, 32 (10): 1907156.

［29］ YAO L H, CAO W Q, CAO M S. Doping effect on the adsorption of Na atom onto graphenes ［J］. Current applied physics, 2016, 16 (5): 574 – 580.

［30］ SONG W L, CAO M S, HOU Z L, et al. High dielectric loss and its monotonic dependence of conducting – dominated multiwalled carbon nanotubes/silica nanocomposite on temperature ranging from 373 to 873 K in X – band ［J］. Applied physics letters, 2009, 94 (23): 033105.

［31］ CAO M S, SONG W L, HOU Z L, et al. The effects of temperature and frequency on the dielectric properties, electromagnetic interference shielding and microwave – absorption of short carbon fiber/silica composites ［J］. Carbon, 2010, 48 (3): 788 – 796.

［32］ WEN B, CAO M S, HOU Z L, et al. Temperature dependent microwave attenuation behavior for carbon – nanotube/silica composites ［J］. Carbon, 2013, 65: 124 – 139.

［33］ ZHENG G B, SANO H, SUZUKI K, et al. A TEM study of microstructure of carbon fiber/polycarbosilane – derived SiC composites ［J］. Carbon, 1999, 37 (12): 2057 – 2062.

［34］ WEN B, CAO M S, LU M M, et al. Reduced graphene oxides: light – weight and high – efficiency electromagnetic interference shielding at elevated temperatures ［J］. Advanced materials, 2014, 26 (21): 3484 – 3489.

［35］ CAO W Q, WANG X X, YUAN J, et al. Temperature dependent microwave absorption of ultrathin graphene composites ［J］. Journal of materials chemistry C, 2015, 3 (38): 10017 – 10022.

［36］ YU H L, WANG T S, WEN B, et al. Graphene/polyaniline nanorod arrays: synthesis and excellent electromagnetic absorption properties ［J］. Journal of materials chemistry C, 2012, 22 (40): 21679 – 21685.

[37] SINGH K, OHLAN A, PHAM V H, et al. Nanostructured graphene/Fe$_3$O$_4$ incorporated polyaniline as a high – performance shield against electromagnetic pollution [J]. Nanoscale, 2013, 5 (6): 2411 – 2420.

[38] ZHANG Y L, WANG X X, CAO M S. Confinedly implanted NiFe$_2$O$_4$ – rGO: cluster tailoring and highly tunable electromagnetic properties for selective – frequency microwave absorption [J]. Nano research, 2018, 11 (3): 1426 – 1436.

[39] SHEN B, ZHAI W, ZHENG W. Ultrathin flexible graphene film: an excellent thermal conducting material with efficient EMI shielding [J]. Advanced functional materials, 2014, 24 (28): 4542 – 4548.

[40] YOUSEFI N, SUN X Y, LIN X Y, et al. Highly aligned graphene/polymer nanocomposites with excellent dielectric properties for high performance electromagnetic interference shielding [J]. Advanced materials, 2015, 26 (31): 5480 – 5487.

[41] XU H L, YIN X W, LI M H, et al. Mesoporous carbon hollow microspheres with red blood cell like morphology for efficient microwave absorption at elevated temperature [J]. Carbon, 2018, 132: 343 – 351.

[42] LU M M, CAO W Q, SHI H L, et al. Multi – wall carbon nanotubes decorated with ZnO nanocrystals: mild solution – process synthesis and highly efficient microwave absorption properties at elevated temperature [J]. Journal of materials chemistry A, 2014, 2 (27): 10540 – 10547.

[43] LU M M, WANG X X, CAO W Q, et al. Carbon nanotube – CdS core – shell nanowires with tunable and high – efficiency microwave absorption at elevated temperature [J]. Nanotechnology, 2016, 27 (6): 065702.

[44] LU M M, CAO M S, CHEN Y H, et al. Multiscale assembly of grape – like ferroferric oxide and carbon nanotubes: a smart absorber prototype varying temperature to tune intensities [J]. ACS applied materials interfaces, 2015, 7 (34): 19408 – 19415.

[45] VOROS M, DEAK P, FRAUENHEIM T, et al. The absorption spectrum of hydrogenated silicon carbide nanocrystals from ab initio calculations [J]. Applied physics letter, 2010, 96 (5): 051909.

[46] BEKAROGLU E, TOPSAKAL M, CAHANGIROV S, et al. First – principles study of defects and adatoms in silicon carbide honeycomb structures [J]. Physics review B, 2010, 81 (7): 075433.

[47] DOU Y K, LI J B, FANG X Y, et al. The enhanced polarization relaxation and excellent high – temperature dielectric properties of N – doped SiC [J]. Applied

physics letters, 2014, 104 (5): 052102.

[48] FAN J, LI H, JIANG J, et al. 3C – SiC nanocrystals as fluorescent biological labels [J]. Small, 2008, 4 (8): 1058 – 1062.

[49] WANG J, XIONG S J, WU X L, et al. Glycerol – bonded 3C – SiC nanocrystal solid films exhibiting broad and stable violet to blue – green emission [J]. Nano letters, 2010, 10 (4): 1466 – 1471.

[50] LI Y J, LI Y L, LI S L, et al. Structural, electronic, and optical properties of hexagonal and triangular SiC NWs with different diameters [J]. Chinese physics B, 2017, 26 (4): 1674 – 1056.

[51] LI Y J, LI S L, GONG P, et al. Inhibition of quantum size effects from surface dangling bonds: the first principles study on different morphology SiC nanowires [J]. Physica B – condensed matter, 2018, 539: 72 – 77.

[52] LI Y J, LI S L, GONG P, et al. Discrete impurity band from surface danging bonds in nitrogen and phosphorus doped SiC nanowires [J]. Physica E – low – dimensional systems & nanostructures, 2018, 98: 191 – 196.

[53] LI Y J, LI S L, GONG P, et al. Effect of surface dangling bonds on transport properties of phosphorous doped SiC nanowires [J]. Physica E – low – dimensional systems & nanostructures, 2018, 104: 247 – 253.

[54] LI S L, LI Y L, LI Y J, et al. Different roles of carbon and silicon vacancies in silicon carbide bulks and nanowire [J]. International journal of modern physics B, 2017, 31 (23): 1750173.

[55] YANG H J, YUAN J, LI Y, et al. Silicon carbide powders: temperature – dependent dielectric properties and enhanced microwave absorption at gigahertz range [J]. Solid state communications, 2013, 163: 1 – 6.

[56] YANG H J, CAO W Q, ZHANG D Q, et al. NiO hierarchical nanorings on SiC: enhancing relaxation to tune microwave absorption at elevated temperature [J]. ACS applied materials interfaces, 2015, 7 (13): 7073 – 7077.

[57] YANG H J, CAO M S, LI Y, et al. Enhanced dielectric properties and excellent microwave absorption of SiC powders driven with NiO nanorings [J]. Advanced optical materials, 2014, 2 (3): 214 – 219.

[58] JIN H B, CAO M S, ZHOU W, et al. Microwave synthesis of Al – doped SiC powders and study of their dielectric properties [J]. Materials research bulletin, 2010, 45 (2): 247 – 250.

[59] KUANG J L, CAO W B. Silicon carbide whiskers: preparation and high dielectric permittivity [J]. Journal of the American Ceramic Society, 2013, 96 (9): 2877 –

2880.

［60］ ZHU Y Z, CHEN G D, YE H G, et al. Electronic structure and phase stability of MgO, ZnO, CdO, and related ternary alloys ［J］. Physical review B, 2008, 77 (24): 245209.

［61］ TOPSAKAL M, CAHANGIROV S, BEKAROGLU E, et al. First – principles study of zinc oxide honeycomb structures ［J］. Physical review B, 2009, 80 (23): 235119.

［62］ LIU J, CAO W Q, JIN H B, et al. Enhanced permittivity and multi – region microwave absorption of nanoneedle – like ZnO in the X – band at elevated temperature ［J］. Journal of materials chemistry C, 2015, 3 (18): 4670 – 4677.

［63］ FANG X Y, SHI X L, CAO M S, et al. Micro – current attenuation modeling and numerical simulation for cage – like ZnO/SiO$_2$ nanocomposite ［J］. Journal of applied physics, 2008, 104 (9): 096101.

［64］ FANG X Y, CAO M S, SHI X L, et al. Microwave responses and general model of nanotetraneedle ZnO: integration of interface scattering, microcurrent, dielectric relaxation, and microantenna ［J］. Journal of applied physics, 2010, 107 (5): 054304.

［65］ ZHAO Y N, CAO M S, JIN H B, et al. Combustion oxidization synthesis of unique cage – like nanotetrapod ZnO and its optical property ［J］. Journal of nanoscience & nanotechnology, 2006, 6 (8): 2525 – 2528.

［66］ ZHAO Y N, CAO M S, JIN H B, et al. Catalyst – free synthesis, growth mechanism and optical properties of multipod ZnO with nanonail – like legs ［J］. Scripta materialia, 2006, 54 (12): 2057 – 2061.

［67］ WAN Q, LI Q H, CHEN Y J, et al. Fabrication and ethanol sensing characteristics of ZnO nanowire gas sensors ［J］. Applied physics letters, 2004, 84 (18): 3654 – 3656.

［68］ ZHAO Y N, CAO M S, LI J G. A general combustion approach to multipod ZnO and its characterization ［J］. Journal of materials science, 2006, 41 (8): 2243 – 2248.

［69］ CHEN Y J, CAO M S, WANG T H, et al. Microwave absorption properties of the ZnO nanowire – polyester composites ［J］. Applied physics letters, 2004, 84 (17): 3367 – 3369.

［70］ ZHOU Y, SHI X L, YUANG J, et al. Dielectric response and broadband microwave absorption properties of three – layer graded ZnO nanowhisker/polyester composites ［J］. Chinese physics letters, 2007, 24 (11): 3264 – 3267.

[71] CAO M S, SHI X L, FANG X Y, et al. Microwave absorption properties and mechanism of cagelike ZnO/SiO_2 nanocomposites [J]. Applied physics letters, 2007, 91 (20): 203110.

[72] YAN L L, LIU J, ZHAO S C, et al. Coaxial multi – interface hollow $Ni - Al_2O_3$ – ZnO nanowires tailored by atomic layer deposition for selective – frequency absorptions [J]. Nano research, 2017, 10 (5): 1595 – 1607.

[73] HAN M K, YIN X W, KONG L, et al. Graphene – wrapped ZnO hollow spheres with enhanced electromagnetic wave absorption properties [J]. Journal of materials chemistry A, 2014, 2 (39): 16403 – 16409.

[74] LIU X, WANG L S, MA Y T, et al. Facile synthesis and microwave absorption properties of yolk – shell ZnO – Ni – C/RGO composite materials [J]. Chemical engineering journal, 2018, 333: 92 – 100.

[75] ANASORI B, XIE Y, BEIDAGHI M, et al. Two – dimensional, ordered, double transition metals carbides (MXenes) [J]. ACS nano, 2015, 9 (10): 9507 – 9516.

[76] TANG Q, ZHOU Z, SHEN P W. Are MXenes promising anode materials for Li ion batteries? computational studies on electronic properties and Li storage capability of Ti_3C_2 and $Ti_3C_2X_2 (X = F, OH)$ monolayer [J]. Journal of the American Chemical Society, 2012, 134 (40): 16909 – 16916.

[77] NAGUIB M, KURTOGLU M, PRESSER V, et al. Two – dimensional nanocrystals produced by exfoliation of Ti_3AlC_2 [J]. Advanced materials, 2011, 23 (37): 4248 – 4253.

[78] HE P, WANG X X, CAI Y Z, et al. Tailoring $Ti_3C_2T_x$ nanosheets to tune local conductive network as an environmentally friendly material for highly efficient electromagnetic interference shielding [J]. Nanoscale, 2019, 11 (13): 6080 – 6088.

[79] GHIDIU M, LUKATSKAYA M R, ZHAO M Q, et al. Conductive two – dimensional titanium carbide 'clay' with high volumetric capacitance [J]. Nature, 2014, 516 (7529): 78 – 81.

[80] CAO M S, CAI Y Z, HE P, et al. 2D MXenes: electromagnetic property for microwave absorption and electromagnetic interference shielding [J]. Chemical engineering journal, 2019, 359: 1265 – 1302.

[81] HE P, CAO M S, SHU J C, et al. Atomic layer tailoring titanium carbide Mxene to tune transport and polarization for utilization of electromagnetic energy beyond solar and chemical energy [J]. ACS applied materials & interfaces, 2019, 11 (13):

12535 - 12543.

[82] HAN M K, YIN X W, LI X L, et al. Laminated and two – dimensional carbon – supported microwave absorbers derived from MXenes [J]. ACS applied materials interfaces, 2017, 9 (23): 20038 – 20045.

[83] LI Y, CAO W Q, YUAN J, et al. Nd doping of bismuth ferrite to tune electromagnetic properties and increase microwave absorption by magnetic – dielectric synergy [J]. Journal of materials chemistry C, 2015, 3 (36): 9276 – 9282.

[84] LI Y, SUN N N, LIU J, et al. Multifunctional $BiFeO_3$ composites: absorption attenuation dominated effective electromagnetic interference shielding and electromagnetic absorption induced by multiple dielectric and magnetic relaxations [J]. Composites science and technology, 2018, 159: 240 – 250.

[85] HOU Z L, ZHOU H F, KONG L B, et al. Enhanced ferromagnetism and microwave absorption properties of $BiFeO_3$ nanocrystals with Ho substitution [J]. Materials letters, 2012, 84: 110 – 113.

[86] LI Z J, HOU Z L, SONG W L, et al. Unusual continuous dual absorption peaks in Ca – doped $BiFeO_3$ nanostructures for broadened microwave absorption [J]. Nanoscale, 2016, 8 (19): 10415 – 10424.

[87] BREDAS J L, STREET G B. Polarons, bipolarons and solitons in conducting polymers [J]. Accounts of chemical research, 1985, 18 (10): 309 – 315.

[88] ZHOU W C, HU X J, BAI X X, et al. Synthesis and electromagnetic, microwave absorbing properties of core – shell Fe_3O_4 – poly (3, 4 – ethylenedioxythiophene) microspheres [J]. ACS applied materials & interfaces, 2011, 3 (10): 3839 – 3845.

[89] YAN L L, WANG X X, ZHAO S C, et al. Highly efficient microwave absorption of magnetic nanospindle – conductive polymer hybrids by molecular layer deposition [J]. ACS applied materials & interfaces, 2017, 9 (12): 11116 – 11125.

[90] GOPAKUMAR D A, PAI A R, POTTATHARA B, et al. Cellulose nanofiber – based polyaniline flexible papers as sustainable microwave absorbers in the X – band [J]. ACS applied materials & interfaces, 2018, 10 (23): 20032 – 20043.

[91] CHEN X N, MENG F C, ZHOU Z W, et al. One – step synthesis of graphene/polyaniline hybrids by in situ intercalation polymerization and their electromagnetic properties [J]. Nanoscale, 2014, 6 (14): 8140 – 8148.

[92] WANG Q S, LEI Z Y, CHEN Y J, et al. Branched polyaniline/molybdenum oxide organic/inorganic heteronanostructures: synthesis and electromagnetic absorption properties [J]. Journal of materials chemistry A, 2013, 1 (38): 11795 – 11801.

[93] LIU P B, HUANG Y, YAN J, et al. Magnetic graphene@ PANI@ porous TiO_2 ternary composites for high – performance electromagnetic wave absorption [J]. Journal of materials chemistry C, 2016, 4 (26): 6362 – 6370.

[94] LI W Z, QIU T, WANG L L, et al. Preparation and electromagnetic properties of core/shell polystyrene@ Polypyrrole@ nickel composite microspheres [J]. Applied materials & interfaces, 2013, 5 (3): 883 – 891.

[95] TIAN C H, DU Y C, XU P, et al. Constructing uniform core – shell PPy@ PANI composites with tunable shell thickness toward enhancement in microwave absorption [J]. ACS applied materials & interfaces, 2015, 7 (36): 20090 – 20099.

[96] XIE A M, ZHANG K, SUN M X, et al. Facile growth of coaxial Ag@ polypyrrole nanowires for highly tunable electromagnetic waves absorption [J]. Materials & design, 2018, 154: 192 – 202.

[97] SU Y, AO D, LIU H, et al. MOF – derived yolk – shell CdS microcubes with enhanced visible – light photocatalytic activity and stability for hydrogen evolution [J]. Journal of materials chemistry A, 2017, 5 (18): 8680 – 8689.

[98] LAN Q, ZHANG Z M, QIN C, et al. Highly dispersed polyoxometalate – doped porous Co_3O_4 water oxidation photocatalysts derived from POM@ MOF crystalline materials [J]. Chemistry – A European journal, 2016, 22 (43): 15513 – 15520.

[99] HUANG Z F, SONG J J, LI K, et al. Hollow cobalt – based bimetallic sulfide polyhedra for efficient all – pH – value electrochemical and photocatalytic hydrogen evolution [J]. Journal of the American Chemical Society, 2016, 138 (4): 1359 – 1365.

[100] HE L, LI L, Wang T T, et al. Fabrication of Au/ZnO nanoparticles derived from ZIF – 8 with visible light photocatalytic hydrogen production and degradation dye activities [J]. Dalton transactions, 2014, 43 (45): 16981 – 16985.

[101] YIN Y C, LIU X F, WEI X J, et al. Magnetically aligned Co – C/MWCNTs composite derived from MWCNTs interconnected zeolitic imidazolate frameworks for lightweight and highly efficient electromagnetic wave absorber [J]. ACS applied materials & interfaces, 2017, 9 (36): 30850 – 30861.

[102] LIANG X H, QUAN B, SUN Y S, et al. Multiple interfaces structure derived from metal – organic frameworks for excellent electromagnetic wave absorption [J]. Particle & particle systems characterization, 2017, 34 (5): 1700006.

[103] ZHANG K, XIE A M, SUN M X, et al. Electromagnetic dissipation on the surface of metal organic framework (MOF) /reduced graphene oxide (RGO) hybrids [J]. Materials chemistry and physics, 2017, 199: 340 – 347.

[104] ZOIS H, APEKIS L, MAMUNYA Y P. Dielectric properties and morphology of polymer composites filled with dispersed iron [J]. Journal of applied polymer science, 2003, 88: 3013 – 3020.

[105] FAN X A, GUANG J G, LI Z Z, et al. One – pot low temperature solution synthesis, magnetic and microwave electromagnetic properties of single – crystal iron submicron cubes [J]. Journal of materials chemistry, 2010, 20 (9): 1676 – 1682.

[106] TONG G X, HU Q, WU W H, et al. Submicrometer – sized NiO octahedra: facile one – pot solid synthesis, formation mechanism, and chemical conversion into Ni octahedra with excellent microwave – absorbing properties [J]. Journal of materials chemistry, 2012, 22 (34): 17494 – 17504.

[107] LIU T, PANG Y, ZHU M, et al. Microporous Co@ CoO nanoparticles with superior microwave absorption properties [J]. Nanoscale, 2014, 6 (4): 2447 – 2454.

[108] LI D, LIAO H, KIKUCHI H, et al. Microporous Co@ C nanoparticles prepared by dealloying coAl@ C precursors: achieving strong wideband microwave absorption via controlling carbon shell thickness [J]. ACS applied materials & interfaces, 2017, 9 (51): 44704 – 44714.

[109] ZHAO B, GUO X Q, ZHAO W Y, et al. Yolk – shell Ni@ SnO$_2$ composites with a designable interspace to improve the electromagnetic wave absorption properties [J]. ACS applied materials & interfaces, 2016, 8 (42): 28917 – 28925.

[110] GUO L, LIANG F, WEN X G, et al. Uniform magnetic chains of hollow cobalt mesospheres from one – pot synthesis and their assembly in solution [J]. Advanced functional materials, 2007, 17 (3): 425 – 430.

[111] HE L, CHEN C P, LIANG F, et al. Anisotropy and magnetization reversal with chains of submicron – sized Co hollow spheres [J]. Physical review B, 2007, 75 (21): 214418.

[112] WANG N, CAO X, KONG D S, et al. Nickel chains assembled by hollow microspheres and their magnetic properties [J]. Journal of physical chemistry C, 2008, 112 (17): 6613 – 6619.

[113] ZHOU W, HE L, CHENG R, et al. Synthesis of Ni nanochains with various sizes: the magnetic and catalytic properties [J]. Journal of physical chemistry C, 2009, 113 (40): 17355 – 17358.

[114] SHI X L, CAO M S, YUAN J, et al. Dual nonlinear dielectric resonance and nesting microwave absorption poeaks of hollow cobalt nanochains composites with negative permeability [J]. Applied physics letters, 2009, 95 (16): 163108.

［115］ LIU J, CAO M S, LUO Q, et al. Electromagnetic property and tunable microwave absorption of 3D nets from nickel chains at elevated temperature ［J］. ACS applied materials & interfaces, 2016, 8 (34): 22615 – 22622.

［116］ FU L S, JIANG J T, XU C Y, et al. Synthesis of hexagonal Fe microflakes with excellent microwave absorption performance ［J］. Crystengcomm, 2012, 14 (20): 6827 – 6832.

［117］ YU Z X, YAO Z P, ZHANG N, et al. Electric field – induced synthesis of dendritic nanostructured α – Fe for electromagnetic absorption application ［J］. Journal of materials chemistry A, 2013, 1 (14): 4571 – 4576.

［118］ LI X A, DU D X, WANG C S, et al. In situ synthesis of hierarchical rose – like porous Fe @ C with enhanced electromagnetic wave absorption ［J］. Journal of materials chemistry C, 2018, 6 (3): 558 – 567.

［119］ ZHANG Y B, WANG P, WANG Y, et al. Synthesis and excellent electromagnetic wave absorption properties of parallel aligned FeCo @ C core – shell nanoflake composites ［J］. Journal of materials chemistry C, 2015, 3 (41): 10813 – 10818.

［120］ CHEN C, LIU Q, BI H, et al. Fabrication of hierarchical TiO_2 coating $Co_{20}Ni_{80}$ particle with tunable core size as high – performance wide – band microwave absorber ［J］. Physical chemistry chemical physics, 2016, 18 (38): 26712 – 26718.

［121］ YU Z X, ZHANG N, YAO Z P, et al. Synthesis of hierarchical dendritic micro – nano structure $Co_xFe1 – x$ alloy with tunable electromagnetic absorption performance ［J］. Journal of materials chemistry A, 2013, 1 (40): 12462 – 12470.

［122］ XIA T, ZHANG C, OYLER N A, et al. Hydrogenated TiO_2 nanocrystals: a novel microwave absorbing material ［J］. Advanced materials, 2013, 25 (47): 6905 – 6910.

［123］ WANG Y, HAN B, CHEN N, et al. Enhanced microwave absorption properties of MnO_2 hollow microspheres consisted of MnO_2 nanoribbons synthesized by a facile hydrothermal method ［J］. Journal of alloys and compounds, 2016, 676: 224 – 230.

［124］ SHI X L, CAO M S, FANG X Y, et al. High – temperature dielectric properties and enhanced temperature – response attenuation of beta – MnO_2 nanorods ［J］. Applied physics letters, 2008, 93 (22): 223112.

［125］ DONG J Y, ULLAL R, HAN J, et al. Partially crystallized TiO_2 for microwave absorption [J]. Journal of materials chemistry A, 2015, 3 (10): 5285 – 5288.

[126] YOU W B, BI H, SHE W, et al. Dipolar – distribution cavity gamma – Fe_2O_3 @ C@ – MnO_2 nanospindle with broadened microwave absorption bandwidth by chemically etching [J]. Small, 2017, 13 (5): 1602779.

[127] ZHAO B, DENG J S, LIANG L Y, et al. Lightweight porous Co_3O_4 and Co/CoO nanofibers with tunable impedance match and configuration – dependent microwave absorption properties [J]. CrystEngComm, 2017, 19 (41): 6095 – 6106.

[128] LIU Y, FU Y W, LIU L, et al. Low – cost carbothermal reduction preparation of monodisperse Fe_3O_4/C core – shell nanosheets for improved microwave absorption [J]. ACS applied materials & interfaces, 2018, 10 (19): 16511 – 16520.

[129] ZHOU M, ZHANG X, WEI J M, et al. Morphology – controlled synthesis and novel microwave absorption properties of hollow urchinlike α – MnO_2 nanostructures [J]. Journal of physical chemistry C, 2011, 115 (5): 1398 – 1402.

[130] SUN G B, DONG B X, CAO M H, et al. Hierarchical dendrite – like magnetic materials of Fe_3O_4, gamma – Fe_2O_3, and Fe with high performance of microwave absorption [J]. Chemistry of materials, 2011, 23 (6): 1587 – 1593.

[131] LIU P J, NG V M H, YAO Z J, et al. Facile synthesis and hierarchical assembly of flowerlike NiO structures with enhanced dielectric and microwave absorption properties [J]. ACS applied materials & interfaces, 2017, 9 (19): 16404 – 16416.

[132] RADISAVLJEVIC B, RADENOVIC A, BRIVIO J, et al. Single – layer MoS_2 transistors [J]. Nature nanotechnology, 2011, 6 (3): 147 – 150.

[133] WANG Q H, KALANTAR – ZADEH K, KIS A, et al. Electronics and optoelectronics of two – dimensional transition metal dichalcogenides [J]. Nature nanotechnology, 2012, 7 (11): 699 – 712.

[134] NING M Q, LU M M, LI J B, et al. Two – dimensional nanosheets of MoS_2: a promising material with high dielectric properties and microwave absorption performance [J]. Nanoscale, 2015, 7 (38): 15734.

[135] LIU L L, ZHANG S, YAN F, et al. Three – dimensional hierarchical MoS_2 nanosheets/ultralong N – doped carbon nanotubes as high – performance electromagnetic wave absorbing material [J]. ACS applied materials & interfaces, 2018, 10 (16): 14108 – 14115.

[136] ZHAO B, SHAO G, FAN B B, et al. In situ synthesis of novel urchin – like ZnS/ Ni_3S_2 @ Ni composite with a core – shell structure for efficient electromagnetic absorption [J]. Journal of materials chemistry C, 2015, 3 (41): 10862 – 10869.

[137] PAN Y F, WANG G S, LIU L, et al. Binary synergistic enhancement of dielectric and microwave absorption properties: a composite of arm symmetrical PbS dendrites and polyvinylidene fluoride [J]. Nano research, 2017, 10 (1): 284 – 294.

[138] ZHANG C, WANG B C, XIANG J Y, et al. Microwave absorption properties of CoS_2 nanocrystals embedded into reduced graphene oxide [J]. ACS applied materials interfaces, 2017, 9 (34): 28868 – 28875.

[139] KANG S, CHOI H, LEE S B, et al. Efficient heat generation in large – area graphene films by electromagnetic wave absorption [J]. 2D materials, 2017, 4 (2): 025037.

[140] SONG W L, ZHANG Y J, ZHANG K L, et al. Ionic conductive gels for optically manipulatable microwave stealth structures [J]. Advanced science, 2020, 7 (2): 1902162.

[141] LI Y, LIU X F, NIE X Y, et al. Multifunctional organic – inorganic hybrid aerogel for self – cleaning, heat – insulating, and highly efficient microwave absorbing material [J]. Advanced functional materials, 2019, 29 (10): 1807624.

[142] LEE S, JO I, KANG S, et al. Smart contact lenses with graphene coating for electromagnetic interference shielding and dehydration protection [J]. ACS nano, 2017, 11 (6): 5318 – 5324.

[143] ZHANG Q, LIANG Q J, ZHANG Z, et al. Electromagnetic shielding hybrid nanogenerator for health monitoring and protection [J]. Advanced functional materials, 2018, 28 (1): 1703801.

[144] SHU J C, CAO M S, ZHANG M, et al. Molecular patching engineering to drive energy conversion as efficient and environment – friendly cell toward wireless power transmission [J]. Advanced functional materials, 2020, 30 (10): 1908299.

[145] LI Y, TIAN X, GAO S P, et al. Reversible crumpling of 2D titanium carbide (MXene) nanocoatings for stretchable electromagnetic shielding and wearable wireless communication [J]. Advanced functional materials, 2020, 30 (5): 1907451.

[146] LI G J, AMER N, HAFEZ H A, et al. Dynamical control over terahertz electromagnetic interference shielding with 2D $Ti_3C_2T_y$ MXene by ultrafast optical pulses [J]. Nano letters, 2020, 20 (1): 636 – 643.

附　录

附录 A：基本常数表

名称	符号	数值	数量级	单位
真空介电常数	ε_0	8.854	10^{-12}	F/m
真空磁导率	μ_0	12.566	10^{-7}	N/A^2
真空中光速	c	3	10^8	m/s
基本电荷	e	1.602	10^{-19}	C
电子质量	m_e	9.109	10^{-31}	kg
质子质量	m_p	1.672	10^{-27}	kg
阿伏伽德罗常数	N_A	6.022	10^{23}	mol^{-1}
波尔兹曼常数	k_B	1.380	10^{-23}	J/K
普朗克常数	h	6.626	10^{-34}	J·s
约化普朗克常数	$\hbar$	1.054	10^{-34}	J·s
碳 –12 原子质量		1.993	10^{-26}	kg
电子伏特	eV	1.602	10^{-19}	J

附录 B：常用物理量汇总表

名称	符号	实用单位	国际单位	单位换算
电偶极矩	p_e	D	C·m	1 D = 1.6 × 10^{-29} C·m
极化强度	P	C/cm^2	C/m^2	1 C/cm^2 = 10^4 C/m^2

名称	符号	实用单位	国际单位	单位换算
极化系数	χ_e			
相对介电常数	ε_r			
退极化场	$\boldsymbol{E}_d$	V/cm	N/C	$1\ V/cm = 10^2\ N/C$
电位移	$\boldsymbol{D}$	C/cm^2	C/m^2	$1\ C/cm^2 = 10^4\ C/m^2$
电子位移极化率	α_e	$F \cdot m^2$	$F \cdot m^2$	
离子位移极化率	α_i	$F \cdot m^2$	$F \cdot m^2$	
取向极化率	α_r	$F \cdot m^2$	$F \cdot m^2$	
界面极化率	α_f	$F \cdot m^2$	$F \cdot m^2$	
热离子极化率	α_T	$F \cdot m^2$	$F \cdot m^2$	
空间电荷极化率	α_s	$F \cdot m^2$	$F \cdot m^2$	
分子有效电场	$\boldsymbol{E}_l$	V/cm	N/C	$1\ V/cm = 10^2\ N/C$
分子相互作用因子	γ			
填充物体积分数	f_V			
填充物介电常数	ε_i			
基体介电常数	ε_e			
电导率	σ	S/cm	S/m	$1\ S/cm = 10^2\ S/m$
电容	C	F	F	
离子束缚能	U_0	eV	J	$1 eV = 1.6 \times 10^{-19}\ J$
电流密度	J	A/cm^2	A/m^2	$1\ A/cm^2 = 10^4\ A/m^2$
电量	q	e	C	$1\ e = 1.6 \times 10^{-19}\ C$
迁移率	μ	$cm^2/(V \cdot s)$	$m^2/(V \cdot s)$	$1\ cm^2/(V \cdot s) = 10^{-4} m^2/(V \cdot s)$
电阻率	ρ	$\Omega \cdot cm$	$\Omega \cdot m$	$1\ \Omega \cdot cm = 10^{-2}\ \Omega \cdot m$
散射弛豫时间	τ	s	s	
肖特基缺陷形成能	u_s	eV/atom	J/mol	$1\ eV/atom = 9.635 \times 10^4\ J/mol$
缺陷热振动频率	ν_0	Hz	Hz	
弗仑凯尔缺陷形成能	u_f	eV/atom	J/mol	$1\ eV/atom = 9.635 \times 10^4\ J/mol$

续表

名称	符号	实用单位	国际单位	单位换算
本征离子电导率	σ_i	S/cm	S/m	$1\ S/cm = 10^2\ S/m$
杂质离子电导率	σ_f	S/cm	S/m	$1\ S/cm = 10^2\ S/m$
带隙宽带	E_g	eV	J	$1\ eV = 1.6 \times 10^{-19}\ J$
导带底能级	E_c	eV	J	$1\ eV = 1.6 \times 10^{-19}\ J$
价带顶能级	E_g	eV	J	$1\ eV = 1.6 \times 10^{-19}\ J$
费米能级	E_F	eV	J	$1\ eV = 1.6 \times 10^{-19}\ J$
微晶间势垒	U	eV	J	$1\ eV = 1.6 \times 10^{-19}\ J$
逾渗阈值	f_c			
晶格热振动频率	ν_{ph}			
活化能	U_a	eV	J	$1\ eV = 1.6 \times 10^{-19}\ J$
复介电常数	ε^*	F/m	F/m	
复相对介电常数	ε_r^*			
电导	G	S	S	
电损耗角正切值	$\tan\delta$			
折射率	n			
消光系数	κ			
衰减常数	α	cm^{-1}	m^{-1}	$1\ cm^{-1} = 10^2\ m^{-1}$
相位常数	β	nm^{-1}	m^{-1}	$1\ nm^{-1} = 10^9\ m^{-1}$
弛豫时间	τ	s	s	
电损耗弛豫项	ε_p''			
电损耗电导项	ε_c''			
复极化率	χ_e^*			
德拜长度	l_D	Å	m	$1\ Å = 10^{-10}\ m$
扩散系数	D	cm^2/s	m^2/s	$1\ cm^2/s = 10^{-4}\ m^2/s$
介电损耗功率	W_P	W_P	W	J/s
电导损耗功率	W_C	W_C	W	J/s

名称	符号	实用单位	国际单位	单位换算
阻尼系数	Γ	s^{-1}	s^{-1}	
电子有效质量	m_e	kg		
空穴有效质量	m_h	kg		
等效电导率	σ_{eff}	S/cm	S/m	$1\ S/cm = 10^2\ S/m$

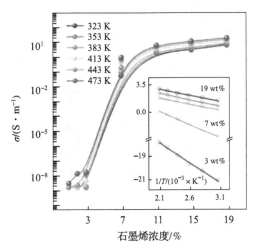

图 3 – 20   不同温度下 rGO/SiO$_2$ 复合材料电导率随石墨烯浓度的变化规律

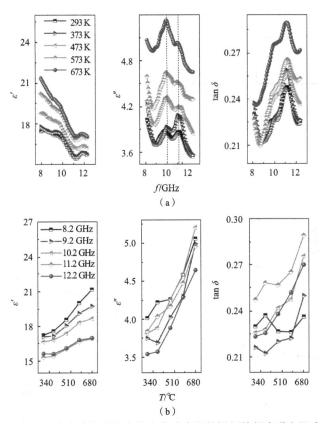

图 5 – 36   N 掺杂碳化硅陶瓷的介电响应及其损耗的频率谱和温度谱

（a）N 掺杂碳化硅陶瓷的介电响应及其损耗的频率谱；（b）N 掺杂碳化硅陶瓷的介电响应及其损耗的温度谱

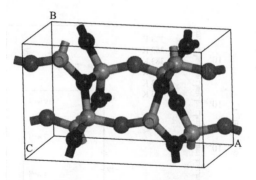

图 6-24 Si₂N₂O 晶体结构

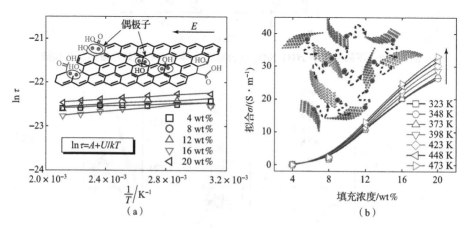

(a)

(b)

图 6-38 不同填充浓度石墨烯复合材料

(a) 高温弛豫时间；(b) 高温电导率

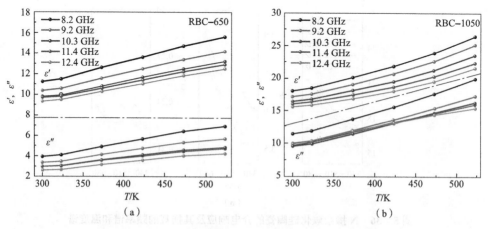

(a)

(b)

图 6-40 类红细胞状介孔碳空心微球高温介电性能

(a) RBC-650；(b) RBC-1050

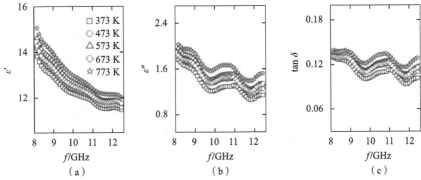

图 6-43　SiC 高温介电性能

（a）实部；（b）虚部；（c）损耗角正切值

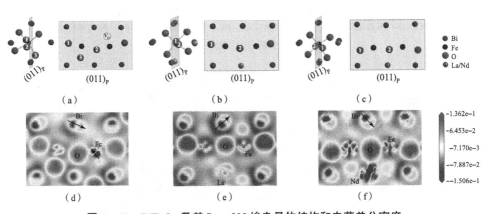

图 6-60　BiFeO₃ 及其 La、Nd 掺杂晶体结构和电荷差分密度

（a）BiFeO₃ 晶体结构；（b）La 掺杂 BiFeO₃ 晶体结构；（c）Nd 掺杂 BiFeO₃ 晶体结构；

（d）BiFeO₃ 电荷差分密度；（e）La 掺杂 BiFeO₃ 电荷差分密度；（f）Nd 掺杂 BiFeO₃ 电荷差分密度

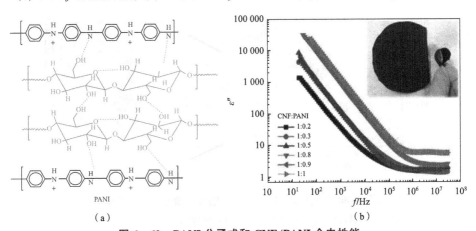

图 6-62　PANI 分子式和 CNF/PANI 介电性能

（a）分子式；（b）介电性能频率特性

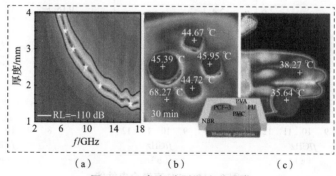

（a） （b） （c）

图 6 - 74　气凝胶型微波衰减器

（a）RL 随频率和厚度变化的三维投影图；（b）30 min 后的热红外图像；

（c）将 PCF - 3 放在手上 30 min 后的热红外图像

PCF - 3—聚丙烯腈/碳纳米管/四氧化三铁；PVA—聚乙烯醇泡沫；PU—聚氨酯泡沫；

PVC—聚氯乙烯泡沫；NBR—丁腈橡胶板

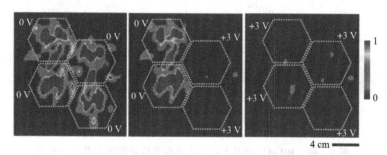

图 6 - 78　电压可调雷达表面反射图像

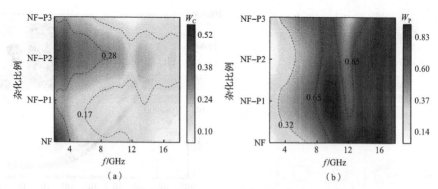

（a） （b）

图 6 - 80　空间能量输送器中电磁波传播与能量转换机制

（a）电荷传输转换电磁能量的效率 W_C；（b）偶极弛豫转换电磁能量的效率 W_P；

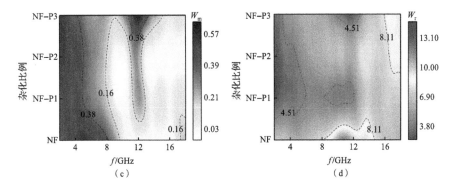

图 6 - 80　空间能量输送器中电磁波传播与能量转换机制（续）

（c）磁效应转换电磁能量的效率 W_m；（d）在材料内部存储的电磁能量与转换的电磁能量的比值 W_r

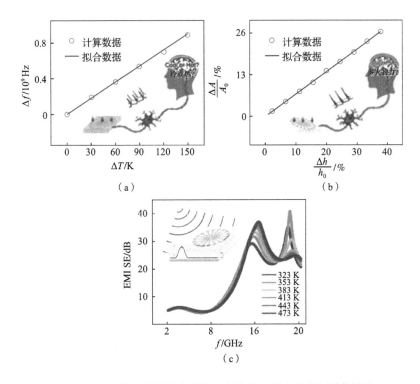

图 6 - 82　柔性多功能传感器的温度传感、压力传感和屏蔽性能

（a）$\Delta f - \Delta T$；（b）$\Delta A/A_0 - \Delta h/h_0$；（c）不同温度下，EMI SE 频率特性

图 6—80 定向能发射系统中激光束传输主要技术验证(续)

图 6—82

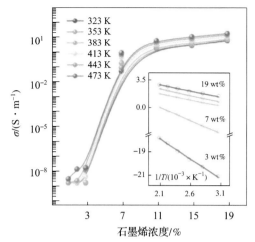

图 3－20 不同温度下 rGO/SiO₂ 复合材料电导率随石墨烯浓度的变化规律

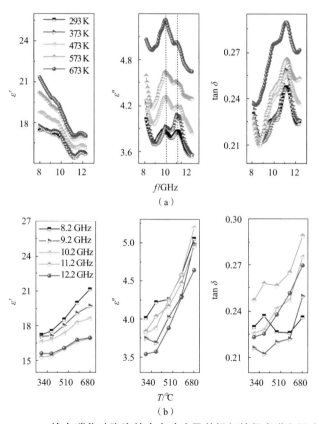

图 5－36 N 掺杂碳化硅陶瓷的介电响应及其损耗的频率谱和温度谱

（a）N 掺杂碳化硅陶瓷的介电响应及其损耗的频率谱；（b）N 掺杂碳化硅陶瓷的介电响应及其损耗的温度谱

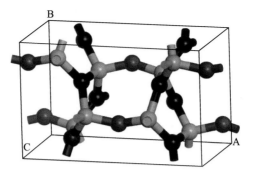

图 6 – 24　Si₂N₂O 晶体结构

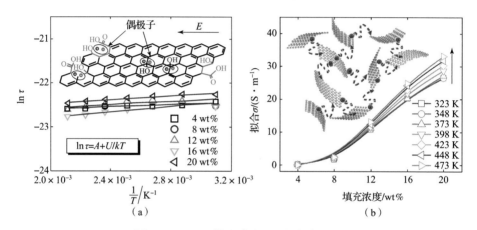

（a）　　　　　　　　　　　　　（b）

图 6 – 38　不同填充浓度石墨烯复合材料

（a）高温弛豫时间；（b）高温电导率

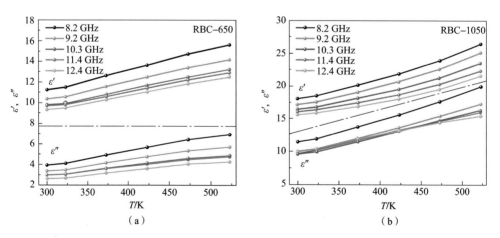

（a）　　　　　　　　　　　　　（b）

图 6 – 40　类红细胞状介孔碳空心微球高温介电性能

（a）RBC – 650；（b）RBC – 1050

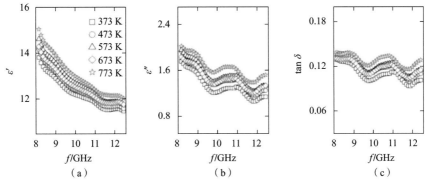

图 6-43　SiC 高温介电性能

（a）实部；（b）虚部；（c）损耗角正切值

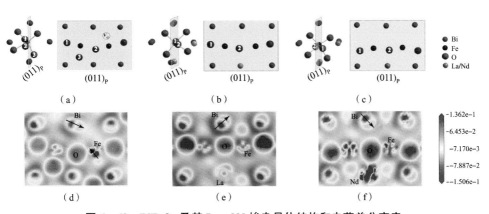

图 6-60　BiFeO₃ 及其 La、Nd 掺杂晶体结构和电荷差分密度

（a）BiFeO₃ 晶体结构；（b）La 掺杂 BiFeO₃ 晶体结构；（c）Nd 掺杂 BiFeO₃ 晶体结构；
（d）BiFeO₃ 电荷差分密度；（e）La 掺杂 BiFeO₃ 电荷差分密度；（f）Nd 掺杂 BiFeO₃ 电荷差分密度

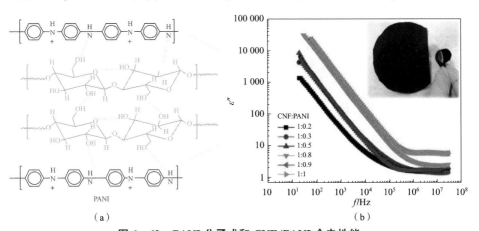

图 6-62　PANI 分子式和 CNF/PANI 介电性能

（a）分子式；（b）介电性能频率特性

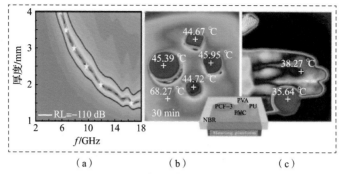

图 6-74　气凝胶型微波衰减器

（a）RL 随频率和厚度变化的三维投影图；（b）30 min 后的热红外图像；

（c）将 PCF-3 放在手上 30 min 后的热红外图像

PCF-3—聚丙烯腈/碳纳米管/四氧化三铁；PVA—聚乙烯醇泡沫；PU—聚氨酯泡沫；

PVC—聚氯乙烯泡沫；NBR—丁腈橡胶板

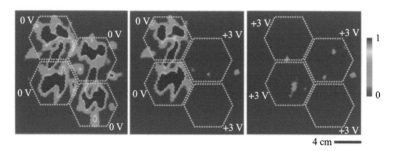

图 6-78　电压可调雷达表面反射图像

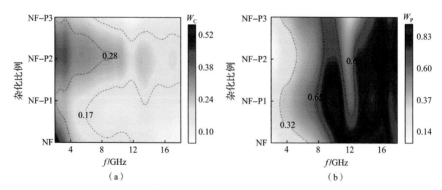

图 6-80　空间能量输送器中电磁波传播与能量转换机制

（a）电荷传输转换电磁能量的效率 W_C；（b）偶极弛豫转换电磁能量的效率 W_P；

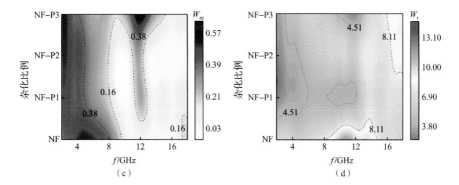

图 6 – 80　空间能量输送器中电磁波传播与能量转换机制（续）

（c）磁效应转换电磁能量的效率 W_m；（d）在材料内部存储的电磁能量与转换的电磁能量的比值 W_r

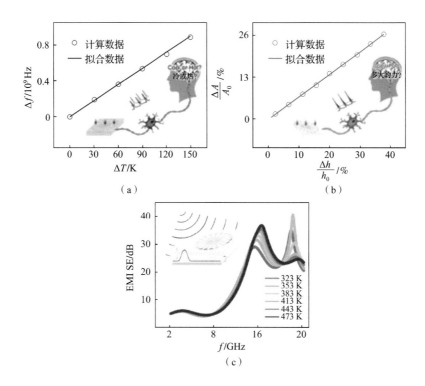

图 6 – 82　柔性多功能传感器的温度传感、压力传感和屏蔽性能

（a）$\Delta f - \Delta T$；（b）$\Delta A/A_0 - \Delta h/h_0$；（c）不同温度下，EMI SE 频率特性